21世纪高等学校规划教材 | 计算机科学与技术

C语言程序设计

李伟光 张勇 李倩 邢翀 编著

清华大学出版社
北京

内 容 简 介

本书共12章,分别介绍程序设计基本概念、C语言基本数据类型、运算符和表达式、顺序结构、选择结构、循环结构、函数、数组、指针、编译预处理和动态存储分配、结构体和共用体、文件,涵盖了C语言程序设计的主要内容。

在内容选择上突出了两个方向:一是面向国家二级计算机等级考试的方向,包括相应的考点和章后习题,这部分内容的目标是"能过级";二是面向工科实际应用的方向,包括一些常见的实际应用案例,要求学生能够用不同的算法来灵活书写相应的代码,并养成良好的代码书写习惯,最终目标是"会使用C语言"。

本书适用于三类读者:一是准备参加"国家二级计算机等级考试"C语言考试的学生;二是使用C语言进行相关控制工作的工科类学生;三是C语言的初学者。

图书在版编目(CIP)数据

C语言程序设计/李伟光等编著. —北京:清华大学出版社,2014 (2022.12 重印)
(21世纪高等学校规划教材·计算机科学与技术)
ISBN 978-7-302-33140-7

Ⅰ. ①C… Ⅱ. ①李… Ⅲ. ①C语言-程序设计-高等学校-教材 Ⅳ. ①TP312

中国版本图书馆CIP数据核字(2013)第159620号

责任编辑: 郑寅堃 赵晓宁
封面设计: 傅瑞学
责任校对: 时翠兰
责任印制: 沈 露

出版发行: 清华大学出版社
网 址: http://www.tup.com.cn, http://www.wqbook.com
地 址: 北京清华大学学研大厦A座 **邮 编:** 100084
社 总 机: 010-83470000 **邮 购:** 010-62786544
投稿与读者服务: 010-62776969, c-service@tup.tsinghua.edu.cn
质量反馈: 010-62772015, zhiliang@tup.tsinghua.edu.cn
课件下载: http://www.tup.com.cn, 010-83470236
印 装 者: 三河市龙大印装有限公司
经 销: 全国新华书店
开 本: 185mm×260mm **印 张:** 17 **字 数:** 416千字
版 次: 2014年1月第1版 **印 次:** 2022年12月第9次印刷
印 数: 6501~7500
定 价: 49.00元

产品编号:050487-02

出版说明

随着我国改革开放的进一步深化，高等教育也得到了快速发展，各地高校紧密结合地方经济建设发展需要，科学运用市场调节机制，加大了使用信息科学等现代科学技术提升、改造传统学科专业的投入力度，通过教育改革合理调整和配置了教育资源，优化了传统学科专业，积极为地方经济建设输送人才，为我国经济社会的快速、健康和可持续发展以及高等教育自身的改革发展做出了巨大贡献。但是，高等教育质量还需要进一步提高以适应经济社会发展的需要，不少高校的专业设置和结构不尽合理，教师队伍整体素质亟待提高，人才培养模式、教学内容和方法需要进一步转变，学生的实践能力和创新精神亟待加强。

教育部一直十分重视高等教育质量工作。2007 年 1 月，教育部下发了《关于实施高等学校本科教学质量与教学改革工程的意见》，计划实施"高等学校本科教学质量与教学改革工程"(简称"质量工程")，通过专业结构调整、课程教材建设、实践教学改革、教学团队建设等多项内容，进一步深化高等学校教学改革，提高人才培养的能力和水平，更好地满足经济社会发展对高素质人才的需要。在贯彻和落实教育部"质量工程"的过程中，各地高校发挥师资力量强、办学经验丰富、教学资源充裕等优势，对其特色专业及特色课程(群)加以规划、整理和总结，更新教学内容、改革课程体系，建设了一大批内容新、体系新、方法新、手段新的特色课程。在此基础上，经教育部相关教学指导委员会专家的指导和建议，清华大学出版社在多个领域精选各高校的特色课程，分别规划出版系列教材，以配合"质量工程"的实施，满足各高校教学质量和教学改革的需要。

为了深入贯彻落实教育部《关于加强高等学校本科教学工作，提高教学质量的若干意见》精神，紧密配合教育部已经启动的"高等学校教学质量与教学改革工程精品课程建设工作"，在有关专家、教授的倡议和有关部门的大力支持下，我们组织并成立了"清华大学出版社教材编审委员会"(以下简称"编委会")，旨在配合教育部制定精品课程教材的出版规划，讨论并实施精品课程教材的编写与出版工作。"编委会"成员皆来自全国各类高等学校教学与科研第一线的骨干教师，其中许多教师为各校相关院、系主管教学的院长或系主任。

按照教育部的要求，"编委会"一致认为，精品课程的建设工作从开始就要坚持高标准、严要求，处于一个比较高的起点上。精品课程教材应该能够反映各高校教学改革与课程建设的需要，要有特色风格、有创新性(新体系、新内容、新手段、新思路，教材的内容体系有较高的科学创新、技术创新和理念创新的含量)、先进性(对原有的学科体系有实质性的改革和发展，顺应并符合 21 世纪教学发展的规律，代表并引领课程发展的趋势和方向)、示范性(教材所体现的课程体系具有较广泛的辐射性和示范性)和一定的前瞻性。教材由个人申报或各校推荐(通过所在高校的"编委会"成员推荐)，经"编委会"认真评审，最后由清华大学出版社审定出版。

目前，针对计算机类和电子信息类相关专业成立了两个“编委会”，即“清华大学出版社计算机教材编审委员会”和“清华大学出版社电子信息教材编审委员会”。推出的特色精品教材包括：

(1) 21世纪高等学校规划教材·计算机应用——高等学校各类专业，特别是非计算机专业的计算机应用类教材。

(2) 21世纪高等学校规划教材·计算机科学与技术——高等学校计算机相关专业的教材。

(3) 21世纪高等学校规划教材·电子信息——高等学校电子信息相关专业的教材。

(4) 21世纪高等学校规划教材·软件工程——高等学校软件工程相关专业的教材。

(5) 21世纪高等学校规划教材·信息管理与信息系统。

(6) 21世纪高等学校规划教材·财经管理与应用。

(7) 21世纪高等学校规划教材·电子商务。

(8) 21世纪高等学校规划教材·物联网。

清华大学出版社经过三十多年的努力，在教材尤其是计算机和电子信息类专业教材出版方面树立了权威品牌，为我国的高等教育事业做出了重要贡献。清华版教材形成了技术准确、内容严谨的独特风格，这种风格将延续并反映在特色精品教材的建设中。

清华大学出版社教材编审委员会

联系人：魏江江

E-mail:weijj@tup.tsinghua.edu.cn

C 语言是一种计算机程序设计语言，它既具有高级语言的特点，又具有汇编语言的特点。自问世以来就深受广大软件爱好者喜爱，并且长盛不衰。

1. 编写初衷

编写本书主要有两个目的：

(1) 满足学生通过国家二级计算机等级考试的需要。针对"国二"C 语言考试的考点设置一些实例，同时在每章的后面配备了大量的练习，这些练习以历年"国二"考试真题为主，能够满足学生练习的需要。

(2) 满足工科学生实际应用的需要。对于工科学生，在其将来的工作过程中会应用 C 语言进行一些相关的控制工作，因此要让学生打下坚实的程序设计的基础，养成良好的代码书写习惯，能够灵活熟练地使用 C 语言进行程序设计。因此在内容的选择上有所斟酌，满足这部分学生的需要。

2. 本书内容

本书在内容上可以分为五大部分：第一部分是数据类型，包括基本类型(字符型、整型、实型、枚举型)、构造类型(数组、结构体、共用体)、指针类型和空类型；第二部分是运算符和表达式；第三部分是程序设计结构，包括顺序结构、选择结构和循环结构；第四部分是函数；第五部分是文件。这五个部分按照使用顺序，又分为 12 章。

学生在学习的过程中一定要把概念彻底弄清楚，包括"是什么，用来作什么和怎么使用"。为了满足上面说的两个目的，本书精心选择了一些实例，同时尽量做到一事一例，言简意赅，力争将每个概念讲解清楚。只有在清楚理解概念的基础上才能谈得上熟练使用。

3. 本书特色

(1) 首先在宏观上把 C 语言分成 5 个部分：数据类型(基本类型、构造类型、指针类型、空类型)、运算符、程序设计结构(顺序、选择、循环)、函数和文件。可以理解为，将一些原料(数据类型)按照一定的加工方法(运算符)，为了达到某种目的而采取一定的制作过程(程序设计结构)，就形成了一个功能模块(函数)，再将这些模块有机地组装起来就达到了我们的最终目的(文件)。这样，学生就比较容易理解和接受整本书的内容，对于各章节之间的联系也比较清楚。

(2) 在具体的细节上注意讲清概念。比如讲解 break 和 continue 在循环语句中的作用时，使用了一个简单的二级考试的例子，学生通过该例子就会对这两个概念一目了然，然后才能很好地去使用。

4. 作者分工

本书的编者为教材的编写倾注了大量的心血，花费了很多的业余时间。全书的统稿工作由李伟光完成，第1～第3章由邢翀编写，第4～第6章由李倩编写，第8和第9章由张勇编写，第7、第10～第12章以及附录部分由李伟光编写。

除了教材内容以外，本书还配备了多媒体教学课件、书后习题及参考答案，对本书感兴趣的同行和读者可以和编者联系。

在本书的编写过程中，很多老师都提出了很好的意见和建议，在此一并表示感谢。

由于作者水平有限，书中难免会有错误和纰漏，敬请读者批评指正，以期将来更加完善，让更多的读者受益。

编 者

2013年5月

目 录

第1章 程序设计的基本概念

1.1 C语言简介

C语言是一种计算机程序设计语言，是世界上最流行、使用最广泛的一种高级程序设计语言。C语言由美国贝尔研究所的Dennis Ritchie于1972年推出，既具有高级语言的特点，又具有汇编语言的特点。

C语言的原型为ALGOL 60语言(也称为A语言)。1963年，剑桥大学将ALGOL 60语言发展成为CPL(Combined Programming Language)语言。CPL语言在ALGOL 60的基础上接近硬件一些，但规模比较大，难以实现。1967年，剑桥大学的Matin Richards对CPL语言进行了简化，于是产生了BCPL语言。1970年，美国贝尔实验室的Ken Thompson将BCPL进行了修改，取名为B语言(取BCPL的第一个字母)，并且他用B语言写了第一个UNIX操作系统。但是B语言过于简单，功能有限，并且和BCPL都是“无类型”的语言。1972年至1973年间，贝尔实验室的Dennis Ritchie在B语言的基础上设计出了C语言(取BCPL的第二个字母)。C语言既保持了BCPL和B语言的优点(精练，接近硬件)，又克服了它们的缺点(过于简单，数据无类型等)。最初的C语言只是为描述和实现UNIX操作系统提供一种工具语言而设计的。1973年，K. Thompson和D. M. Ritchie两人合作把90%以上的UNIX操作系统用C语言改写，即UNIX第5版。为了使UNIX操作系统推广，1977年Dennis M. Ritchie发表了不依赖于具体机器系统的C语言编译文本《可移植的C语言编译程序》。1978年Brian W. Kernighian和Dennis M. Ritchie出版了名著《The C Programming Language》，从而使C语言成为目前世界上流行最广泛的一种高级程序设计语言。1988年，随着微型计算机的日益普及，出现了许多C语言版本。由于没有统一的标准，使得这些C语言之间出现了一些不一致的地方。为了改变这种情况，美国国家标准学会(ANSI)为C语言制定了一套ANSI标准，成为现行的C语言标准。

C语言之所以能够成为使用最广泛的语言，主要由于其自身有许多不同于其他语言的特点，其主要特点如下：

(1) 简洁紧凑。C语言一共只有32个关键字，9种控制语句，因而程序书写相当简洁紧凑。

(2) 运算符丰富。C语言的运算符包含的范围很广泛，共有34种运算符。C语言把括号、赋值、强制类型转换等都作为运算符处理，从而使C语言的运算类型极其丰富，表达式类型多样化。灵活使用各种运算符可以实现在其他高级语言中难以实现的运算。

(3) 数据类型丰富。C语言的数据类型有整型、实型、字符型、数组类型、指针类型、结构体类型、共用体类型等,能用来实现各种复杂的数据结构的运算。

(4) 表达方式灵活实用。C语言提供多种运算符和表达式,对问题的表达可通过多种途径获得,其程序设计更加主动、灵活。它的语法限制不太严格,程序设计自由度大。

(5) 允许直接访问物理地址,对硬件进行操作。由于C语言允许直接访问物理地址,可以直接对硬件进行操作,因此它既具有高级语言的功能,又具有低级语言的许多功能,能够像汇编语言一样对位、字节和地址进行操作,而这三者是计算机最基本的工作单元,可用来编写系统软件。

(6) 生成目标代码质量高,程序执行效率高。C语言描述问题比汇编语言迅速,工作量小、可读性好,易于调试、修改和移植,而代码质量与汇编语言相当。

(7) 可移植性好。在不同的编译环境里使用的大部分C语言代码是相同,所以在一个编译环境上重用C语言编写的程序,不改动或稍加改动,就可以移植到另一个完全不同的环境中运行。

1.2 程序和程序设计

计算机由电路和多种电子元件组成,要使这些物理部件能够正常工作需要在程序的控制之下来完成。程序规定了完成某项工作的具体操作顺序以及每一步骤完成哪些操作。在程序控制之下计算机完成指定任务的过程称为程序的执行过程。

程序(Program)是为实现特定目标或解决特定问题而用计算机语言编写的命令序列的集合,是为实现预期目的而进行操作的一系列语句和指令,一般分为系统程序和应用程序两大类。

一个程序应该包括以下两方面的内容:

(1) 对数据的描述。在程序中要指定数据的类型和数据的组织形式,即数据结构(Data Structure)。

(2) 对操作的描述。即操作步骤,也就是算法(Algorithm)。

著名计算机科学家沃思提出一个公式:

数据结构 + 算法 = 程序

实际上,一个程序除了以上两个主要的要素外,还应采用适当的程序设计方法进行设计,并且用一种计算机语言来描述。因此,算法、数据结构、程序设计方法和语言工具这4个方面是一个程序员应具备的知识。

程序设计(Programming)是给出解决特定问题程序的过程,是软件构造活动中的重要组成部分。程序设计往往以某种程序设计语言为工具,给出这种语言下的程序。程序设计过程应当包括以下一些步骤:

(1) 分析问题。对于接受的任务要进行认真的分析,研究所给定的条件,分析最后应达到的目标,找出解决问题的规律,选择解题的方法,完成实际问题。

(2) 确定数据结构。根据具体问题找出输入数据和相应的输出结果,确定应该使用什么数据形式表示问题中的各种变量及其存储形式,即确定存放数据的数据结构。

(3) 设计算法。即设计出解题的方法和具体步骤。

(4) 编写程序。将算法翻译成计算机程序设计语言,对源程序进行编辑、编译和连接。

(5) 运行程序,分析结果。运行可执行程序,得到运行结果。能得到运行结果并不意味着程序正确,要对结果进行分析,看它是否合理。如不合理要对程序进行调试,即通过上机发现和排除程序中的故障的过程。

(6) 编写程序文档。许多程序是提供给别人使用的,如同正式的产品应当提供产品说明书一样,正式提供给用户使用的程序,必须向用户提供程序说明书。其内容一般包括程序名称、程序功能、运行环境、程序的装入和启动、需要输入的数据,以及使用注意事项等。

按照结构性质,程序设计有结构化程序设计与非结构化程序设计之分。前者是指具有结构性的程序设计方法与过程,具有由基本结构构成复杂结构的层次性,后者反之。按照用户的要求,有过程式程序设计与非过程式程序设计之分。前者是指使用过程式程序设计语言的程序设计;后者指非过程式程序设计语言的程序设计。按照程序设计的成分性质,有顺序程序设计、并发程序设计、并行程序设计、分布式程序设计之分。按照程序设计风格,有逻辑式程序设计、函数式程序设计、对象式程序设计之分。

1.3 算法

1.3.1 算法的概念

一个程序一般应该包括两方面内容:数据结构和算法。

数据是操作的对象,操作的目的是对数据来进行加工处理,用以得到期望的结果。生活中做任何事情都要有一定的步骤。例如,在商场买东西,要先选好商品,然后开票,付款,拿发票,取货,乘车回家。要从上海去北京,首先要买火车票,然后按时到达火车站,登上火车,到达北京等。这些步骤都是按照一定的顺序进行的。从事各种工作和活动,都必须事先想好进行的步骤,然后按部就班地进行,才能避免发生错乱。不要以为只有"计算"的问题才有算法,广义地说,为了解决一个问题所采取的方法和步骤就可以说是算法。

算法是指对解题方案的准确而完整的描述,是一组有穷的,严谨地定义运算顺序的规则,并且每一个规则都是有效且明确的。

也就是说,能够对一定规范的输入,在有限时间内获得所要求的输出。如果一个算法有缺陷,或不适合于某个问题,执行这个算法将不会解决这个问题。对于一个问题,如果可以通过一个计算机程序,在有限的存储空间内运行有限的时间而得到正确的结果,那么可以说这个问题是可解的。但是要注意,算法不等于程序,也不等于计算方法。程序也可以作为算法的一种描述,但程序通常还需要考虑很多与方法或分析无关的细节问题,这是因为在编写程序时要受到计算机系统运行环境的限制。通常,程序的编写不可能优于算法的设计。

一个算法,一般应具有如下一些基本特征:

(1) 确定性(Definiteness)。一个算法无论运行多少次都会得到一个确定的结果;

(2) 可行性(Effectiveness)。算法中执行的任何计算步骤都是可以被分解为基本的可执行的操作步骤,即每个计算步骤都可以在有限时间内完成(也称为有效性);

(3) 输入项(Input)。一个算法有 0 个或多个输入,以描述运算对象的初始情况,所谓 0 个输入是指算法本身给出了初始条件;

(4) 输出项(Output)。一个算法有一个或多个输出,以反映对输入数据加工后的结果。没有输出的算法是毫无意义的;

(5) 有穷性(Finiteness)。算法的有穷性是指算法必须能在执行有限个步骤之后终止。

1.3.2 算法的描述与设计

为了要描述一个算法,可以使用不同的方法。常用的有自然语言、流程图、N-S图、伪代码、PAD图等。

1. 自然语言

自然语言是人们日常使用的语言,可以是汉语、英语或其他语言。用自然语言来表示算法通俗易懂,但文字冗长,容易出现"歧义性",要根据上下文才能判断其正确含义,另外用自然语言描述包含分支和循环的算法也不是很方便。因此,除了描述很简单的问题以外,一般不用自然语言描述算法。

下面通过例子来介绍如何使用自然语言设计算法。

【例 1-1】 输入三个数,然后输出其中最大的数。

首先要考虑,三个数怎样存放在计算机中,可以定义三个变量 A、B、C,将三个数一次输入到这三个变量中,此外,再定义一个 MAX 变量来存放最大数。因为计算机一次只能比较两个数,所以先将 A 与 B 进行比较,大的数放在 MAX 中,再把 MAX 与 C 比较,又把大的放在 MAX 中,这样 MAX 中就存放了三个数中的最大数,最后输出 MAX。算法可以表示如下。

步骤 1:输入 A、B、C。

步骤 2:A 与 B 中大的一个放入 MAX 中。

步骤 3:把 C 与 MAX 中大的一个放入 MAX 中。

步骤 4:输出 MAX,MAX 即为最大数。

其中的步骤 2 和 3 两步仍然不够明确,无法直接转化为程序语句,可以继续细化:

步骤 2:把 A 与 B 中大的一个放入 MAX 中,若 A > B,则 MAX←A;否则 MAX←B。

步骤 3:把 C 与 MAX 中大的一个放入 MAX 中,若 C > MAX,则 MAX←C。

也可以用 S1,S2,…代表步骤 1,步骤 2,…,S 是 step(步)的缩写,是一种写算法的习惯用法。于是算法最后可以写成:

S1:输入 A,B,C。

S2:若 A > B,则 MAX←A;否则 MAX←B。

S3:若 C > MAX,则 MAX←C。

S4:输出 MAX,MAX 即为最大数。

【例 1-2】 求 5!。

可以使用原始的方法:

S1:先求 1×2,得到结果 2。

S2:将 S1 得到的乘积 2 再乘以 3,得到结果 6。

S3:将 6 再乘以 4,得 24。

S4:将 24 再乘以 5,得 120。即为最后结果。

这种算法显然是正确的,但是太繁琐,如果要求 1000!,那么就要写出 999 个步骤,显然是不科学的，也不方便的，应当尝试找到一种通用的表示方法。

可以设定两个变量，一个变量代表被乘数，一个代表乘数。不再另外设定变量存储乘积的结果，而是直接将每一步骤的乘积放在被乘数变量中。设 a 为被乘数，i 为乘数。用循环算法来求结果。可以将算法修改如下：

S1：使 a=1。

S2：使 i=2。

S3：使 a×i，乘积仍放在变量 a 中，可以表示为 a←a×i。

S4：使 i 的值加 1，即 i←i+1。

S5：如果 i 不大于 5，返回重新执行 S3 以及其后的 S4、S5；否则，算法结束。最后得到 a 的值就是结果。

2. 流程图

流程图是由一些图框和流程线组成的，其中图框表示各种操作的类型，图框中的文字和符号表示操作的内容，流程线表示操作的先后次序。用流程图来表示算法直观形象、易于理解，因此得到广泛应用。美国国家标准学会(American National Standards Institute，ANSI)规定了一些常用的流程图符号如图 1-1 所示。

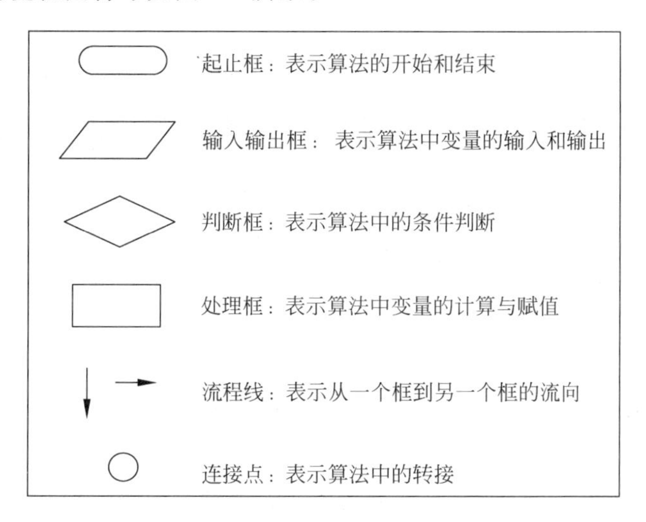

图 1-1　流程图常用流程符号

使用流程图表示算法的三种基本单元如图 1-2、图 1-3 和图 1-4 所示，它们分别代表了顺序结构、选择结构和循环结构。

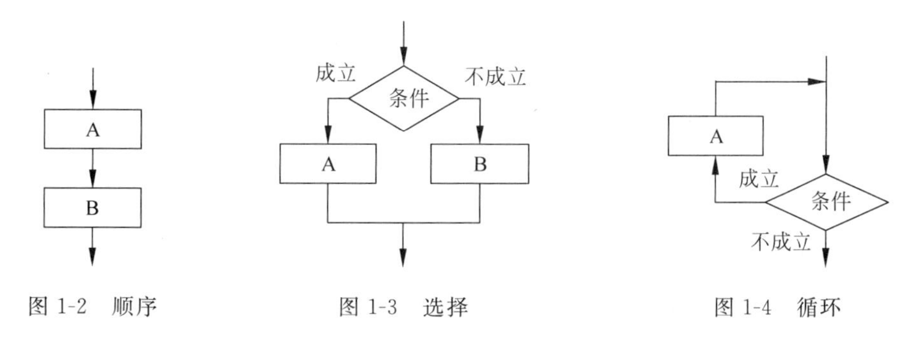

图 1-2　顺序　　图 1-3　选择　　图 1-4　循环

下面对之前的两个算法的例子改用流程图表示。

【例 1-3】 将例 1-1 求三个数中的最大数算法用流程图表示，流程图如图 1-5 所示。

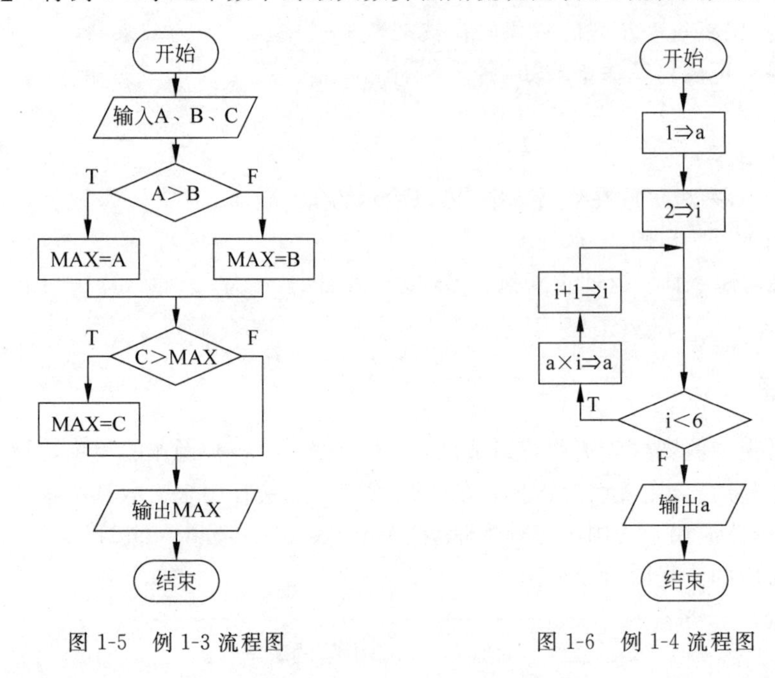

图 1-5 例 1-3 流程图　　图 1-6 例 1-4 流程图

【例 1-4】 将例 1-2 求 5！算法用流程图表示，流程图如图 1-6 所示。

在流程图中，判断框左右两侧分别标注“真”、“假”或 T、F 或 Y、N。另外还规定，流程线是从上往下或从左往右时可以省略箭头，反之就必须带箭头。

通过例题可以看到，用流程图表示算法直观形象，比较清楚地显示出各个框之间的逻辑关系。但是这种方法占用篇幅比较多，尤其当算法比较复杂时，画流程图既费时又不方便。

3. N-S 图

N-S 图是另一种流程图，由美国人 I. Nassi 和 B. Shneiderman 提出，以两人名字首字母命名。N-S 图中全部算法写在一个矩形框内，在该框内还可以包含其他从属于它的框，或者说，由一些基本的框组成一个大的框，图中省略了算法的流程线。N-S 图如同一个多层的盒子，又称盒图。其适用于结构化程序设计，因而很受欢迎。

N-S 图用如图 1-7～图 1-10 所示的流程图符号来表示。

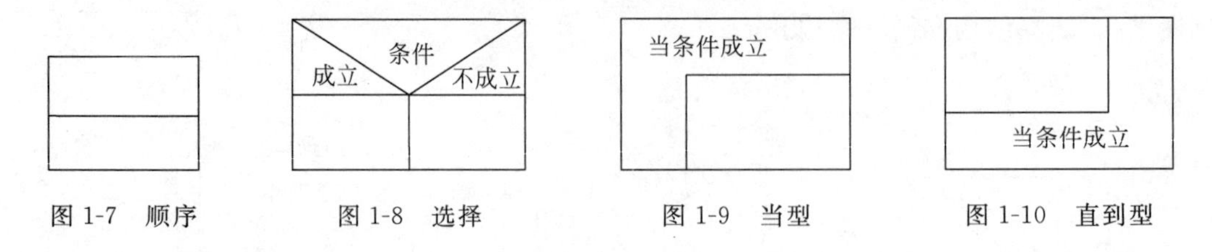

图 1-7 顺序　　图 1-8 选择　　图 1-9 当型　　图 1-10 直到型

图 1-7 所示为顺序结构，先执行 A 再执行 B，图中可以看出 A 和 B 两个框组成一个顺序结构。图 1-8 所示为选择结构，当条件成立时执行 A 操作，不成立执行 B 操作。图 1-9 所示为当型循环结构，当条件成立时反复执行 A 操作，直到条件不成立为止。图 1-10 所示为

直到型循环结构，是先运行一次操作 A，检测到条件成立时接着反复执行 A。当型循环可能不运行操作 A，而直到型循环至少运行一次。

下面将之前的两个例子改用 N-S 图来表示。

【例 1-5】 将例 1-1 求三个数中的最大数算法用 N-S 图表示，如图 1-11 所示。

【例 1-6】 将例 1-2 求 5！算法用 N-S 图表示，如图 1-12 所示。

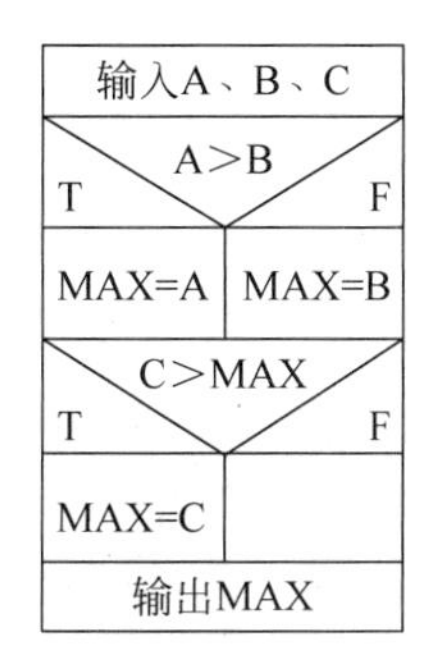

图 1-11　例 1-5 的 N-S 图

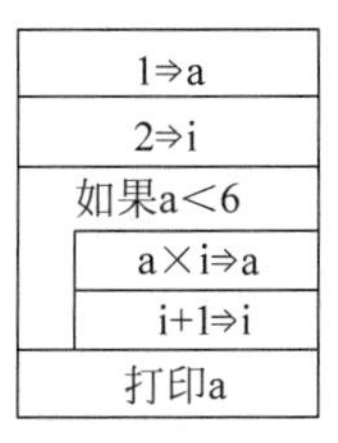

图 1-12　例 1-6 的 N-S 图

4. 伪代码

伪代码是用介于自然语言和计算机语言之间的文字和符号来描述算法。它如同一篇文章自上而下写下来，每一行（或几行）表示一个基本操作。它不用图形符号，因此书写方便，格式紧凑。由于类似自然语言因此也比较好懂，便于被计算机语言实现。

之前的两个例子用伪代码表示如下：

【例 1-7】 将例 1-1 中求三个数中的最大数的算法用伪代码表示。

```
BEGIN
    Input A、B、C
    If A > B
    MAX = A
    Else
    MAX = B
    If C > MAX
    MAX = B
    Output MAX
END
```

【例 1-8】 将例 1-2 求 5！算法用伪代码表示。

```
BEGIN
    a = 1
    i = 2
    While i < 6
    {
        a = a × i
        i = i + 1
    }
    Output a
END
```

本例中使用当型循环，while 意思为“当”，表示当 i<6 时执行循环体（大括号中的两行）的操作。

以上介绍了几种常用的表示算法的方法，可以根据实际需要和习惯任意选用。

1.4 结构化程序设计和模块化结构

1.4.1 结构化程序设计

结构化程序设计（Structured Programming）是进行以模块功能和处理过程设计为主的详细设计的基本原则。其概念最早由 E. W. Dijikstra 在 1965 年提出的，是软件发展的一个重要的里程碑。它的主要观点是采用自顶向下、逐步求精及模块化的程序设计方法，使用三种基本控制结构构造程序。三种基本结构分别为：顺序结构、选择结构、循环结构，任何复杂的算法都可由这三种基本控制结构构成。

结构化程序设计的主要原则如下：

（1）自顶向下。程序设计时，应先考虑总体，后考虑细节；先考虑全局目标，后考虑局部目标。不要一开始就过多追求细节，先从最上层总目标开始设计，逐步使问题具体化。

（2）逐步求精。对复杂问题，应设计一些子目标作为过渡，逐步细化。

（3）模块化设计。一个复杂问题，肯定是由若干稍简单的问题构成。模块化是把程序要解决的总目标分解为若干子目标，再进一步分解为具体的小目标，把这每一个小目标称为一个模块。

（4）限制使用 GOTO 语句。早期的程序中都有 GOTO 语句，允许程序从一个地方直接跳转到另一个地方去执行。这样做的优点是程序设计十分方便灵活，减少了人工复杂度。但是，太多的跳转语句使得程序的流程十分复杂混乱，难以看懂也难以验证程序的正确性，如果有错误，排查起来更是十分困难。因此，应当尽量避免使用 GOTO 语句。

（5）采用单入口、单出口的控制结构，很容易编写结构良好、易于调试的程序。

虽然结构化程序设计得到了非常广泛的应用，但是它也具有一定的缺点。例如，在系统分析阶段用户的要求难以准确地定义，会导致最后交付使用时产生很多问题；用系统开发每个阶段的成果进行控制，不能适应事物变化的要求；系统的开发周期比较长等。

1.4.2 模块化程序设计

使用计算机解决规模较大的问题时，由于问题复杂涉及许多方面，每一方面有可能包含许多小问题，需要设计规模较大的程序，而且设计工作一般需要多个人甚至若干小组分头完成。因此如何组织程序设计，如何将程序分块，需要遵循什么样的原则才能将各个程序块组合成一个功能完善的系统，不能简单地采用编小程序的方法来编大程序，而必须采用一种新的方法——模块化程序设计方法来设计程序。结构化程序设计方法从程序的实现角度看就是模块化程序设计，简单的说就是将程序模块化。

所谓模块化程序设计，是将一个大程序分解为多个功能相对独立的模块，由主程序规定好各个模块应完成的功能以及各个模块之间的联系（接口）。使用时，由主程序调用有关模块，将它们装配成一个能解决某个复杂问题的大程序。当然，每个程序模块还可以分解为若干个子模块，各个子模块还可以按需要分解为更低层次的模块……并且安排各级子模块和其上一级模块之间的联系接口。这样编制出的程序，就是模块化的程序。

通常规定模块只有一个入口和出口，使用模块的约束条件是入口参数和出口参数。最上面一层的模块称为主控模块，下层模块称为子模块，通过主控模块将子模块组织在一起，形成模块的层次结构。一个企业管理系统，如图 1-13 所示。

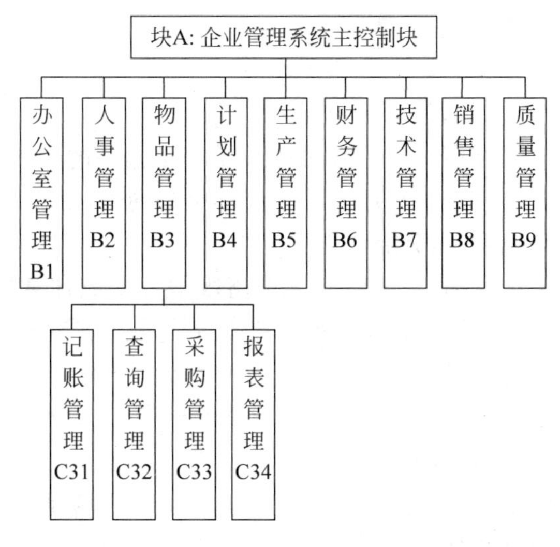

图 1-13　某企业管理系统总体结构图(部分)

模块化程序设计降低了程序复杂度，提高了程序的可靠性，使程序设计、调试和维护等操作简单化。

1.5　Visual C++ 6.0 编程环境

C 语言写出的程序最终要被翻译成计算机能够理解的机器语言程序，这个过程是由编译程序完成的，编译之后的目标文件一般不能独立运行，还需要和 C 语言提供的各种库函数连接起来，才能形成最后的可执行文件。整个过程如图 1-14 所示。从图中可以看出，使用 C 语言进行程序设计，首先要编辑源程序，需要一个文本编辑器；然后要对源程序进行编译，主要依靠编译器来完成；连接过程需要连接程序。将这些程序和其他一些工具组合在一起，构成了集成的开发工具。在 DOS 或者 Windows 环境下，C 语言源程序文件名的扩展名为 C，目标文件扩展名为 obj，可执行文件扩展名为 exe。

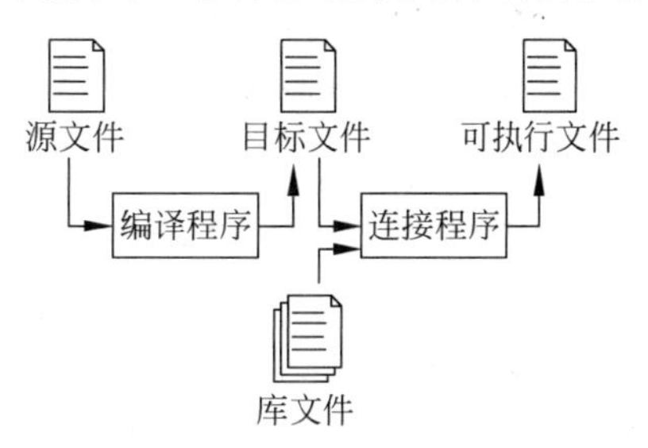

图 1-14　C 语言编译连接过程

常用的 C 语言开发工具有很多，如 Turbo C、Gcc、Visual C++等。从 2008 年 4 月开始，全国计算机等级考试全面停止 Turbo C2.0(简称 TC)软件的使用，所有参加二级 C 语言、三级信息技术、网络技术和数据库技术上机考试的考生，都要在 Visual C++ 6.0(简称 VC)环境下调试运行 C 程序。Visual C++是一种被广泛使用的可视化编程环境,使用了微软 Windows 图形用户界面的许多先进特性和设计理念,提供了方便快捷的 Windows 应用程序开发工具。本书就以 Visual C++ 6.0 作为学习环境。

1.5.1 Visual C++ 6.0 编程环境下的 C 语言程序开发

Visual C++ 6.0,简称 VC 或 VC6.0,是一个功能强大的可视化软件开发工具。自 1993 年 Microsoft 公司推出 Visual C++1.0 后,随着其新版本的不断问世,Visual C++已成为专业程序员进行软件开发的首选工具。

1. 相关基本概念

在介绍如何使用 Visual C++ 6.0 之前要先简单介绍相关的一些概念。

简单的程序设计过程与复杂的程序设计过程都是相同的,都包含着如下 4 个步骤。

(1) 编码。把程序代码输入,交给计算机。

(2) 编译成目标程序文件 obj。编译就是把高级语言变成计算机可以识别的二进制语言,计算机只认识 1 和 0,编译程序把人们熟悉的语言换成二进制的。编译程序把一个源程序翻译成目标程序的工作过程分为 5 个阶段: 词法分析; 语法分析; 语义检查和中间代码生成; 代码优化; 目标代码生成。主要是进行词法分析和语法分析,又称为源程序分析,分析过程中发现有语法错误,给出提示信息。

(3) 连接成可执行程序文件 exe 也称为组建。连接是将编译产生的 obj 文件和系统库连接装配成一个可以执行的程序。由于在实际操作中可以直接点击 Build 从源程序产生可执行程序,可能有人就会置疑: 为何要将源程序翻译成可执行文件的过程分为编译和连接两个独立的步骤,不是多此一举吗? 之所以这样做,主要是因为,一个较大的复杂项目是由很多人共同完成的(每个人可能承担其中一部分模块),其中有的模块可能是用汇编语言写的,有的模块可能是用 Visual C++ 6.0 写的,有的模块可能是用 Visual Basic 写的,有的模块可能是购买(不是源程序模块而是目标代码)或已有的标准库模块,因此,各类源程序都需要先各自编译成目标程序文件(二进制机器指令代码),再通过连接程序将这些目标程序文件连接装配成可执行文件。

(4) 运行可执行程序文件。

上述 4 个步骤中,其中第一步的编辑工作是最繁杂而又必须细致地由人工在计算机上来完成,其余几个步骤则相对简单,基本上由计算机自动完成。

在开始编程之前,还要必须先了解工程 Project(也称"项目",或称"工程项目")的概念。工程又称为项目,它具有两种含义,一种是指最终生成的应用程序; 另一种则是为了创建这个应用程序所需的全部文件的集合,包括各种源程序、资源文件和文档等。绝大多数较新的开发工具都利用工程来对软件开发过程进行管理。

用 Visual C++ 6.0 编写并处理的任何程序都与工程有关(都要创建一个与其相关的工程),而每一个工程又总与一个工程工作区相关联。工作区是对工程概念的扩展。一个工程的目标是生成一个应用程序,但很多大型软件往往需要同时开发数个应用程序,Visual C++ 6.0 开发环境允许用户在一个工作区内添加数个工程,其中有一个是活动的(缺省),每个工程都可以独立进行编译、连接和调试。

实际上,Visual C++ 6.0 是通过工程工作区来组织工程及其各相关元素的,就好像是一个工作间(对应于一个独立的文件夹,或称子目录),以后程序所牵扯到的所有的文件、资源等元素都将放入到这一工作间中,从而使得各个工程之间互不干扰,使编程工作更有条理,更具模块化。最简单情况下,一个工作区中用来存放一个工程,代表着某一个要进行处理的程序(先学习这种用法)。如果需要,一个工作区中也可以用来存放多个工程,其中可以包含该工程的子工程或者与其有依赖关系的其他工程。

可以看出,工程工作区就像是一个"容器",由它来"盛放"相关工程的所有有关信息,当创建新工程时,同时要创建这样一个工程工作区,而后则通过该工作区窗口来观察与存取此工程的各种元素及其有关信息。创建工程工作区之后,系统将创建出一个相应的工作区文件(.dsw),用来存放与该工作区相关的信息;另外还将创建出的其他几个相关文件是:工程文件(.dsp)以及选择信息文件(.opt)等。

编制并处理C++程序时要创建工程,Visual C++ 6.0已经预先为用户准备好了近20种不同的工程类型以供选择,选定不同的类型意味着让Visual C++ 6.0系统帮着提前做某些不同的准备以及初始化工作(如事先为用户自动生成一个所谓的底层程序框架或称框架程序,并进行某些隐含设置,如隐含位置、预定义常量、输出结果类型等)。工程类型中,其中有一个为Win32 Console Application,它是首先要掌握的、用来编制运行C或C++程序方法的最简单的一种。此种类型的程序运行时,将出现并使用一个类似于DOS的窗口,并提供对字符模式的各种处理与支持。实际上,提供的只是具有严格的采用光标而不是鼠标移动的界面。此种类型的工程小巧而简单,但已足以解决并支持本课程中涉及的所有编程内容与技术,使我们把重点放在程序的编制而并非界面处理等方面,至于Visual C++ 6.0支持的其他工程类型(其中有许多还将涉及Windows或其他的编程技术与知识),留给读者自己去探索或参考相关书籍。

2. 使用Visual C++ 6.0 IDE

了解了以上一些基本概念,下面来介绍一下怎样使用Visual C++ 6.0环境进行C语言程序设计。

在已安装Visual C++ 6.0的计算机上,可以通过双击桌面快捷方式进入Visual C++ 6.0 IDE(集成开发环境),或通过选择"开始"→"程序"→Microsoft Visual Studio 6.0→Microsoft Visual C++ 6.0命令,进入Visual C++ 6.0 IDE,如图1-15所示。

界面窗口从大体上可分为4部分。上部:菜单栏和工具栏;中左:工作区(workspace)视图显示窗口,这里将显示处理过程中与项目相关的各种文件种类等信息;中右:文档内容编辑区,是显示和编辑程序文件的操作区;下部:输出(output)窗口区,程序调试过程中,进行编译、连接、运行时输出的相关信息将在此处显示。

在主窗口的主菜单栏中选择"文件"|"新建"命令弹出"新建"窗口。在窗口中选择"工程"选项,选择其中的Win32 Console Application而后窗口右侧"工程名称"的文本框和"位置"文本框中填入工程的名字以及工程相关信息所存放的磁盘位置(目录或文件夹位置),此时的界面信息如图1-16所示,在此窗口中"工程名称"文本框中填入Ctest的工程名,"位置"文本框中使用了默认的存储位置,当然也可通过点击其右部的"…"按钮去选择并指定这一文件夹即子目录位置,经过这个步骤Visual C++ 6.0会自动在其下的"位置"文本框中用该工程名Ctest建立一个同名子目录,随后的工程文件以及其他相关文件都将存放在这个目

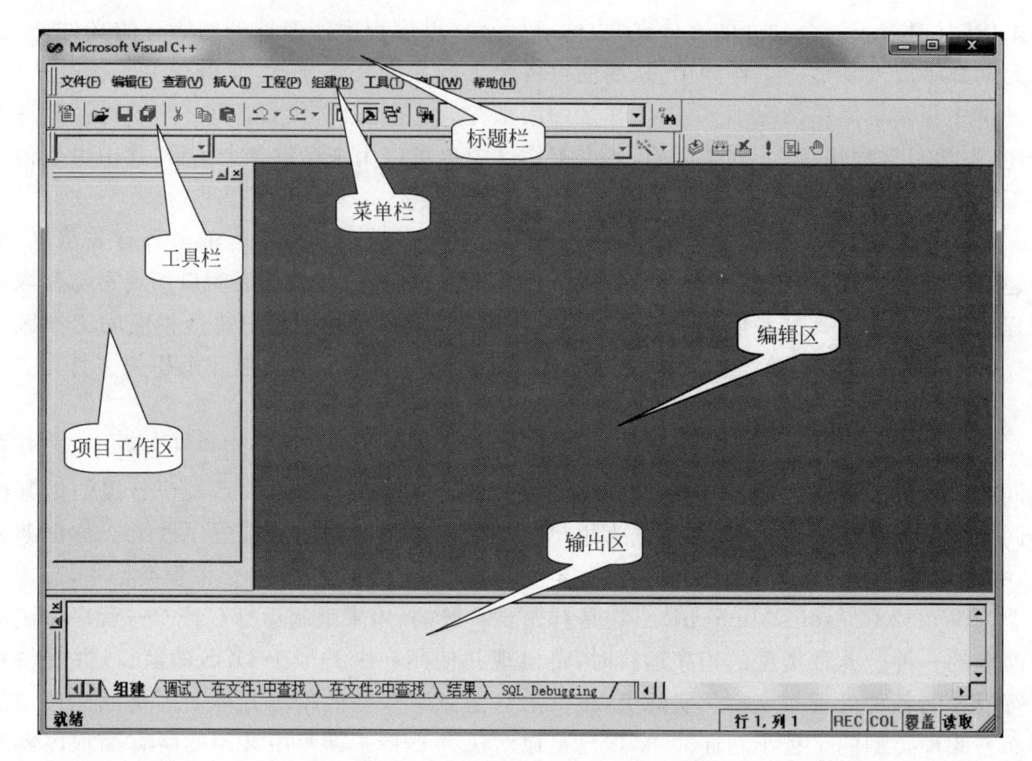

图 1-15 Visual C++ 6.0 启动界面

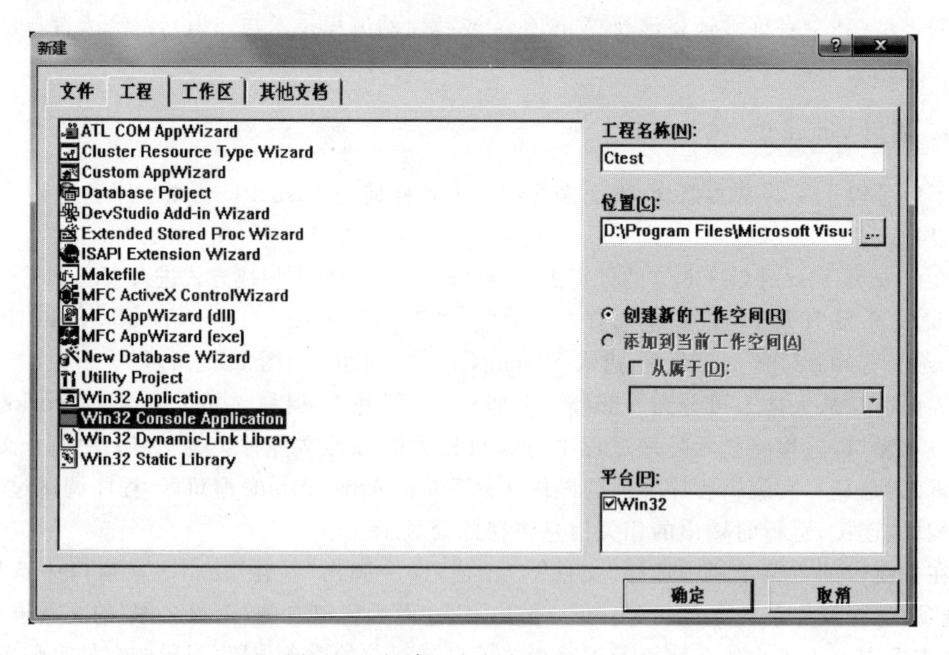

图 1-16 新建一个名为 Ctest 的工程

录下。

设置完毕以后单击“确定”按钮进入下一个选择界面。这个界面主要是询问用户想要构成一个什么类型的工程,其界面如图 1-17 所示。若选择“一个空工程”项将生成一个空的工程，工程内不包括任何东西。若选择“一个简单的程序”项将生成包含一个空的 main 函数和一个空的头文件的工程。选“一个"Hello World!"程序”项与选“一个简单的程序”项没有什么本质的区别，只是需要包含有显示出“Hello World!”字符串的输出语句。选择“一个支持 MFC 的程序”项的话，可以利用 Visual C++ 6.0 所提供的类库来进行编程。这里我们选择“一个空工程”选项，单击“完成”按钮，界面情况如图 1-18 所示。在图 1-18 中给出了刚才所建立工程的基本信息。

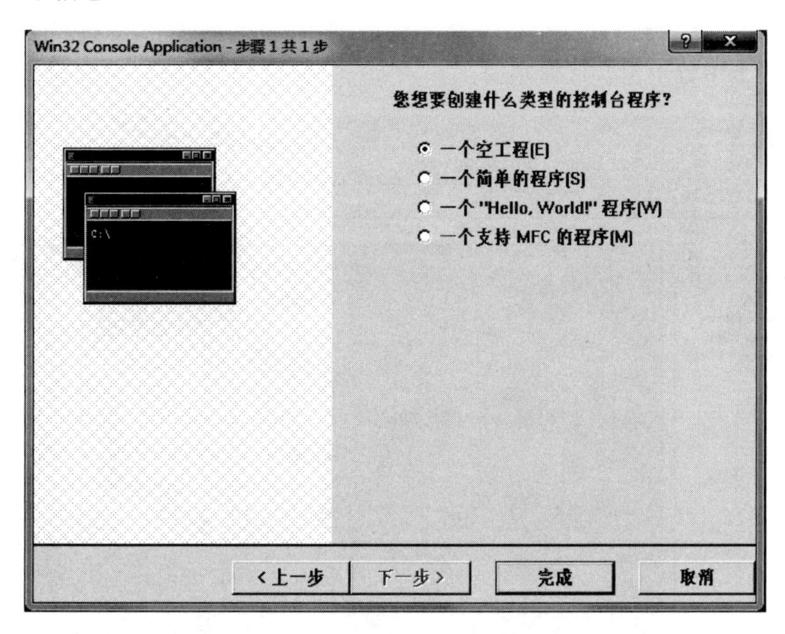

图 1-17　选择创建一个什么样的工程

图 1-18　新建工程信息对话框

单击"确定"按钮,进入项目管理界面如图1-19所示。注意"项目工作区"中有两个选项卡,一个是Class View,另一个是File View。Class View中列出的是这个工程中所包含的所有类的有关信息,当然程序将不涉及类,这个选项卡中现在是空白的。单击File View标签后,将看到这个工程所包含的所有文件信息。单击"+"图标打开所有的层次会发现有三个逻辑文件夹:Source Files文件夹中包含了工程中所有的源文件;Header Files文件夹中包含了工程中所有的头文件;Resource Files文件夹中包含了工程中所有的资源文件。所谓资源就是工程中所用到的位图、加速键等信息,在编程中不会涉及这一部分内容。现在File View选项卡中也不包含任何东西。

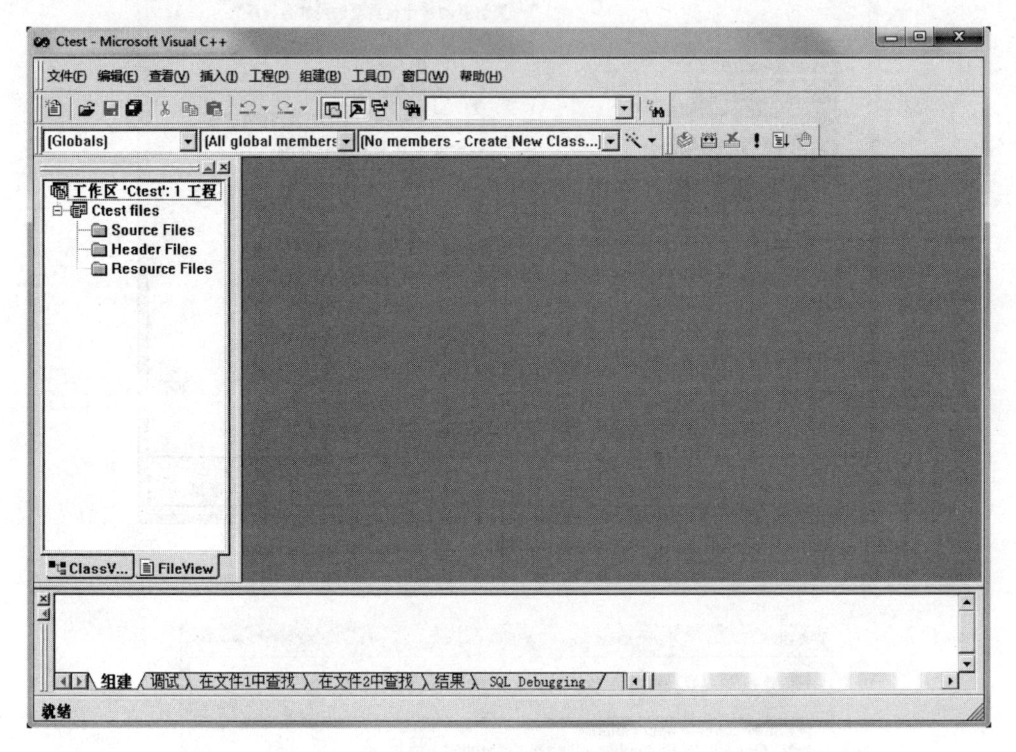

图1-19 项目管理界面

逻辑文件夹是逻辑上的,它们只是在工程的配置文件中定义的,在磁盘上并没有物理地存在这三个文件夹。可以删除自己不使用的逻辑文件夹;或根据项目的需要,创建新的逻辑文件夹来组织工程文件。这三个逻辑文件夹是Visual C++ 6.0预先定义的,就编写简单的单一源文件的C程序而言,只需要使用Source Files一个文件夹就够了。

下面建立C语言的源程序文件,而后通过编辑界面来输入所需的源程序代码。在如图1-19所示的界面中选择菜单"文件"|"新建"命令,弹出如图1-20所示的新建文件对话框。在"文件"标签(选项卡)中,选择C++ Source File项,在"文件名"文本框中为将要生成的文件取一个名字,取名为Ctest.c即建立一个C源文件,如果在输入文件名时不加扩展名c,那么Visual C++ 6.0默认给出的扩展名为cpp,它是C++语言的源程序扩展名。

然后单击"确定"按钮,可以看到回到了项目管理界面,在Source Files文件夹的前面多了一个"+"号即在此文件夹下创建了Ctest.c文件,单击"+"号展开Source Files文件夹,可以看见新建的文件名就在此文件夹下。同时编辑区也变成了白色,即为输入源程序的编

辑窗口(注意所出现的呈现“闪烁”状态的输入位置光标),此时只需通过键盘输入所需要的源程序代码:

```
#include <stdio.h>
void main()
{
    printf("This is a C program!\n");
}
```

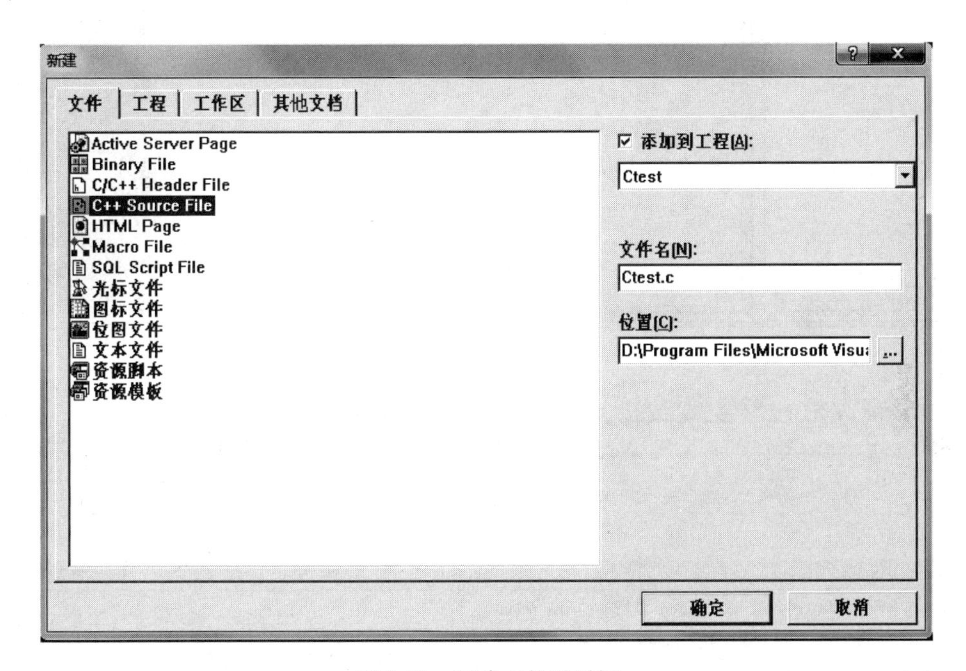

图 1-20 新建文件对话框

输入代码后的情况如图 1-21 所示。程序编制完成(即前面基础知识介绍中 4 个步骤中第一步的编辑工作得以完成)之后,就可以进行后三步的编译、连接与运行了。所有后三步的命令项都处在菜单“组建”之中。注意,在对程序进行编译、连接和运行前,最好先保存自己的工程(使用“文件”|“保存”菜单项)以避免程序运行时系统发生意外而使自己之前的工作付之东流,应让这种做法成为自己的习惯。

首先进行编译,选择执行菜单“组建”|“编译”命令或直接按 Ctrl+F7 组合键。若编译中发现错误(error)或警告(warning),将在“输出区”中显示出它们所在的行以及具体的出错或警告信息,可以通过这些信息的提示来纠正程序中的错误或警告(注意,错误是必须纠正的,否则无法进行下一步的连接;而警告则不然,它并不影响进行下一步,当然最好还是能把所有的警告也处理)。当没有错误与警告出现时,“输出区”窗口所显示的最后一行应该是“Ctest. obj-0 error(s),0warning(s)”,如图 1-22 所示。

编译通过后,可以选择“组建”|“组建”命令进行连接生成可执行程序。在连接中出现的错误也将显示到“输出区”中。连接成功后,“输出区”所显示的最后一行应该是“Ctest. exe-0 error(s),0 warning(s)”。也可以直接使用菜单命令“组建”|“组建”或直接按 F7 键可以一步完成编译和连接两个步骤。图 1-22 中指示的“编译微型条”内的一些快捷工具也可以完

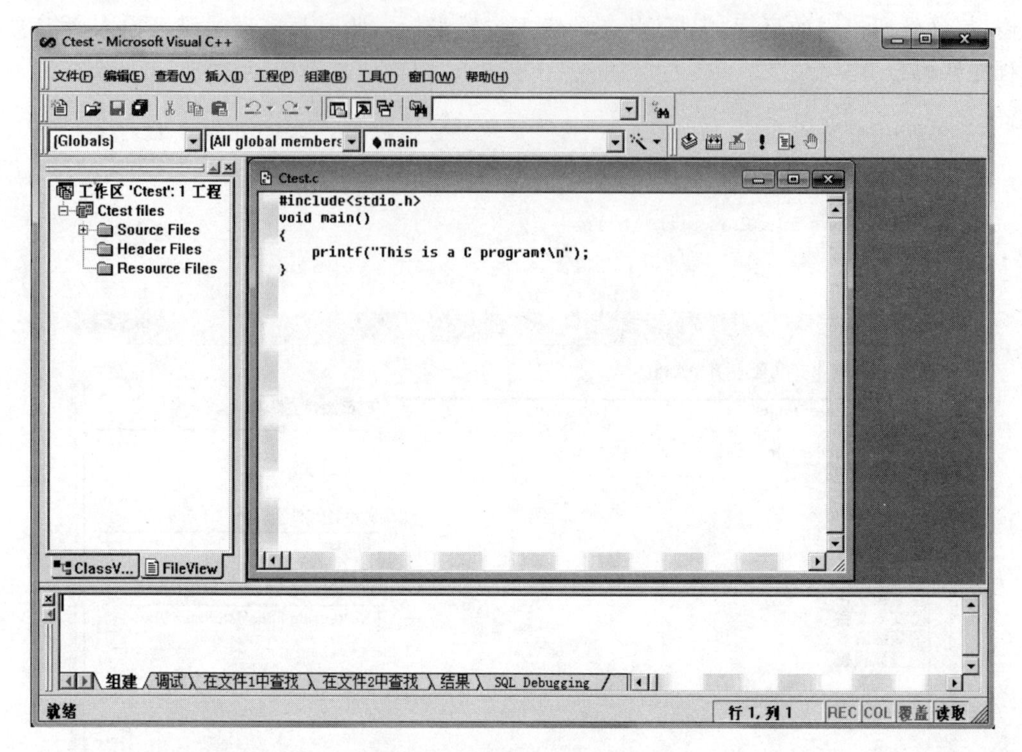

图 1-21 C 语言程序编辑

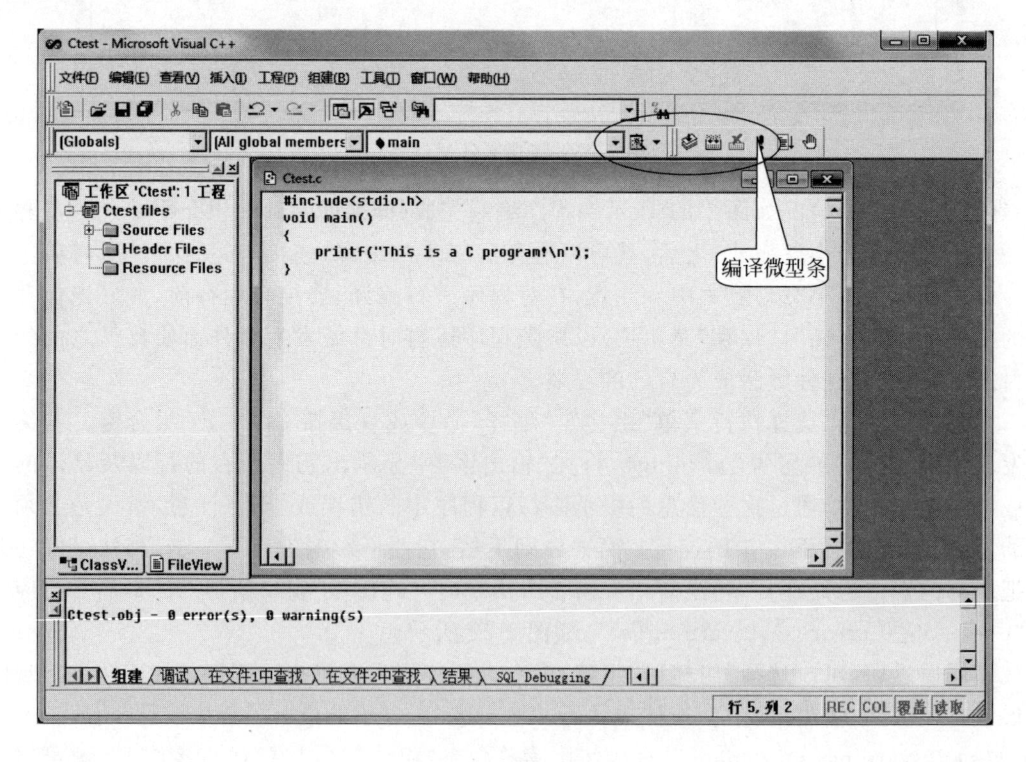

图 1-22 编译结果

成编译、组建和执行的工作。

最后就可以运行(执行)所编制的程序了,选择"组建"|"执行"命令(该选项前有一个感叹号标志"!",实际上也可通过单击窗口上部工具栏中的深色感叹号标志"!"来启动执行该选项),Visual C++ 6.0 将运行已经编好的程序,执行后将出现一个结果界面(所谓的类似于 DOS 窗口的界面),如图 1-23 所示。其中的 press any key to continue 是由系统产生的,使得用户可以浏览输出结果,直到按下了任一个键盘按键时为止(那时又将返回到集成界面的编辑窗口处)。

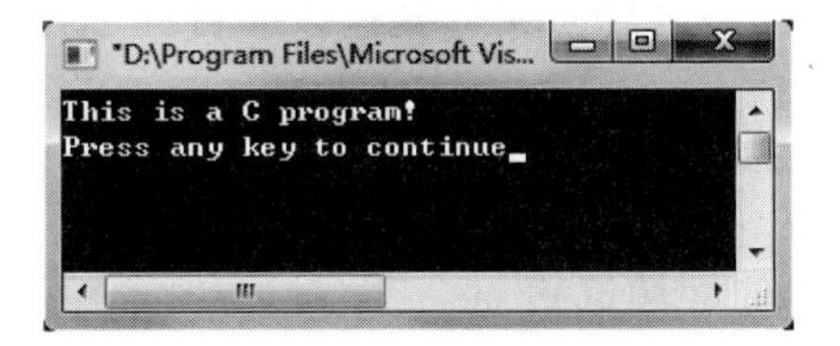

图 1-23　程序执行结果

至此已经生成并运行(执行)了一个完整的程序,完成了一个编程任务。此时应执行"文件"|"关闭工作区"命令,待系统询问是否关闭所有的相关窗口时,回答"是",则结束了一个程序从输入到执行的全过程,回到了刚刚启动 Visual C++ 6.0 的那一个初始画面。

在 Visual C++ 6.0 环境中进行 C 程序设计,都要遵循以上的步骤。

1.5.2 程序调试

当程序编译出错或连接出错时,系统都将在"输出区"窗口中随时显示出有关的提示信息或出错警告信息等(如果是编译出错,只要双击"输出区"窗口中的出错信息就可以自动跳到出错的程序行,以便仔细查找)。若编译和连接都正确,而执行结果又总是不正确时,这时就需要使用调试工具来帮着查找出程序中隐藏着的出错位置(某种逻辑错误)。

初学者常犯的错误是认为"编译和连接"都正确,程序就应该没有问题,怎么会结果不对呢?"编译和连接"都正确,只能说明程序没有语法和拼写上的错误,但在算法(逻辑)上有没有错,还得看结果对不对。因此,程序调试分为源程序语法错误的修改和程序逻辑设计错误的修改两个阶段,编译器只能找出源程序的语法错误,而程序的逻辑设计错误只能靠程序员利用工具来手工检查和修改。

程序调试的任务是发现和改正程序中的错误,使程序能正常运行。编译系统能检查出程序中的语法错误。语法错误分两类:一类是致命错误,以 error 表示,如果程序中有这类错误,就通不过编译,无法形成目标程序,更谈不上运行了;另一类是轻微错误,以 warning 表示,这类错误不影响生成目标程序和可执行程序,但有可能影响运行的结果,因此也应当尽量改正,使程序既无错误,又无警告。

进行改错时,双击调试信息窗口中的某个报错信息的第 1 行或按 F4 键,光标就自动移到程序窗口中被报错的程序行,并用粗箭头指向该行。

在运行程序时,当运行环境检测到一个不可能执行的操作时,也会发生错误,例如除数为 0,或在程序中一条语句不能正常执行发生运行错误,这种错误在应用程序开始执行后发生。

需要注意的是,编译器给出的错误提示信息可能不十分准确,并且一个错误经常会引出多条错误提示信息,所以修改一个错误后应该马上进行程序的编译。通过重复编译程序可以使语法错误越来越少,直到所有的语法错误都被修改,得到一个可执行程序。

下面来介绍一下如何进行跟踪调试。

当程序具有逻辑设计错误时，跟踪调试程序是查找此类错误方法中最常采用的动态方法。一个应用程序是连续运行的，但是在程序调试的过程中，往往需要在程序运行过程的某一阶段来观测应用程序的状态，所以必须使程序在某一地点停下来。在 Visual C++中，可以通过设置断点来达到这样的目的。在设置好断点之后，当程序运行到设立断点处时就停止运行，此时就可以利用各种工具来观察程序的状态，也可以设置各种条件使程序按要求继续运行，这样就可以进一步观测程序的流向。

1. 调试器

Visual C++ 6.0 提供了重要的调试工具——Debug。执行“组建”|“开始调试”命令，可以启动 Debug。在“开始调试”命令的下级子菜单中，包含了启动调试器运行的各项子命令，子命令及其功能如下：

Go：从程序中的当前语句开始执行，直到遇到断点或遇到程序结束；

Step Into：控制程序单步执行，并在遇到函数调用时进入函数内部；

Run to Cursor：在调试运行程序时，使程序运行到当前光标所在位置时停止，相当于设置了一个临时断点；

附加到当前进程：在调试过程中直接进入到正在运行的进程中。

开始调试后主菜单中的“组建”被“调试”取代，同时出现调试工具栏和一些调试窗口，如图 1-24 所示。

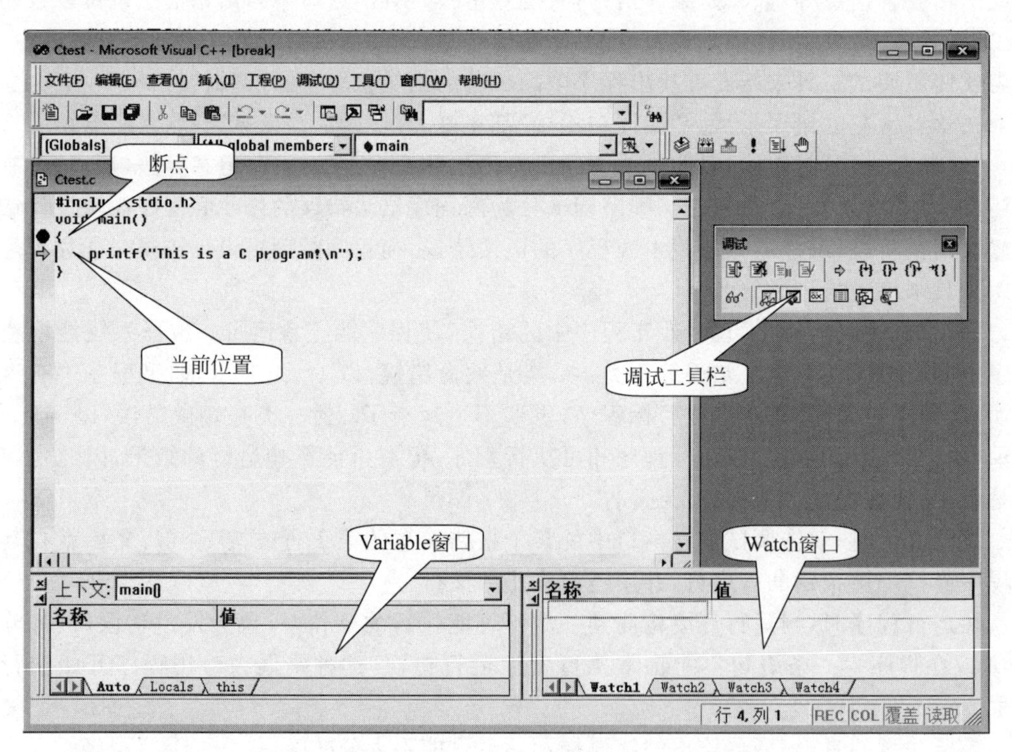

图 1-24 Debug 调试环境

打开“调试”菜单，如图 1-25 所示。

通常情况下，调试工具栏中各个按钮分别对应调试菜单中相应的菜单项，因此，这里只介绍 Debug 调试菜单中的各项命令如下所示。

Go：和组建菜单的开始调试子菜单中的 Go 命令作用相同，用于执行程序代码到程序中的断点处。

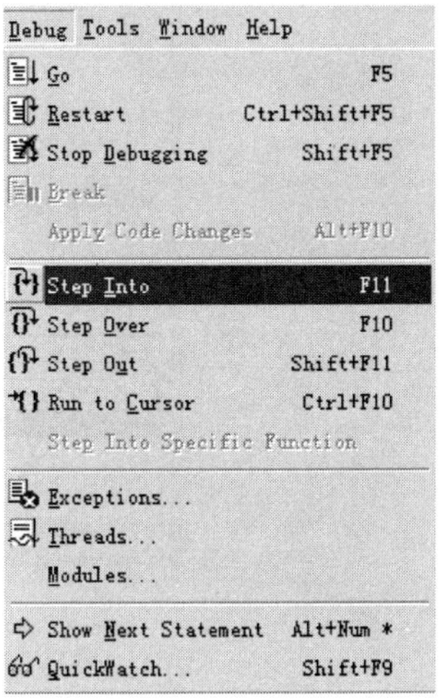

Restart：重新对程序进行调试，对应的快捷键为 Ctrl＋Shift＋F5。

Stop Debugging：终止调试过程，返回到编辑状态，快捷键为 Shift＋F5。

Break：中断正在进行的调试操作。

Apply Code Change：应用对代码的更改。

Step Into：逐步调试程序，遇到调用函数时，进入函数内部逐步执行。

Step Over：单步执行，也是逐步调试程序，遇到调用函数时，并不进入函数内执行，快捷键为 F10。

Step Out：调试程序时，从正在执行的某个嵌套结构的内部跳到该结构的外部，常用于知道调用函数中不存在错误的情况。

图 1-25　调试菜单

Run to Cursor：调试程序时，直接运行到插入点处。

Step Into Specific Function：也是逐步进行程序代码的调试，并且根据指定的信息进入函数的内部。

Exceptions：设置异常处理的一些参数。

Module：显示模块列表。

Show Next Statement：显示程序代码中当前位置的下一条语句。

Quick Watch：快速查看表达式等的值。

在图 1-24 中还有 Variable 窗口和 Watch 窗口。在 Variable 窗口中，“上下文”下拉框可用来选择要查看的函数，然后会在窗口中显示出函数局部变量的当前值，在该窗口中还有 3 个标签：Auto 标签显示变量和函数的返回值；Locals 标签显示当前函数的局部变量；This 标签以树型方式显示当前类对象的所有数据成员，单击“＋”号可展开 This 指针所指的对象。

Watch 窗口用于观察和修改变量或表达式的值，其中有 Watch1、Watch2、Watch3 和 Watch4 这 4 个标签，在每个标签中用户都需要手工设置要观察的变量和表达式。

2. 设置断点

在 Visual C++ 6.0 中，可以设置多种类型的断点，这些断点起作用的方式各不相同，可以将它们分为 3 种，即 Location(位置断点)、Data(逻辑断点)以及 Messages(与 Windows 消息有关的断点)。选择“编辑”|“断点”命令显示如图 1-26 所示的 Breakpoints 设置断点对话框。

位置断点是最常用的一个无条件断点，也是默认的断点类型，其设置方法也最为简单，只要把光标移到要设断点的位置(当然这一行必须包含一条有效语句)；然后按工具条上的 Insert/Remove Breakpoint 按钮(编译微型表中最后一个小手图像按钮)或按 F9 键，这时将

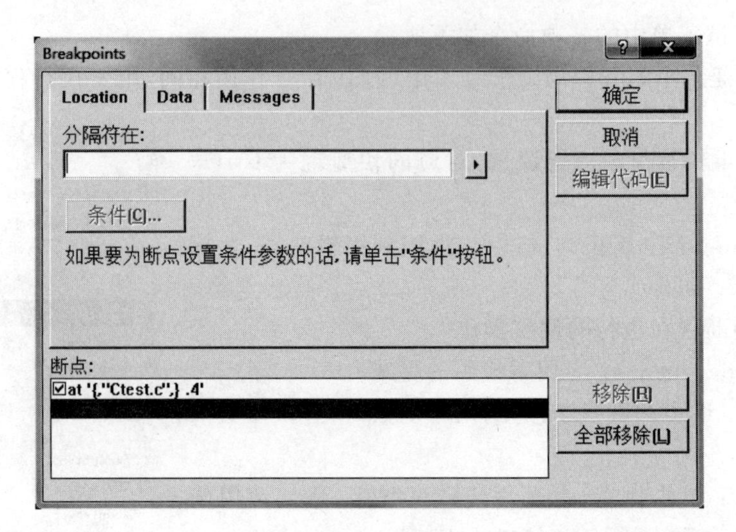

图 1-26 Breakpoints 设置断点对话框

会在屏幕上看到在这一行的左边出现一个红色的圆点，表示在该位置设立了一个断点，如果要取消已设置的断点只要将光标移动到设置断点的代码行进行相同的操作即可。程序执行时遇到这种断点，只是简单地停下来。

3. 控制程序执行

当设置了断点后，程序就可以进入 Debug 状态了，并按照要求控制程序的运行，有 4 条命令可以控制程序的执行：Step Into、Step Over、Step Out 和 Run to Cursor 命令，在前面已经介绍过的 Debug 调试菜单中有相关的 4 个命令的介绍。

4. 结束调试

要结束调试，可以按 Shift+F5 键或执行"调试"|"Stop Debugging"命令。当结束调试后，所有调试窗口会自动关闭，Debug 菜单也会自动还原为 Build 菜单。

1.6 简单 C 语言程序的结构和格式

为了说明 C 语言源程序结构的特点，先看以下几个程序。这几个程序由简到难，表现了 C 语言源程序在组成结构上的特点。虽然有关内容还未介绍，但可从这些例子中了解到一个 C 语言源程序的基本组成部分和书写格式。

【例 1-9】 屏幕输出"This is a C program!"。

```
#include <stdio.h>
void main()
{
    printf("This is a C program!\n");
}
```

程序第一行 #include<stdio.h>告诉编译器在编译时把 stdio.h 文件包含进来。这个文件是 C 编译系统提供的一个文件，stdio 是 standard input & output 的缩写，即有关输入输出的信息。在程序中要用到系统提供的标准函数库中的输入输出函数时，应在程序的开头写上这行代码。在 C 语言中把这些以 h 为扩展名的文件统称为头文件。相关的使用方法将在后面的章节中介绍。

程序第二行中，main 是主函数的函数名，表示这是一个主函数。每一个 C 语言源程序都必须有且只能有一个主函数(main 函数)，函数体用大括号{}括起来。void 表示此函数是空类型，即执行此函数不返回函数值，void 就是“空”的意思。函数调用语句 printf 函数的功能是把要输出的内容送到显示器去显示。printf 函数是一个由系统定义的标准函数，可在程序中直接调用。语句中双引号内的字符串按原样输出。“\n”是换行符，表示输出“This is a C program!”后再输出一个换行符，使光标换行。在 printf 语句最后有一个分号，C 语言中规定，以分号作为语句结束标志，注意程序中第一行的 #include 语句后不要使用分号作为结束，因为它不是 C 的语句(它是一个宏定义命令，详见第 10 章)。

【例 1-10】 求任意两个整数的和。

```
#include <stdio.h>                       /* 载入头文件 */
void main()                              /* 主函数 main */
{
    int x,y,z;                           /* 定义 x、y、z 为整型变量 */
    printf("input two numbers:\n");      /* 屏幕输出提示信息"input two numbers: " */
    scanf("%d%d",&x,&y);                 /* 等待用户输入两个整数，分别存储在变量 x 和 y 中 */
    z = x + y;                           /* 计算 x 和 y 的和存储在变量 z 中 */
    printf("%d + %d的和为%d\n",x,y,z);     /* 屏幕显示"某数 + 某数的和为某数",三个某
                                            数依次分别是 x,y,z 的值 */
}
```

上面例子中程序的功能是由用户输入两个整数，程序执行后输出两个整数的和。在程序的每行后用“/*”和“*/”括起来的内容为注释部分，注释只是给用户看的，对编译和运行不起作用，程序不执行注释部分。

上例中程序的执行过程是，首先声明定义 3 个整型变量 x、y、z。然后在屏幕上显示提示串“input two numbers:”，接着执行 scanf 语句，由 scanf 函数语句接收这两个数送入变量 x，y 中，即用户通过键盘输入两个整数，注意两个整数用空格或回车分隔开。再次输入回车后，计算 x 与 y 的和存储在变量 z 中。最后在屏幕上输出 z 的值。

关于 scanf 和 printf，在后面还要详细介绍。这里先简单介绍它们的格式，以便使用。scanf 和 printf 这两个函数分别称为格式输入函数和格式输出函数。其意义是按指定的格式输入输出值。因此，这两个函数在括号中的参数表都由以下两部分组成：“格式控制串”和参数表。格式控制串是一个字符串，必须用双引号括起来，表示输入输出量的数据类型。各种类型的格式表示法可在以后的课程中学习到。在 printf 函数中还可以在格式控制串内出现非格式控制字符，这时在屏幕上将显示显示。参数表中给出了输入或输出的量。当有多个量时，用逗号间隔。

例如：

```
printf("%d + %d的和为%d\n",x,y,z);
```

其中，%d 为格式字符，表示按十进制整数输出。它在格式串中三次出现，对应了 x、

y 和 z 三个变量。其余字符为非格式字符则照原样输出在屏幕上。

本章中的例子都是只含有一个主函数的简单例题，其实一个 C 语言程序可以包含多个函数，含有多个函数的情况将会在以后的章节中介绍。一个完整的 C 语言源程序的格式可以表示如下：

编译预处理
主函数()
函数()
⋮
函数()

一个 C 源程序实际上就是若干函数的集合，但只有一个主函数，任何 C 的源程序执行时，都是从主函数开始执行的，除主函数需取名 main()外，其他函数可任取名，但应符合标识符取名规则，且不能与保留字重名。

由以上例子可以看出，C 语言源程序具有如下几个结构特点：

(1) 每个 C 程序都是由函数构成的。

(2) 一个源程序不论由多少个文件组成，都有一个且只能有一个 main 函数，即主函数。

(3) 每个程序体(主程序和每个子函数，如例子中的 main 函数)，必须用一对大括号{}括起来。

(4) 源程序中可以有预处理命令(include 命令仅为其中的一种)，预处理命令通常应放在源文件或源程序的最前面。

(5) 每一个说明，每一个语句都必须以分号结尾。但预处理命令、函数头和花括号“}”之后不能加分号。

(6) 标识符、关键字之间必须至少加一个空格以示间隔。若已有明显的间隔符，也可不再加空格来间隔。

(7) 可以用/*…*/对 C 程序中的任何部分作注释，注释符必须成对出现。一个好的、有实用价值的源程序都应该加上必要的注释来增加程序的可读性。

从书写清晰，便于阅读、理解、维护的角度出发，在书写程序时应遵循以下规则：

(1) 一个说明或一个语句占一行。

(2) 用{}括起来的部分，通常表示了程序的某一层次结构。“{}”一般与该结构语句的第一个字母对齐，并单独占一行。

(3) 低一层次的语句或说明可比高一层次的语句或说明缩进若干空格后书写，以便看起来更加清晰，增加程序的可读性。在编程时应力求遵循这些规则，以形成良好的编程风格。

习题 1

选择题

(1) 以下叙述中正确的是(　　)。

A. C 语言程序将从源程序中第一个函数开始执行

B. 可以在程序中由用户指定任意一个函数作为主函数,程序将从此开始执行

C. C 语言规定必须用 main 作为主函数名,程序将从此开始执行

D. main 可作为用户标识符,用以命名任意一个函数作为主函数

(2) C 语言源程序名的后缀是(　　)。

A. exe　　B. C　　C. obj　　D. cp

(3) 计算机能直接执行的程序是(　　)。

A. 源程序　　B. 目标程序　　C. 汇编程序　　D. 可执行程序

(4) C 语言中用于结构化程序设计的三种基本结构是(　　)。

A. 顺序结构、选择结构、循环结构　　B. if、switch、break

C. for、while、do…while　　D. if、for、continue

(5) 算法具有 5 个特性,以下选项中不属于算法特性的是(　　)。

A. 有穷性　　B. 简洁性　　C. 可行性　　D. 确定性

第2章 C语言基本数据类型

2.1 标识符、常量、变量

2.1.1 C语言字符集和标识符

C语言由字符集里的符号构成具有一定含义的语句，再由这些语句组成程序。C的字符集由下列字符组成。

(1) 大小写英文字母：A～Z，a～z。

(2) 数字符：0～9。

(3) 特别符号：空格 % ^ & ! # * _ - = ～ > / \ | . , ; ? ' " ( ) {} []。

在C语言中，标识符是对变量、函数、标号和其他各种用户定义对象的命名。所有标识符必须使用C符号集中的英文字母、数字和下划线，并且标识符的第一个字符必须是字母或下划线。标识符中的字母是有大小写区别的。标识符的长度是没有限制的，但是不同的编译系统有不同的要求，Visual C++ 6.0 标识符最长为 247 个字符，而 Turbo C2.0 则只有前 8 个字符有效；注意定义标识符的时候不可以使用C语言的关键字，也不能和用户已编制的函数或C语言库函数同名。下面是一些正确或错误标识符命名的实例。

正确形式为 count，test23，high_balance。

错误形式为 2count，hi! there，high..balance。

关键字是由C语言规定的具有特定意义的字符串，通常也称为保留字。用户定义的标识符不能与关键字相同。C语言的关键字分为以下几类：

(1) 类型说明符：用于定义、说明变量、函数或其他数据结构的类型。如 int，double 等。

(2) 语句定义符：用于表示一个语句的功能。如 if…else 就是条件语句的语句定义符。

(3) 预处理命令：用于表示一个预处理命令，如前面各例中用到的 include。

预定义标识符也是C语言中的标识符，在C语言中也具有特定的含义，如函数 printf、scanf、sin、isalnum 等和编译预处理命令(如 define、include 等)。预定义标识符可以作为用户标识符使用，即用户可以把这些标识符重新定义，只是这样会失去系统规定的原意，容易引起误解。

表 2-1 列出了 ANSI 标准定义的 32 个关键字。

表 2-1　C 语言的关键字

auto	break	case	char	const	continue	default	do
double	else	enum	extern	float	for	goto	if
int	long	register	short	signed	sizeof	static	return
struct	switch	typedef	union	unsigned	void	volatile	while

除了关键字和预定义标识符以外,用户可以根据需要,给程序中使用的变量、函数、数组或文件等进行命名。为增加程序的可读性,一般用户定义的标识符要使用具有明确含义的单词或缩写,来描述标识符所代表的意义。如果用户使用了非法的标识符,或标识符与关键字相同,程序会报错;而重新定义预处理标识符不会报错,但是预定义标识符会失去其原有含义,代之以用户定义的含义,这样很容易引起一些运行时错误。

2.1.2　常量

在程序执行过程中,其值不发生改变的量称为常量。常量区分为不同的类型,如 68、0、－12 为整型常量,3.14、9.8 为实型常量,'a'、'b'、'c'则为字符常量。常量即为常数,一般从其字面即可判别。有时为了使程序更加清晰和便于修改,用一个标识符来代表常量,即给某个常量取个有意义的名字,这种常量称为符号常量。

【例 2-1】　求圆的面积。

```
#define PI 3.14
void main()
{
  float area;
  area = 10 * 10 * PI;
  printf("area = %f\n",area);
}
```

程序中用＃define 命令行定义 PI 代表圆周率常数 3.14,此后凡在文件中出现的 PI 都代表圆周率 3.14,可以和常量一样进行运算,程序运行结果为:

```
area = 314.000000
```

有关＃define 命令的详细用法参见第 10 章。

这种用一个标识符代表的一个常量,称为符号常量。注意,符号常量也是常量,它的值在其作用域内不能改变,也不能再被赋值。例如,再用以下语句给 PI 赋值:

```
PI = 3.14;
```

是错误的。

习惯上符号常量名用大写字母来表示,变量名用小写,以示区别。

2.1.3　变量

在程序执行过程中,取值可变的量称为变量。一个变量必须有一个名字,在内存中占据一定的存储单元,在该存储单元中存放变量的值。请注意变量名和变量值是两个不同的概念。变量名在程序运行中不会改变,而变量值会变化,在不同时期取不同的值。

变量的名字是一种标识符,它必须遵守标识符的命名规则。习惯上变量名用小写字母表示,以增加程序的可读性。必须注意的是大写字符和小写字符被认为是两个不同的字符,因此,sum 和 Sum 是两个不同的变量名,代表两个完全不同的变量。

在程序中,常量是可以不经说明而直接引用的,而变量则必须作强制定义(说明),即"先说明,后使用",这样做的目的有以下几点:

(1) 凡未被事先定义的,不作为变量名,这就能保证程序中变量名使用正确。例如,如果在定义部分写了

```
int count;
```

而在程序中错写成 conut。例如:

```
conut = 5;
```

在编译时检查出 conut 未经定义,不作为变量名,因此输出"变量 conut 未经说明"的信息,便于用户发现错误,避免变量名使用时出错。

(2) 每一个变量被指定为某一确定的变量类型,在编译时就能为其分配相应的存储单元。如指定 a 和 b 为整型变量,则为 a 和 b 各分配 4 个字节,并按整数方式存储数据。

(3) 每一变量属于一个类型,以便于在编译时据此检查所进行的运算是否合法。例如,整型变量 a 和 b 可以进行求余运算:

```
a % b
```

%是求余运算符(详见第 3 章),得到 a/b 的整余数。如果将 a 和 b 指定为实型变量,则不允许进行"求余"运算,编译时会指出有关出错信息。

2.2 C 语言数据类型

一个完整的计算机程序,至少应包含两方面的内容:一方面对数据进行描述;另一方面对操作进行描述。数据是程序加工的对象,数据描述是通过数据类型来完成的,操作描述则通过语句来完成。

C 语言不仅提供了多种数据类型,还提供了构造更加复杂的用户自定义数据结构的机制。C 语言提供的主要数据类型如下:

- 基本类型:包括整型、字符型、实型(浮点型)和枚举类型。
- 构造类型:包括数组、结构体和共用体类型。
- 指针类型。
- 空类型。

其中,整型、字符型、实型(浮点型)和空类型由系统预先定义,又称标准类型。

C 语言的数据类型示意图如图 2-1 所示。

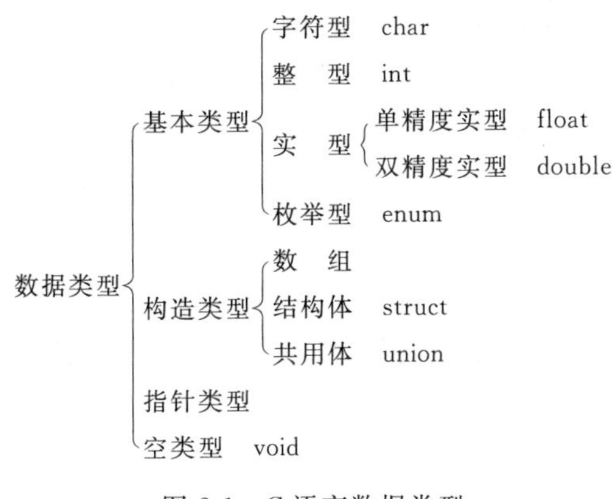

图 2-1 C 语言数据类型

基本类型的数据又可分为常量和变量，它们可与数据类型结合起来分类，即为整型常量、整型变量、实型(浮点型)常量、实型(浮点型)变量、字符常量、字符变量、枚举常量、枚举变量。在本章中主要介绍基本数据类型，其他数据类型在后续章节中再详细介绍。

在程序中对用到的所有数据都必须指定其数据类型。

2.3 整型数据

C 语言中的整型数据包括整型常量和整型变量，描述的是整数的一个子集。

2.3.1 整型常量

整型常量就是整常数。在 C 语言中，使用的整常数有八进制、十六进制和十进制 3 种，使用不同的前缀来相互区分。除了前缀外，C 语言中还使用后缀来区分不同长度的整数。

1. 不同进制的整型常量

(1) 八进制整常数。八进制整常数必须以 0 开头，即以 0 作为八进制数的前缀。数码取值为 0～7。例如，0123 表示八进制数 123，即$(123)_8$，等于十进制数 83，即 $1\times8^2+2\times8^1+3\times8^0=83$；-011 表示八进制数-11，即$(-11)_8$，等于十进制数-9。

以下各数是合法的八进制数：

015(十进制为 13) 0101(十进制为 65) 0177777(十进制为 65 535)

以下各数不是合法的八进制数：

256(无前缀 0) 0382(包含了非八进制数码 8)

(2) 十六进制整常数。十六进制整常数的前缀为 0X 或 0x。其数码取值为 0～9，A～F 或 a～f。如 0x123 表示十六进制数 123，即$(123)_{16}$，等于十进制数 291，即：$1\times16^2+2\times16^1+3\times16^0=291$；-0x11 表示十六进制数-11，即$(-11)_{16}$，等于十进制数-17。

以下各数是合法的十六进制整常数：

0X2A(十进制为 42) 0XA0 (十进制为 160) 0XFFFF (十进制为 65535)

以下各数不是合法的十六进制整常数：

5A（无前缀 0X）　0X3H（含有非十六进制数码）

(3) 十进制整常数。十进制整常数没有前缀，数码取值为 0～9。

以下各数是合法的十进制整常数：

237　　−568　　1627

以下各数不是合法的十进制整常数：

023（不能有前导 0）　　23D（含有非十进制数码）

在程序中是根据前缀来区分各种进制数的，因此在书写常数时不要把前缀弄错，造成结果不正确。

2. 整型常数的后缀

在 16 位字长的机器上，基本整型的长度也为 16 位，因此表示的数的范围也是有限定的。十进制无符号整常数的范围为 0～65 535，有符号数为 −32 768～+32 767。八进制无符号数的表示范围为 0～0177777。十六进制无符号数的表示范围为 0X0～0XFFFF 或 0x0～0xffff。如果使用的数超过了上述范围，就必须用长整型数来表示。长整型数是用后缀 L 或 l 来表示的(注意，字母 L 的小写形式 l 与数字 1 看上去很相似)。

例如：

十进制长整常数 158L（十进制为 158）、358000L（十进制为 358000）。

八进制长整常数 012L（十进制为 10）、0200000L（十进制为 65536）。

十六进制长整常数 0X15L（十进制为 21）、0XA5L（十进制为 165）、0X10000L（十进制为 65536）。

无符号数也可用后缀表示，整型常数的无符号数的后缀为 U 或 u，如 358u、0x38Au。整型常量还可以是 L 和 U 的组合，表示 unsigned long 即无符号常整数类型的常量。例如，0XA5Lu 表示十六进制无符号长整数 A5，其十进制为 165。

2.3.2 整型变量

整型变量可分为基本型、短整型、长整型、和无符号型 4 种。

1. 短整型

类型说明符为 short int 或 short，占 2 字节。

2. 基本型

类型说明符为 int，在 32 位编译器如 Visual C++ 6.0 环境中，基本型占 4 字节，其取值为基本整常数。

3. 长整型

类型说明符为 long int 或 long，在内存中占 4 字节，其取值为长整常数。

4. 无符号型

类型说明符为 unsigned，无符号型又可与上述三种类型匹配而构成：

(1) 无符号短整型，类型说明符为 unsigned short。

(2) 无符号基本型，类型说明符为 unsigned int 或 unsigned。

(3) 无符号长整型，类型说明符为 unsigned long。

各种无符号类型量所占的内存空间字节数与相应的有符号类型量相同。但由于省去了符号位，故不能表示负数，但可存放的数的范围比一般整型变量中数的范围扩大一倍。表 2-2 列出了 Visual C++ 6.0 中各类整型量所分配的内存字节数及数的表示范围。方括号内的内容在使用时可以省略。

表 2-2　整型变量的字节数及表示范围

类型说明符	分配字节数	数的范围
[signed] short [int]	2	－32 768～32 767
[signed] int	4	－2 147 483 648～2 147 483 647
[signed] long [int]	4	－2 147 483 648～2 147 483 647
unsigned short [int]	2	0～65 535
unsigned [int]	4	0～4 294 967 295
unsigned long [int]	4	0～4 294 967 295

变量的说明，也即变量的定义，一般形式为：

```
类型说明符 变量名标识符 1,变量名标识符 2,…;
```

例如：

```
int a,b,c;              /*a,b,c 为整型变量*/
long m,n;               /*m,n 为长整型变量*/
unsigned p,q;           /*p,q 为无符号整型变量*/
```

在书写变量说明时，应注意以下几点：

(1) 允许在一个类型说明符后，说明多个相同类型的变量。各变量名之间用逗号间隔。类型说明符与变量名之间至少用一个空格间隔。

(2) 最后一个变量名之后必须以“;”号结尾。

(3) 变量说明必须放在变量使用之前。一般放在函数体的开头部分。

另外，也可在说明变量为整型的同时，给出变量的初值。其格式为：

```
类型说明符 变量名标识符 1 = 初值 1,变量名标识符 2 = 初值 2,…;
```

通常若有初值时，往往采用这种方法，下例就是用了这种方法。

【例 2-2】 给变量赋初值。

```
void main()
{
    int a = 3,b = 5;
    printf("a + b = %d\n",a + b);
}
```

程序也可改为：

```
void main()
{
    int a,b;
    a = 3; b = 5;
    printf("a + b = %d\n",a + b);
}
```

程序的运行结果为：

```
a + b = 8
```

2.4 实型数据

2.4.1 实型常量

实型也称为浮点型。实型常量也称为实数或者浮点数。在C语言中，实数只采用十进制。它有两种形式，十进制数形式和指数形式。

1. 十进制数形式

由数码0～9和小数点组成。例如，0.0，.25，5.789，0.13，5.0，300.，－267.8230等均为合法的实数。

2. 指数形式

由十进制数加阶码标志e或E以及阶码(只能为整数，可以带符号)组成。其一般形式为a E n (a为十进制数，n为十进制整数)其值为 $a\times10^n$，如2.1E5(等于 2.1×10^5)、3.7E－2 (等于 3.7×10^{-2})，－2.8E－2 (等于 -2.8×10^{-2})。

以下不是合法的实数：

345(无小数点)，E7(阶码标志E之前无数字)，－5(无阶码标志)，53.－E3 (负号位置不对)，2.7E(无阶码)。

标准C允许浮点数使用后缀，分为单精度(float)、双精度(double)和长双精度(long double)3类实型常量。默认情况下，都为double型，假如要定义float型常量，则必须在实数后加f(F)。表示long double则必须在实数后加l(L)，如1.5f、5.6e4f、8.65e－3、9.78L。

通常float型占4字节，提供7位有效数字。double型占8字节，提供15～16位有效数字。long double型占10字节，提供19位有效数字。

2.4.2 实型变量

实型变量分为如下两类。

1. 单精度型

类型说明符为float，在Visual C++ 6.0中单精度型占4字节(32位)内存空间，其数值范围为－3.4E＋38～3.4E＋38，只能提供7位有效数字。

2. 双精度型

类型说明符为 double，在 Visual C++ 6.0 中双精度型占 8 字节(64 位)内存空间，其数值范围为－1.7E＋308～1.7E＋308，可提供 15 到 16 位有效数字。

实型变量说明的格式和书写规则与整型相同。

例如：

```
float m,n;                              /* m,n 为单精度实型变量 */
double a,b,c;                           /* a,b,c 为双精度实型变量 */
```

也可在说明变量为实型的同时，给出变量的初值。

例如：

```
float m = 3.2, n = 5.3;                 /* m,n 为单精度实型变量,且有初值 */
double a = 0.2, b = 1.3, c = 5.1 ;      /* a,b,c 为双精度实型变量, 且有初值 */
```

应当说明，实型常量不分单精度和双精度。一个实型常量可以赋给一个 float 或 double 型变量，根据变量的类型截取实型常量中相应的有效位数字。

下面的例子说明了 float 和 double 的不同。

【例 2-3】 float 类型与 double 类型的精度。

```
void main()
{
    float a;
    double b;
    a = 55555.55555;
    b = 55555.5555555555555;
    printf("a = %f\nb = %f\n",a,b);     /* 用格式化输出函数输出 a 和 b 的值 */
}
```

程序运行结果为：

```
a = 55555.554688
b = 55555.555556
```

本例中，由于 a 是单精度浮点型，有效位数只有 7 位。而整数已占 5 位，故小数 2 位后之后均不能准确存储。b 是双精度型，有效位为 15 位，但规定小数后最多保留 6 位，其余部分四舍五入。

注意：实型常量默认为 double 型，当把一个实型常量赋值给一个 float 型变量的时候，系统会截取对应的有效位数。

【例 2-4】 float 类型的精度。

```
void main()
{
    float m;
    m = 6666.666666;
    printf("%f\n",m);
}
```

程序运行结果为：

```
6666.666504
```

由于 float 型变量只能接收 7 位有效数字，因此最后 3 位小数不能准确存储。如果将 m 定义为 double 型，则能全部接收上述 10 位数字并存储在变量 m 中。

2.5 字符型数据

字符型数据包括字符常量和字符变量，字符型数据构成字符串常量。

2.5.1 字符常量

字符常量是用单引号括起来的一个字符。例如，'a'、'b'、'A'、'+'、'?'都是合法字符常量。在 C 语言中，字符常量有以下特点：

(1) 字符常量只能用单引号括起来，不能用双引号或其他符号。

(2) 字符常量只能是单个字符，不能是字符串。

(3) 字符可以是字符集中任意字符，但数字被定义为字符型之后就不再是原来的数值了，如'5'和 5 是不同的量。'5'是字符常量，5 是整型常量。

2.5.2 转义字符

除了以上形式的字符常量外，C 语言还允许用一种特殊形式的字符常量，即转义字符。转义字符以反斜线"\"开头，后跟一个或几个字符。转义字符具有特定的含义，不同于字符原有的意义，故称"转义"字符。例如，在前面各例题 printf 函数的格式串中用到的"\n"就是一个转义字符，其意义是"换行"。转义字符主要用来表示那些 ASCII 码字符集中不可打印的控制代码和特定功能的字符。常用的转义字符及其含义如表 2-3 所示。

表 2-3 常用转义字符表

转义字符	含 义	ASCII 码(十六/十进制)
\0	空字符(NULL)	00H/0
\n	换行符(LF)	0AH/10
\r	回车符(CR)	0DH/13
\t	水平制表符(HT)	09H/9
\v	垂直制表(VT)	0BH/11
\a	响铃(BEL)	07H/7
\b	退格符(BS)	08H/8
\f	换页符(FF)	0CH/12
\'	单引号	27H/39
\"	双引号	22H/34
\\	反斜杠	5CH/92
\?	问号字符	3FH/63
\ddd	任意字符	1～3 位八进制
\xhh	任意字符	1～2 位十六进制

广义地讲,C语言字符集中的任何一个字符均可用转义字符来表示。表2-3中的\ddd和\xhh正是为此而提出的。ddd和hh分别为八进制和十六进制的ASCII代码,如\101表示ASCII码为八进制101的字符,即为字符'A'。与此类似,\102表示字符'B',\134表示反斜线'\',\x0A表示换行。

【例2-5】 转义字符的使用。

```
void main()
{
    int a,b,c;                    /*定义a、b、c为整数*/
    a=1; b=2; c=3;
    printf("%d\n\t%d %d\n %d  %d\t\b%d\n",a,b,c,a,b,c);    /*按要求格式输出a,b,c的值*/
}
```

程序运行结果:

```
1
        2  3
  1  23
```

程序在第一列输出a值1之后就是"\n",故回车换行;接着又是"\t",于是跳到下一制表位置(设制表位置间隔为8),再输出b值2;空二格再输出c值3后又是"\n",因此再回车换行;再空二格之后又输出a值1;再空三格又输出b的值2;再次"\t"后跳到下一制表位置(与上一行的2对齐),但下一转义字符"\b"又使退回一格,故紧挨着2再输出c值3。

2.5.3 字符变量

字符型变量用来存放字符常量,即单个字符。每个字符变量被分配一个字节的内存空间,因此只能存放一个字符。不要以为一个字符变量中可以存放一个字符串。字符变量的类型说明符是char。字符变量类型说明的格式和书写规则都与整型变量相同。

例如:

```
char a,b;                        /*定义字符变量a和b*/
a='x'; b='y';                    /*给字符变量a和b分别赋值'x'和'y'*/
```

将一个字符常量存放到一个变量中,实际上并不是把该字符本身放到变量内存单元中去,而是将该字符相应的ASCII码放到存储单元中。例如,字符'x'的十进制ASCII码是120,字符'y'的十进制ASCII码是121。对字符变量a,b赋予'x'和'y'值"a='x';b='y';"实际上是在a和b两个单元内存放120和121的二进制代码:

```
a  0 1 1 1 1 0 0 0              (ASCII 120)
b  0 1 1 1 1 0 0 1              (ASCII 121)
```

既然在内存中,字符数据以ASCII码存储,它的存储形式与整数的存储形式相类似,所以也可以把它们看成是整型量。C语言允许对整型变量赋以字符值,也允许对字符变量赋以整型值。在输出时,允许把字符数据按整型形式输出,也允许把整型数据按字符形式输出。以字符形式输出时,需要先将存储单元中的ASCII码转换成相应字符,然后输出。以整数形式输出时,直接将ASCII码当作整数输出。可以对字符数据进行算术运算,此时相当于对它们的ASCII码进行算术运算。

整型数据为4字节,字符数据为1字节,当整型数据按字符型量处理时,只有低8位参与处理。

【例2-6】 使用ASCII的值给字符变量赋值。

```
void main()
{
    char a,b;
    a = 120;
    b = 121;
    printf("%c,%c\n%d,%d\n",a,b,a,b);
}
```

程序运行结果为:

```
x,y
120,121
```

在本程序中,定义a、b为字符型变量,但在赋值语句中赋以整型值。即将整数对应的ASCII码所代表的字符赋值给了a、b。从结果看,a、b值的输出形式取决于printf函数格式串中的格式符,当格式符为"%c"时,对应输出的变量值为字符,当格式符为"%d"时,对应输出的变量值为整数。

【例2-7】 大小写字符的变换。

```
void main()
{
    char a,b;
    a = 'x';
    b = 'y';
    a = a - 32;                    /* 把小写字母换成大写字母 */
    b = b - 32;                    /* 把小写字母换成大写字母 */
    printf("%c,%c\n%d,%d\n",a,b,a,b);    /* 以字符型和整型输出 */
}
```

程序运行结果为:

```
X,Y
88,89
```

本例中,a、b被定义为字符变量并赋予字符值,C语言允许字符变量参与数值运算,即用字符的ASCII码参与运算。由于大小写字母的ASCII码相差32,即每个小写字母比它相应的大写字母的ASCII码大32,如'a'='A'+32,'b'='B'+32。因此,程序运算后把小写字母换成大写字母,然后分别以字符型和整型输出。

2.5.4 字符串常量

前面已经提到,字符常量是由一对单引号括起来的单个字符。C语言除了允许使用字符常量外,还允许使用字符串常量。字符串常量是由一对双引号括起来的字符序列。例如,"CHINA"、"C program"、"$12.5"等都是合法的字符串常量。可以输出一个字符串。

例如：

```
printf("Hello world!");
```

初学者容易将字符常量与字符串常量混淆。'a'是字符常量，"a"是字符串常量，两者不同。假设 c 被指定为字符变量：

```
char c;
c = 'a';
```

是正确的，而

```
c = "a";
```

是错误的。

```
c = "Hello";
```

也是错误的。不能把一个字符串赋给一个字符变量。

那么，'a'和"a"究竟有什么区别呢？C 语言规定，在每一个字符串的结尾加一个字符串结束标记，以便系统据此判断字符串是否结束；以字符'\0'作为字符串结束标记。'\0'是一个 ASCII 码为 0 的字符，也就是“空操作字符 NULL”，即它不引起任何控制动作，也不是一个可显示的字符。如果有一个字符串"WORLD"，实际上在内存中是

W	O	R	L	D	\0

它的长度不是 5 个字符，而是 6 个字符，最后一个字符为'\0'。但在输出时不输出'\0'。例如，在“printf("WORLD");”中，输出时一个一个字符输出，直到遇到最后的'\0'字符，就知道字符串结束了，停止输出。注意，在写字符串时不必加'\0'，否则画蛇添足。'\0'是系统自动加上的。a 实际包含两个字符，'a'和'\0'，因此把它赋给一个字符变量 c：

```
c = "a";
```

显然是不行的。

在 C 语言中，没有专门的字符串变量，字符串如果需要存放在变量中，需要用字符数组来存放，这将在第 8 章中介绍。

一般来说，字符串常量和字符常量之间有如下的主要区别：

(1) 字符常量由单引号括起来，字符串常量由双引号括起来。

(2) 字符常量只能是单个字符，字符串常量则可以含一个或多个字符。

(3) 可以把一个字符常量赋予一个字符变量，但不能把一个字符串常量赋予一个字符变量，在 C 语言中没有相应的字符串变量。

(4) 字符常量占一个字节的内存空间，字符串常量占的内存字节数等于字符串中字符数加 1，增加的一个字节中存放字符'\0'(ASCII 码为 0)，这是字符串结束的标志。

(5) 字符常量' '(两个单引号中间有一个空格)代表空格字符，连续两个单引号在 C 语言中是不能使用的。连续两个双引号" "代表存储一个空字符串。

2.6 各种数值型数据间的混合运算

整型、单精度型、双精度型数据可以混合运算。前已述及，字符型数据可以和整型数据通用，因此整型、实型（包括单、双精度）、字符型数据间可以混合运算。

例如：

```
8 + 's' + 8.5 - 12.34 * 'k'
```

是合法的。在进行运算时，不同类型的数据要转换成同一类型，然后进行运算。这种运算是由系统自动进行的，因此被称为自动转换。

自动转换发生在不同类型的数据混合运算时，由编译系统自动完成。自动转换遵循以下规则：

（1）若参与运算量的类型不同，则先转换成同一类型，然后进行运算。

（2）转换按数据长度增加的方向进行，以保证精度不降低，如 int 型和 long 型运算时，先把 int 量转成 long 型后再进行运算。

（3）所有的浮点数运算都是以双精度进行的，即使仅含 float 单精度量运算的表达式，也要先转换成 double 型，再作运算。

（4）char 型和 short 型参与运算时，必须先转换成 int 型。

（5）在赋值运算中，赋值号两边量的数据类型不同时，赋值号右边量的类型将转换为左边量的类型。如果右边量的数据类型长度比左边长时，将丢失一部分数据，这样会降低精度，丢失的部分按四舍五入向前舍入。

图 2-2 所示为类型自动转换的规则。图中横向向左的箭头表示必定发生的转换，如字符型数据必先转成整型，单精度数据先转成双精度数据。

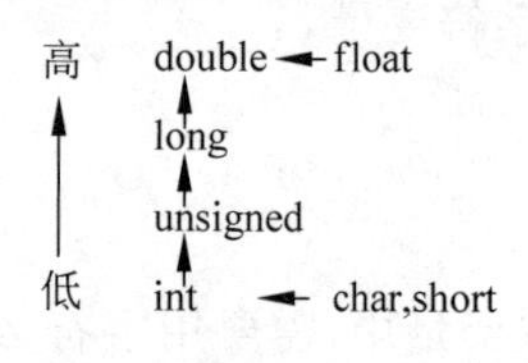

图 2-2 类型转换方向

在图 2-2 中，纵向的箭头表示当运算对象为不同的类型时转换的方向。例如，整型与双精度型数据进行运算，先将整型数据转换成双精度型数据，然后在两个同类型数据（双精度）间进行运算，结果为双精度型。注意箭头方向只表示数据类型级别的高低，由低向高转换。不要理解为整型先转成无符号型，再转成长整型，再转成双精度型。如果一个整型数据与一个双精度型数据运算，是直接将整型转成双精度型。同理，一个整型数据与一个长整型数据运算，先将整型转成长整型。

换而言之，如果有一个数据是单精度型或双精度型，则另一数据要先转成双精度型，结果为双精度型。如果两个数据中最高级别为长整型，则另一数据转成长整型，结果为长整型。其他依此类推。假设 i 已指定为整型变量，x 为单精度实型变量，y 为双精度实型变量，a 为长整型变量，有下面式子：

```
7 + 'c' + i * x - y/a
```

运算次序为：

（1）进行 i * x 的运算，先将'i'和'x'都转换成双精度型，运算结果为双精度型。

(2) 进行 y/a 的运算,先将 a 转换成双精度型,运算结果为双精度型。

(3) 进行 7+'c'的运算,先将'c'转换成整数 99,运算结果为 106。

(4) 整数 106 和 i * x 的积相加,先将整数 106 转换成双精度型(106.000000),运算结果为双精度型。

(5) 将 7+'c'+i * x 的结果与 y/a 的商相减,结果为双精度型。

2.7 枚举类型

在实际问题中,有些变量的取值被限定在一个有限的范围内。例如,一个星期内只有 7 天,一年只有 12 个月,一个班每周有 6 门课程等。如果把这些量说明为整型、字符型或其他类型显然是不妥当的。为此,C 语言提供了一种称为“枚举”的类型。在“枚举”类型的定义中列举出所有可能的取值,被说明为该“枚举”类型的变量取值不能超过定义的范围。应该说明的是,枚举类型是一种基本数据类型,而不是一种构造类型,因为它不能再分解为任何基本类型。

2.7.1 枚举类型的定义和枚举变量的说明

1. 枚举的定义

枚举类型定义的一般形式为:

```
enum 枚举名{ 枚举值表 };
```

在枚举值表中应罗列出所有可用值,这些值也称为枚举元素。例如,该枚举名为 weekday,枚举值共有 7 个,即一周中的 7 天。凡被说明为 weekday 类型变量的取值只能是 7 天中的某一天。

2. 枚举变量的说明

如同结构和联合一样,枚举变量也可用不同的方式说明,即先定义后说明,同时定义说明或直接说明。设有变量 a、b、c 被说明为上述的 weekday,可采用下述任一种方式:

```
enum weekday{ sun,mon,tue,wed,thu,fri,sat };
enum weekday a,b,c;
```

或为:

```
enum weekday{ sun,mon,tue,wed,thu,fri,sat }a,b,c;
```

或为:

```
enum { sun,mon,tue,wed,thu,fri,sat }a,b,c;
```

2.7.2 枚举类型变量的赋值和使用

枚举类型在使用中有以下规定:

(1) 枚举元素本身由系统定义了一个表示序号的数值，从 0 开始顺序定义为 0，1，2，…。例如，在枚举 weekday 中，sun 值为 0，mon 值为 1，…，sat 值为 6。

(2) 枚举值是常量，不是变量。不能在程序中用赋值语句再对它赋值。例如，对 weekday 的元素再作以下赋值：

```
sun = 5;
mon = 2;
sun = mon;
```

都是错误的。

【例 2-8】 枚举类型的定义和使用。

```
void main()
{
    enum weekday { sun,mon,tue,wed,thu,fri,sat } a,b,c;
    a = sun;
    b = mon;
    c = tue;
    printf(" %d, %d, %d",a,b,c);
}
```

程序运行结果为：

```
0,1,2
```

说明：只能把枚举值赋予枚举变量，不能把元素的数值直接赋予枚举变量。

例如：

```
a = sum;
b = mon;
```

是正确的。而

```
a = 0;
b = 1;
```

是错误的。如一定要把数值赋予枚举变量，则必须用强制类型转换。

例如：

```
a = (enum weekday)2;
```

其意义是将顺序号为 2 的枚举元素赋予枚举变量 a，相当于

```
a = tue;
```

应该说明的是，枚举元素不是字符常量也不是字符串常量，使用时不要加单、双引号。

习题 2

1. 填空题

(1) 设 int a=13，求赋值表达式 a+=a-=a＊a 的值是________。

(2) 设 char c='A',则语句“printf("%c,c+3");”的结果是________。

(3) 表达式 a=1,b=12,c=43 的值是________。

(4) 若有语句:

```
char w;
int a;
float y;
double z;
```

则表达式 w * x+z-y 的结果类型为________。

2. 下列哪些符号是C语言合法的标识符? 如不是,指明原因。

```
sum  aver  M.D.John  $abc  mon  _above  a>b
shoort  int
```

3. 选择题

(1) 下列不正确的转义字符是( )。

A. '\\' B. '\" C. '074' D. '\0'

(2) 若有以下定义:

```
char  a;    int  b;
float  c;    double  d;
```

则表达式 a * b+d-c 值的类型为( )。

A. float B. int C. char D. double

(3) 以下选项中,( )是不正确的C语言字符型常量。

A. 'a' B. '\x41' C. '\101' D. "a"

(4) 在C语言中,字符型数据在计算机内存中,以字符的( )形式存储。

A. 原码 B. 反码 C. ASCII 码 D. BCD 码

(5) 字符串"ABC"在内存占用的字节数是( )。

A. 3 B. 4 C. 6 D. 8

(6) 要为字符型变量 a 赋初值,下列语句中哪一个是正确的( )。

A. char a="3"; B. char a='3'; C. char a=%; D. char a=*;

第3章 运算符和表达式

C语言中运算符和表达式数量之多，在高级语言中是少见的。正是丰富的运算符和表达式使C语言的功能非常强大，这也是C语言的主要特点之一。

C语言的运算符可分为算术运算符、关系运算符、逻辑运算符、位运算符、赋值运算符以及特殊运算符等。

在C语言中，常量、变量、函数调用以及按C语言语法规则用运算符把运算数连起来的式子都是合法的表达式。程序中要求计算机进行某种计算或运算是通过表达式实现的，不同的表达式进行不同的运算达到不同的目的。

在表达式中，各运算量参与运算的先后顺序首先要遵守运算符优先级别的规定，对于优先级相同的运算符要看它们的结合性，以便确定是自左向右进行运算还是自右向左进行运算。

3.1 算术运算符和算术表达式

3.1.1 算术运算符

(1) 加法运算符＋，加法运算符为双目运算符，即应有两个量参与加法运算。例如，a＋b、4＋8等具有左结合性即自左向右运算。＋号也可以作为正值运算符，代表一个数是正数，此时为单目运算符，如＋2，＋9等，当＋号为单目运算符时具有右结合性即自右向左运算。

(2) 减法运算符"－"，减法运算符为双目运算符，可以用来计算两个量的差，此时具有左结合性。但"－"也可作负值运算符，此时为单目运算符，如－x、－5等具有右结合性。

(3) 乘法运算符 * 是双目运算符，具有左结合性。

(4) 除法运算符/是双目运算符，具有左结合性。参与运算量均为整型时，结果也为整型，舍去小数。如果运算量中有一个是实型，则结果为双精度实型。

【例3-1】 除运算符/的使用。

```
void main()
{
    printf("%d,%d\n",20/7,-20/7);
    printf("%f,%f\n",20.0/7,-20.0/7);
}
```

程序运行结果为：

```
2, - 2
2.857143, - 2.857143
```

本例中，20/7，－20/7 的结果均为整型，小数全部舍去。20.0/7 和－20.0/7 由于有实数参与运算，因此结果也为实型。

(5) 求余运算符(模运算符)％是双目运算符，具有左结合性。要求参与运算的量均为整型。求余运算的结果等于两数相除后的余数。

【例 3-2】 求余运算符"％"的使用。

```
void main()
{
    printf(" %d, %d, %d, %d\n",7%4,7% - 4, - 7%4, - 7% - 4);
}
```

程序运行结果为：

```
3,3, - 3, - 3
```

本例说明参加求余运算左侧的数据为正，则取余结果为正；左侧的数据为负，则取余结果为负。

3.1.2 算术运算符优先级、结合性

1. 优先级

＊、/、％运算的优先级别相同，高于＋、－运算；＋、－优先级相同；同一优先级按从左到右顺序计算。当＋、－为单目运算符时结合性是从右到左，优先级要高于＊、/、％运算。要改变运算顺序只要加括号就可以了，括号全部为圆括号，必须注意括号的配对。算术运算符优先级如图 3-1 所示。

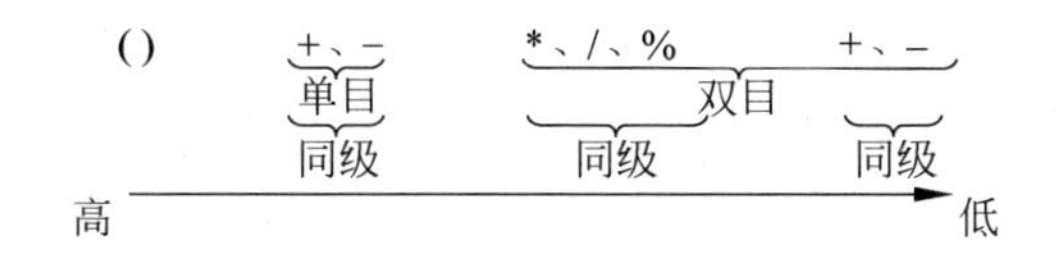

图 3-1 算术运算符优先级

例如，3＋8％－3－2 要先注意“－3”在这里“－”为单目运算符，表示 3 是负的；然后计算“8％－3”即 8 除以－3 取余，结果为 2；再计算 3＋2－2，按从左到右顺序计算结果为 3。

2. 算术运算符和圆括号的结合性

所谓结合性是指，当一个操作数两侧的运算符具有相同的优先级时，该操作数是先与左边的运算符结合，还是先与右边的运算符结合。

自左至右的结合方向，称为左结合性；反之，称为右结合性。

除单目运算符、赋值运算符和条件运算符是右结合性外，其他运算符都是左结合性。

在算术运算符中，只有单目运算符＋和－的结合性是右结合(从右到左)，其他运算符的结合性都是左结合(从左到右)。

3.1.3 算术表达式

用算术运算符和一对圆括号将运算量(或称操作数)连接起来的、符合 C 语言语法的表达式称为算术表达式。运算对象可以是变量、常量或函数等。

例如:

```
3 + pow(7,3) / d、3 + 6 * 9、(x + y) / 2 - 1
```

良好的源程序书写习惯:在表达式中,在双目运算符的左右两侧各加一个空格,可增强程序的可读性。

请比较表达式"(x + y) / 2 - 1"与"(x+y)/2-1"哪个的可读性更好呢?

在计算机语言中,对于表达式求值,就是按照表达式中各运算符的运算规则和相应的运算优先级来获取运算结果的过程。算术表达式的运算规则和要求如下:

(1) 在算术表达式中,可以使用多层圆括号,但左右括号必须配对。运算时从内层圆括号开始,由内向外计算表达式的值。

(2) 按运算符的优先级次序执行。即先乘除后加减,如果有圆括号,则先计算括号。

(3) 如果一个运算对象两侧运算符的优先级相同,则按 C 语言规定的结合方向(结合性)进行。

【例 3-3】 求表达式 15 / (8 % (2 + 1)) * 6 +8 - 5 的值。

根据求值顺序如下:

```
15 / (8 % (2 + 1)) * 6 + 8 - 5
15 / (8 % 3 ) * 6 + 8 - 5
15 / 2 * 6 + 8 - 5
7 * 6 + 8 - 5
42 + 8 - 5
50 - 5
45
```

3.2 关系运算符和关系表达式

3.2.1 关系运算符和表达式

在程序中经常需要比较两个量的大小关系,以决定程序的下一步工作。比较两个量的运算符称为关系运算符。在 C 语言中有以下关系运算符:

＜ 小于

＜＝ 小于等于

＞ 大于

\>=　大于等于

==　等于

!=　不等于

关系运算符都是双目运算符，其结合性均为左结合。关系运算符的优先级低于算术运算符，高于赋值运算符。在 6 个关系运算符中，<、<=、>、>=的优先级相同，高于==和!=，==和!=的优先级相同。

3.2.2 关系表达式

关系表达式的一般形式为：

表达式 关系运算符 表达式

例如，a+b>c-d，x>3/2，'a'+1<c，-i-5*j==k+1 都是合法的关系表达式。由于表达式也可以是关系表达式。因此也允许出现嵌套的情况，如 a>(b>c)，a!=(c==d)等。关系表达式的值是“真”和“假”，由于 C 语言中没有逻辑类型数据，所以用 1 和 0 表示。

例如，5>0 的值为“真”，即为 1。(a=3)>(b=5)由于 3>5 不成立，故其值为假，即为 0。

【例 3-4】 关系表达式的计算。

```
void main()
{
    char c = 'k';
    int i = 1, j = 2, k = 3;
    float x = 3e + 5, y = 0.85;
    printf("%d,%d\n",'a' + 5 < c, - i - 2 * j >= k + 1);         /* 输出 1,0 */
    printf("%d,%d\n",1 < j < 5, x - 5.25 <= x + y);             /* 输出 1,1 */
    printf("%d,%d\n",i + j + k == - 2 * j, k == j == i + 5);    /* 输出 0,0 */
}
```

字符变量是以它对应的 ASCII 码参与运算的。对于含多个关系运算符的表达式，如 k==j==i+5，根据运算符的左结合性，先计算 k==j，该式不成立，其值为 0，再计算 0==i+5，也不成立，故表达式值为 0。

3.3 逻辑运算符和逻辑表达式

3.3.1 逻辑运算符

C 语言中提供了三种逻辑运算符，优先级从高到低为：

! 非运算　　&& 与运算　　|| 或运算

与运算符 && 和或运算符||均为双目运算符，具有左结合性。非运算符! 为单目运算符，具有右结合性。例如，a>b && c>d 等价于(a>b) && (c>d)；!b==c||d<a 等价于((!b)==c)||(d<a)；a+b>c && x+y<b 等价于((a+b)>c) && ((x+y)<b)。

与其他种类运算符的优先级关系如下：

！→算术运算符→关系运算符→&&→||

在关系运算符和逻辑运算符组成的表达式中，也可以用圆括号来改变运算的优先顺序。

逻辑运算的值：

逻辑运算的值也为“真”和“假”两种，用1和0表示。其求值规则如下：

(1) 与运算&&参与运算的两个量都为真时，结果才为真，否则为假。例如，5>0 && 4>2，由于5>0为真，4>2也为真，相与的结果也为真。

(2) 或运算||参与运算的两个量只要有一个为真，结果就为真。两个量都为假时，结果为假。例如，5>0||5>8，由于5>0为真，相或的结果也就为真。

(3) 非运算！参与运算量为真时，结果为假；参与运算量为假时，结果为真。例如，!(5>0)的结果为假。

虽然C编译在给出逻辑运算值时，以1代表“真”，0代表“假”；但反过来在判断一个量是为“真”还是为“假”时，以0代表“假”，以非0的数值作为“真”。例如，由于5和3均为非0。因此5&&3的值为“真”，即为1。又如，5||0的值为“真”，即为1。

3.3.2 逻辑表达式

逻辑表达式的一般形式为：

表达式　逻辑运算符　表达式

其中的表达式可以又是逻辑表达式，从而构成逻辑表达式的嵌套。例如，(a&&b)&&c根据逻辑运算符的左结合性，上式也可写为a&&b&&c。逻辑表达式的值是式中各种逻辑运算的最后值，以1和0分别代表“真”和“假”。

使用逻辑运算符时要注意以下几点：

(1) 逻辑运算符的优先级都低于算术运算符和关系运算符(逻辑非！除外)。例如，10>1+12&&5>4完全等价于10>(1+12)&&(5>4)，其结果当然是假(即0)。

(2) 在逻辑运算符组成的表达式中，也可以像算术表达式一样，用圆括号来改变运算的优先次序。

(3) 在逻辑表达式的求解中，并不是所有的逻辑运算符都被执行，只是在必须执行下一个逻辑运算符才能求出表达式的值时，才执行该运算符。例如，当两个逻辑量a||b时，当a为真时则不再求b的值，而取值为真(即1)。当两个逻辑量a&&b时，当a为假，则同样不再求b的值，而取值为假(即0)。同理，a||b||c式中当a为真时，直接取值为真(即1)；a&&b&&c式中当a为假时，直接取值为假(即0)。此时若b、c为赋值表达式，则赋值操作就没有进行。

3.4 赋值运算符和赋值表达式

3.4.1 赋值运算符和赋值表达式

赋值符号“=”就是赋值运算符，它的作用是将一个表达式的值赋给一个变量。

用赋值运算符连接起来的式子称为赋值表达式。

赋值运算符的一般形式为：

```
变量 = 赋值表达式
```

功能：先计算赋值符右边表达式的值，然后将该值赋给赋值号左边的变量，即存入由赋值号左边的变量所代表的存储单元中。整个赋值表达式的值为右边表达式的值。

例如，

```
x = 8
y = (float)7 / 3
```

如果表达式值的类型，与被赋值变量的类型不一致，但都是数值型或字符型时，系统自动地将表达式的值转换成被赋值变量的数据类型，然后再赋值给变量。例如，假设变量 num 的数据类型为 float，其值为 5.85，则执行 num = (int)num 后，num 的值为 5.0。

注意：

(1) 赋值号的左边必须是变量，右边是任何有确定值的合法的 C 语言表达式。若右边表达式的值不确定，会导致错误的结果。

例如：

```
a + b = 9            不合法
a = b = 7 + 8        合法,变量 a 和 b 的值都是 15
```

(2) 在所有的 C 语言运算符中，赋值运算符的优先级只高于逗号运算符，结合性为自右至左。

例如，表达式 a=b=7+8，按照运算符的优先级，先计算 7+8 的值为 15；按照赋值运算符自右至左的结合性，先将 15 赋给变量 b，然后再把变量 b 的值赋给 a。表达式 a+b=9，按照运算符的优先级，先计算 a+b 的值为一个常量，而赋值号的左边不能是一个常量或表达式，只能是一个变量，因此 a+b=9 是一个不合法的赋值表达式。

(3) 赋值号“=”被视为一个运算符，x=8 是一个表达式，而表达式应该有一个值，C 语言规定最左边变量所得到的新值就是赋值表达式的值。

(4) 在赋值表达式的后面加一个分号，就构成了赋值语句，赋值语句是 C 语言程序中最常见的语句之一。

例如，x=8 是一个赋值表达式，而“x=8;”是一条赋值语句。

3.4.2 复合的赋值表达式

1. 复合赋值运算符

在赋值运算符之前加上其他运算符就可以构成复合赋值运算符。C 语言规定的 10 种复合赋值运算符如下：

+=，-=，*=，/=，%=　　　　复合算术运算符(5 个)。

&=，^=，|=，<<=，>>=　　　　复合位运算符(5 个)，见 3.8 节。

2. 复合算术运算符的运算规则

复合算术运算符的运算规则为先运算复合赋值运算符右边表达式的值，然后再使用复合赋值号左边变量和表达式的值进行双目运算，最后得出的结果赋值给变量。各运算符运算规则如表 3-1 所示。

表 3-1 复合算术运算符的运算规则

运 算 符	名 称	例 子	等 价 于	结 合 性
+=	加赋值	a+=b	a=a+(b)	自右至左
-=	减赋值	a-=b	a=a-(b)	
*=	乘赋值	a*=b	a=a*(b)	
/=	除赋值	a/=b	a=a/(b)	
%=	求余赋值	a%=b	a=a%(b)	

3. 复合赋值表达式

用复合赋值运算符连接起来的式子称为复合赋值表达式。

复合赋值表达式的一般格式为：

变量　复合赋值运算符　表达式

它等价于

变量 = 变量 运算符 (表达式)

注意：当表达式为简单表达式时，表达式外的一对圆括号才可缺省，否则可能出错。

例如：

```
x += 5                    /* 等价于 x = x + 5 */
y * = x + 5               /* 等价于 y = y * (x + 5),而不是 y = y * x + 5 */
```

3.5 自加、自减运算符

自加、自减运算符作用是使变量的值增加或减少 1。自加运算符记为++，其功能是使变量的值自增 1。自减运算符记为--，其功能是使变量值自减 1。自加、自减运算符均为单目运算符，都具有右结合性。自加、自减运算符可以放在运算对象的前面也可以放在其后面，放在前面称为前置运算，放在后面称为后置运算。前置运算规则为现实变量的值增(或减 1)，然后再以变化后的值参与其他运算，即先增减、后运算。后置运算规则为变量先参与其他运算，然后再使变量的值增(或减)1，即先运算、后增减。例如，i++　i--　i 参与运算后，i 的值再自增(减)1；++i　--i　i 参与运算前，i 的值自增(减)1。

在理解和使用自加、自减运算符的时候很容易出错。特别是当它们出在较复杂的表达式或语句中时，常常难于弄清，因此应仔细分析。

【例 3-5】 ++、--运算符的使用。

```
void main()
{
    int i = 8;
    printf(" %d\n",++i);
```

```
    printf("%d\n",--i);
    printf("%d\n",i++);
    printf("%d\n",i--);
    printf("%d\n",-i++);
    printf("%d\n",-i--);
}
```

变量变化过程为：

```
i<--8
i<--i+1
i<--i-1
i<--i+1
i<--i-1
i<--i+1
i<--i-1
```

i的初值为8。

第2行i加1后输出故为9。

第3行减1后输出故为8。

第4行输出i为8之后i再加1(为9)。

第5行输出i为9之后i再减1(为8))。

第6行输出－8之后i再加1(为9)。

第7行输出－9之后i再减1(为8)。

注意：

(1) 自增运算符(++)和自减运算符(--)，只能用于变量，而不能用于常量和表达式，如6++，(x-y)--都是不合法的。

(2) ++和--结合方向是"自右至左"的，而其他算术运算符的结合方向是"自左至右"的。

(3) 自增运算符(++)和自减运算符(--)常用于数组下标改变和循环次数的控制。

(4) 不要在一个表达式中对同一个变量进行多次自加、自减运算。例如，写成a++ * --a+a--/++a，这种表达式不仅可读性差，而且不同的编译系统对这样的表达式将做出不同的解释，进行不同的处理，因此所得到的结果也是各不相同的。又如表达式i+++++j在编译时是通不过的，应写成(i++)+(++j)。

C语言中有的运算符是由一个字符构成的，有的是由两个字符组成的，C编译器处理这种表达式时会尽可能地自左向右进行处理(在处理标识符、关键字、也按照同样的原则处理)，如i+++j会被解释为(i++)+j。

3.6 逗号运算符和逗号表达式

C语言中逗号","也是一种运算符，称为逗号运算符，其功能是把两个表达式连接起来组成一个表达式，称为逗号表达式。

其一般形式为：

```
表达式1,表达式2,…,表达式n
```

其求值过程是分别求 n 个表达式的值，然后以表达式 n 的值作为整个逗号表达式的值。

【例 3-6】 逗号表达式的使用。

```
void main()
{
    int a = 2,b = 4,c = 6,x,y;
    y = (x = a + b, b + c);
    printf("y = %d,x = %d\n",y,x);
}
```

程序运行结果为：

```
y = 10, x = 6
```

在此例中 y 等于整个逗号表达式的值，也就是等于表达式 2 的值。若改为

```
y = (x = a + b),(b + c);
```

运行结果为：

```
y = 6, x = 6
```

处理过程为，先计算 x＝a＋b 结果为 6，然后 y＝x 即 y 的值为 6。本例中，x 是第一个表达式的值；由于赋值符号"＝"优先级别高于逗号运算符，y 等于 x 的值，而不等于整个逗号表达式的值，也就是不等于表达式 2 的值。

对于逗号表达式还要说明几点：

(1) 逗号表达式一般形式中的表达式 1 和表达式 2，也可以又是逗号表达式。例如，表达式 1，(表达式 2，表达式 3)形成了嵌套情形。因此可以把逗号表达式扩展为以下形式：表达式 1，表达式 2，…表达式 n。整个逗号表达式的值等于表达式 n 的值。

(2) 程序中使用逗号表达式，通常是要分别求逗号表达式内各表达式的值，而并不一定求解整个逗号表达式的值。

(3) 并不是在所有出现逗号的地方都组成逗号表达式，如在变量说明中，函数参数表中逗号只是用作各变量之间的间隔符。

(4) 逗号运算符的结合性是从左到右，因此逗号表达式将从左到右进行运算。

(5) 在所有运算符中，逗号运算符的优先级最低。

3.7 条件运算符和条件表达式

3.7.1 条件运算符和表达式

条件运算符是 C 语言中唯一一个具有三个操作数的运算符，它的一般形式是：

表达式 1 ? 表达式 2: 表达式 3

其含义是，先求表达式 1 的值，如果值为真(非零)，则求表达式 2 的值，并把它作为整个表达式的结果；如表达式 1 的值为假(零)，则求表达式 3 的值，并把它作为整个表达式的

结果。

例如:

```
x>6?x+2: x-2
```

先处理条件表达式 x＞6,若它的值为“真”,则计算“x＋2”,这时表达式的值为 x＋2;否则计算“x－2”。这时表达式的值为 x－2。

注意:

(1) 在这个表达式中,表达式 1 一般是条件表达式,表达式 2 和表达式 3 可以是任意表达式,当然也可以是条件表达式。

例如:

```
x > 0 ? 1 : x < 0 ? - 1 : 0
```

(2) 在程序中,常将表达式的结果赋给一个变量。

例如:

```
int a,b,max;
scanf("%d%d",&a,&b);
max=(a>b)?a:b;
```

3.7.2 运算符的优先级与结合性

条件运算符的结合性为“从右到左”(即右结合性)。条件运算符优先级高于赋值运算符,但是低于逻辑运算符、关系运算符、算术运算符。

例如:

```
m = n > 15 ? 1:0
```

根据运算符的优先级,条件运算符高于赋值运算符所以首先求出条件表达式的值,然后再赋值给 m。

3.8 位运算符和位运算表达式

3.8.1 位运算符

位运算符的作用是按位对变量进行运算,但是并不改变参与运算的变量的值。如果要求按位改变变量的值,则要利用相应的赋值运算。还有就是位运算符是不能用来对浮点型数据进行操作的。C 语言中共有 6 种位运算符。位运算一般的表达形式如下:

```
变量1  位运算符  变量2
```

位运算符也有优先级,从高到低依次是:~(按位取反)→<<(左移)、>>(右移)→&(按位与)→^(按位异或)→|(按位或)。位运算是指按照二进制位进行的运算。

表 3-2 所示是位逻辑运算符按位取反,与,或和异或的逻辑真值表,X、Y 分别表示两个变量:

表 3-2 位逻辑运算符真值表

X	Y	~X	~Y	X&Y	X|Y	X^Y
0	0	1	1	0	0	0
0	1	1	0	0	1	1
1	0	0	1	0	1	1
1	1	0	0	1	1	0

~运算符是单目运算符,结合性为自右至左;其他位运算符都是双目运算符,结合性为自左至右。位运算符也可以与赋值运算符一起构成复合位运算符。就是在赋值运算符=的前面加上其他运算符。以下是C语言中的复合位运算符:

- <<= 左移位赋值;
- >>= 右移位赋值;
- &= 逻辑与赋值;
- |= 逻辑或赋值;
- ^= 逻辑异或赋值。

复合位运算符的运算规则与复合算术运算符的运算规则基本相似。复合位运算符的运算规则如表3-3所示。

表 3-3 复合位运算符运算规则

运 算 符	名 称	例 子	等 价 于	结 合 性
<<=	左移赋值	a<<=3	a=a<<3	自右至左
>>=	右移赋值	a>>=n	a=a>>(n)	
&=	按位与赋值	a&=b	a=a&(b)	
|=	按位或赋值	a|=b	a=a|(b)	
^=	按位异或赋值	a^=b	a=a^(b)	

很明显采用复合赋值运算符会降低程序的可读性,但这样却可以使程序代码简单化,并能提高编译的效率。对于初学C语言的朋友在编程时最好还是根据自己的理解力和习惯去使用程序表达的方式,不要一味追求程序代码的短小。

3.8.2 位运算符的运算功能

1. 按位与——&

按位与是指:参加运算的两个数据,按二进制位进行"与"运算。如果两个相应的二进制位都为1,则该位的结果值为1;否则为0。

例如:3&5

```
  00000011
  00000101
----------
  00000001
```

由此可知3&5=1。

按位与的用途:

(1) 清零。若想对一个存储单元清零,即使其全部二进制位置0,只要找一个二进制数,其中各个位符合以下条件:

原来的数中为1的位,新数中相应位为0。然后使二者进行&运算,即可达到清零的目的。

例如,原数为43,即$(00101011)_2$,另找一个数,设它为148,即$(10010100)_2$,将两者按位与运算:

```
 00101011
 10010100
─────────
 00000000
```

(2) 取一个数中某些指定位。若有一个整数a(假设占2字节),想要取其中的低字节,只需要将a与8个1按位与即可。

例如:

```
 00101100 10101100
 00000000 11111111
──────────────────
 00000000 10101100
```

(3) 保留指定位。与一个数进行"按位与"运算,此数在该位取1。

例如,有一个数84,即$(01010100)_2$,想把其中从左边算起的第3、4、5、7、8位保留下来,运算如下:

```
 01010100
 00111011
─────────
 00010000
```

2. 按位或——|

两个相应的二进制位中只要有一个为1,该位的结果就为1。借用逻辑学中或运算的话来说就是,一真即真。

例如,48|15,将48与15进行按位或运算。

```
 00110000
 00001111
─────────
 00111111
```

应用:按位或运算常用来对一个数据的某些位取值为1。例如,如果想使一个数a的低4位改为1,则只需要将a与$(00001111)_2$进行按位或运算即可。

3. 按位异或——^

异或运算符^,也称XOR运算符。它的规则为:若参加运算的两个二进制位相同,则结果为0,不同时对应位为1。

例如,3|5=6。

```
 00000011
 00000101
─────────
 00000110
```

按位异或有如下 3 个特点：

(1) 0^0=0,0^1=1 0 异或任何数其值不变。

(2) 1^0=1,1^1=0 1 异或任何数此数取反。

(3) 任何数异或自己相当于把自己置 0。

因此异或运算符的作用如下：

(1) 使某些特定的位翻转。例如，对数 10100001 的第 6 和第 7 位翻转，则可以将该数与 00000110 进行按位异或运算。

```
10100001^00000110 = 10100111
```

(2) 实现两个值的交换，而不必使用临时变量。例如，交换两个整数 a=10100001，b=00000110 的值，可通过下列语句实现：

```
a = a^b;      //a = 10100111
b = b^a;      //b = 10100001
a = a^b;      //a = 00000110
```

4. 按位取反——～

按位取反运算符是单目运算符，用于求整数的二进制反码，即分别将操作数各二进制位上的 1 变为 0，0 变为 1。

例如：

```
～63 = -64
```

$$\frac{00111111}{11000000}$$

按位取反主要用途可以间接地构造一个数，以增强程序的可移植性。

5. 按位左移——<<

左移运算符是双目运算符，用来将一个数的各二进制位左移若干位，移动的位数由右操作数指定(右操作数必须是非负值)，其右边空出的位用 0 填补，高位左移溢出则舍弃该高位。

例如：

```
a = a << 2
```

此例目的为将 a 的二进制数左移 2 位，右边空出的位补 0，左边溢出的位舍弃。若 a=15，即$(00001111)_2$，左移 2 位得$(00111100)_2$。

左移 1 位相当于该数乘以 2，左移 2 位相当于该数乘以 2×2=4，15<<2=60，即乘了 4。但此结论只适用于该数左移时被溢出舍弃的高位中不包含 1 的情况。

假设以一个字节(8 位)存一个整数，若 a 为无符号整型变量，则 a 取值为十进制 64 即二进制为$(1000000)_2$时，左移一位时溢出的是 0，而左移 2 位时，溢出的高位中包含 1，从而使变量 a 的值变为 0。

6. 按位右移——>>

右移运算符为双目运算符，是用来将一个数的各二进制位右移若干位，移动的位数由右操作数指定(右操作数必须是非负值)，移到右端的低位被舍弃，对于无符号数，高位补0。和左移相对应，右移时，若右端移出的部分不包含有效数字1，则每右移一位相当于移位对象除以2。

注意：对无符号数右移时左边高位移入0；对于有符号数如果原来符号位为0(该数为正)，则左边也是移入0。如果符号位原来为1(即负数)，则左边移入0还是1要取决于所用的计算机系统。有的系统移入0，有的系统移入1。移入0的称为"逻辑移位"，即简单移位；移入1的称为"算术移位"。

例如：

```
5 >> 2 = 1
    5  00000101
5 >> 2  00000001
```

又如：

```
int  a = - 071400, b ;  b = a >> 2;
```

算术右移计算过程如下：

a的二进制原码：1111001100000000。

a的二进制反码：1000110011111111。

a的二进制补码：1000110100000000。

向右移动2位：1110001101000000。

减1得到反码：1110001100111111。

取反得到原码：1001110011000000。

转成八进制：－016300。

3.8.3　不同长度的数据进行位运算

如果两个数据长度不同(如short型和int型)进行位运算时(如a&b，而a为short型，b为int型)，系统会将两者按右端对齐。如果b为正数，则左侧补满0。若b为负，左端应补满1。如果b为无符号整数型，则左端添满0。

3.8.4　位运算举例

【例3-7】 取一个整数a从右端开始的5～8位。

可以考虑如下：

(1) 先是a右移4位，即a>>4。

(2) 设置一个低4位全为0的数，即～(～0<<4)。

～0的全部二进制位为1，左移4位，这样右端低4位为0，如下所示：

0：00000000

~0：11111111

~0<<4:11110000

~(~0<<4):00001111

(3) 将上面两式进行与运算，即 a>>4&~(~0<<4)。

根据前面介绍的方法，与低 4 位为 1 的数进行 & 运算，就能将这 4 位保留下来。程序如下：

```
void main()
{
    unsigned a,b,c,d;
    scanf("%o",&a);
    b = a>>4;
    c = ~(~0<<4);
    d = b&c;
    printf("%o\n%o\n",a,d);
}
```

程序运行结果为：

```
331↙
331(a的值,八进制)
15 (d的值,八进制)
```

输入 a 的值为八进制的 331，其二进制形式为 11011001。经运算最后得到的 d 为 00001101，即八进制 15。

3.9 强制类型转换运算符

强制类型转换是通过类型转换运算来实现的。其一般形式为：

```
(类型说明符)(表达式)
```

其功能是把表达式的运算结果强制转换成类型说明符所表示的类型。例如，(float) a 把 a 转换为实型，(int)(x+y) 把 x+y 的结果转换为整型。

在使用强制转换时应注意以下问题：

类型说明符和表达式都必须加括号(单个变量可以不加括号)，如把(int)(x+y)写成(int)x+y 则成了把 x 转换成 int 型之后再与 y 相加了。

无论是强制转换或是自动转换，都只是为了本次运算的需要而对变量的数据长度进行的临时性转换，而不改变数据说明时对该变量定义的类型。

【例 3-8】 强制转换运算符的使用。

```
void main()
{
    float f = 5.75;
    printf("(int)f = %d,f = %f\n",(int)f,f);
}
```

程序运行结果为：

```
(int)f = 5,f = 5.750000
```

本例表明，f 虽强制转为 int 型，但只在运算中起作用，是临时的，而 f 本身的类型并不改变。因此，(int)f 的值为 5(删去了小数)，而 f 的值仍为 5.75。

3.10 优先级和结合性

C 语言中的单目运算符、赋值、复合赋值运算符和三目运算符“?:”都具有自右至左的结合性，其他的运算符都具有自左至右的结合性。各种运算符的优先级以及结合性如表 3-4 所示。

表 3-4 各种运算符的优先级以及结合性

优先级	运 算 符	含 义	运算对象	结合性
最高 15	() [] → .	圆括号或函数参数表 数组元素下标 指向结构体成员 结构体成员		自左至右
14	! ~ ++ -- + - * & (类型名) sizeof	非、按位取反 自加、自减 正、负 间接运算符 取址运算符 强制类型转换 求所占字节数	单目	自右至左
13	* / %	乘、除、求余	双目	自左至右
12	+ -	加、减		
11	<< >>	左移、右移		
10	< <= > >=	小于、小于等于 大于、大于等于		
9	== !=	等于、不等于		
8	&	按位与		
7	^	按位异或		
6	|	按位或		
5	&&	与		
4	||	或		
3	?:	条件运算符	三目	自右至左
2	= += -= *= /= %= <<= >>= &= ^= !=	赋值运算符 复合算术运算赋值 复合位运算赋值		自右至左
最低 1	,	逗号运算符		自左至右

习题 3

1. 填空题

(1) 若有说明语句：int x=1,y=0；表达式(x<=y++)?'a'：'A'的结果是________。

(2) 表达式的(int)3.1415926 的值是________。

(3) 已知 char c；表达式(c>=48&&c<=57||c>=65&&c<=90||c>=97&&c<=122)&&c<=98 的值为 1，则变量 c 的值是________。

(4) 已知：a=15，b=240；则表达式(a&b)&b||b 的结果为________。

(5) 已有定义"int x=0,y=0;"，则计算表达式：(x+=2,y=x+3/2,y+5)后，表达式的值是________，变量 x 的值是________，变量 y 的值是________。

(6) 表达式 8/4*(int)2.5/(int)(1.25*(3.7+2.3))值的数据类型为________。

(7) 设下列运算符：<<、+、++、&&、<=，其中优先级最高的是________，优先级最低的是________。

(8) 设 x=10100011，若要通过 x^y 使权 x 的高 4 位取反，低 4 位不变，则 y 的二进制数是________。

2. 选择题

(1) 若 x、i、j 和 k 都是 int 型变量，则计算下面表达式后，x 的值是(　　)。

```
x = (i = 4, j = 16, k = 32)
```

A. 4　　B. 16　　C. 32　　D. 52

(2) 算术运算符、赋值运算符和关系运算符的运算优先级按从高到低依次为(　　)。

A. 算术运算、赋值运算、关系运算　　B. 算术运算、关系运算、赋值运算

C. 关系运算、赋值运算、算术运算　　D. 关系运算、算术运算、赋值运算

(3) 表达式"1?(0?3:2):(10? 1:0)"的值是(　　)。

A. 3　　B. 2　　C. 1　　D. 0

(4) 设有整型变量 a=35，表达式"(x&15)&&(x|15)"的值是(　　)。

A. 0　　B. 1　　C. 15　　D. 35

(5) 设 a、b 和 c 都是 int 型变量，且 a=3，b=4，c=5，则下面的表达式中值为 0 的是(　　)。

A. 'a'&&'b'　　B. a<=b

C. a||b+c&&b-c　　D. !((a<b)&&!c||1)

(6) 设 a 是 char 型变量，其值为'1'，则把其值变成整数 1 的表达式是(　　)。

A. (int)a　　B. int(a)　　C. a=a-48　　D. a/(int)a

(7) 表达式!x||a==b 等效于(　　)。

A. !((x||a)==b)　　B. !(x||y)==b

C. !(x||(a==b))　　D. (!x)||(a==b)

(8) 设以下变量均为 int 类型，则值不等于 7 的表达式是(　　)。

A. (x=y=6,x+y,x+1)　　　　B. (x=y=6,x+y,y+1)

C. (x=6,x+1,y=6,x+y)　　　　D. (y=6,y+1,x=y,x+1)

(9) 已知：int x；则使用逗号运算的表达式"(x=4*5,x*5),x+25"的结果为(　　)，变量 x 的值为(　　)。

(1) A. 20　　B. 100　　C. 表达式不合法　　D. 45

(2) A. 20　　B. 100　　C. 125　　D. 45

(10) 执行下面的语句后 x 的值为(　　)。

```
int a = 14,b = 15,x;
char c = 'A';
x = ((a&b)&&(c<'a'));
```

A. TRUE　　B. FLASE　　C. 0　　D. 1

(11) 若有以下程序段，则执行以下语句后 x、y 的值是分别是(　　)。

```
int x = 1,y = 2; x = x^y; y = y^x; x = x^y;
```

A. x=1,b=2　　B. x=2,y=2　　C. x=2,y=1　　D. x=1,y=1

3. 给出下列程序的运行结果

(1)

```
main()
{
int x = 10,y = 10;
printf("%d %d\n",x-- ,y++);
}
```

(2)

```
#include <stdio.h>
main()
{
int a = 10,b = 3;
printf("%d\n",a%b);
printf("%d\n",a/b*b);
printf("%d\n",-a%b);
printf("%d\n",a-=b++ +1);
}
```

(3)

```
main()
{
int i,j,m,n;
i = 8;j = 10;
m = ++i;
n = j++;
printf("%d,%d,%d,%d\n",i,j,m,n);
}
```

4. 编程题

(1) 设长方形的高为 1.5，宽为 2.3，编程求该长方形的周长和面积。
(2) 编写一个程序，将大写字母 A 转换为小写字母 a。

第4章 顺序结构

在前面的章节中已经介绍了在编写程序时需用的一些元素，如变量、常量、运算符、表达式等，它们是构成程序的基本成分。在第1章中介绍了C语言程序，它由顺序结构、选择结构和循环结构三种基本结构构成。如果程序中语句的出场顺序和它的执行顺序相同，就把这种程序设计结构叫做顺序结构。本章主要介绍的是顺序结构的基本语句：赋值语句、输入语句和输出语句。

4.1 赋值语句

在赋值表达式的末尾部加上一个“;”号，就构成了赋值语句。其一般形式为“变量＝表达式;”赋值语句的功能和特点都与赋值表达式相同。它是程序中使用最多的语句之一。

C语言中可由形式多样的赋值表达式构成赋值语句，用法灵活，因此读者首先应当掌握赋值表达式的运算规律才能写出正确的赋值语句。

例如，“x＝7”是赋值表达式，而“x＝7;”则是赋值语句；“m＝11,n＝8”是逗号表达式，“m＝11,n＝8;”就是一条赋值语句。“a＝b＝c＝d＝e＝5;”也是一条赋值语句，按照赋值运算符的右结合性，因此实际上等效于“e＝5;d＝e;c＝d;b＝c; a＝b;”。“＋＋I;、j－－;”都是赋值语句，在程序执行时，首先取出变量i(j)中的值，加1(减1)后再把新的结果放入变量i(j)中。赋值语句是一种可执行语句，应当出现在函数的可执行部分。

4.2 数据输出

所谓输出是以计算机为主体而言的，从计算机向输出设备(如显示器、打印机、磁盘等)输出数据称为“输出”。

C语言本身不提供输入输出语句，输入和输出操作是由C语言所提供的函数实现的。在C标准函数库中提供了输入输出函数来实现数据的输入输出。C语言中的标准输出函数有putchar(输出字符)、puts(输出字符串)、printf(格式输出)。

4.2.1 格式输出函数printf

【例4-1】 用printf函数输出一个字符串。

```
#include <stdio.h>
```

```
void main()
{
    printf("欢迎进入C语言世界!");
}
```

欢迎进入C语言世界! Press any key to continue

图 4-1 例 4-1 的执行结果

程序运行结果如图 4-1 所示。

输出结果就和程序中的内容是完全一致的,因为 printf 是 C 语言提供的输出函数,其作用是控制输出项的格式和输出一些提示信息。

1. printf 函数的格式与功能

printf 函数称为格式输出函数,是 C 语言提供的标准输出函数,最末一个字母 f 即是"格式"(format)之意。其功能是按用户指定的格式将指定的数据输出到显示器上。

printf 函数的一般调用形式如下:

```
printf("格式控制字符串"[,输出项列表])
```

功能:首先计算输出项列表中表达式的值,再将输出项列表的各项的值按格式控制字符串中对应的指定格式输出,其中[]括起来的为可选项。

如果在 printf 函数调用之后加上";",就构成了输出语句。

【例 4-2】 已知圆半径 r=1.5,求圆周长。

```
#include <stdio.h>
void main()
{
    float r = 1.5,l = 0;
    float pi = 3.1415;
    l = 2 * pi * r;                  /* 求圆的周长 */
    printf("圆的周长为: %.2f\n",l);    /* 输出圆的周长 */
}
```

运行后的输出结果如图 4-2 所示。

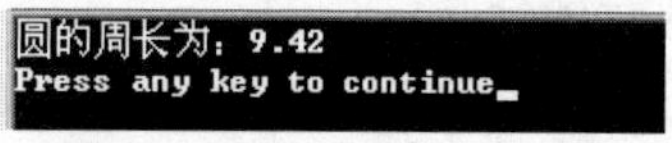

圆的周长为: 9.42
Press any key to continue_

图 4-2 例 4-2 的执行结果

printf 的格式控制串由三部分组成,分别是:

(1) 格式指示符,是用于说明输出数据的类型、形式、长度、小数位数等,本例中为"%.2f"。

(2) 转义字符,指明特定的操作。本例中的"\n"就是转义字符,输出时产生一个"换行"操作。

(3) 普通字符,除格式指示符和转义字符之外的其他字符。格式字符串中的普通字符原样输出,本例为"圆的周长为:"。

2. printf 函数中常用的格式控制字符串

格式控制字符串是用双引号括起来的字符串,用来确定输出项的格式和需要原样输出的字符串。其组成形式为:

```
[普通字符串] % [附加格式][输出最小宽度][.精度][长度]格式字符
```

其中方括号[]中的项为可选项,下面对各项分别介绍。

1）格式字符

格式字符用来表示输出数据的类型，格式字符所代表的意义，如表4-1所示。

表4-1　格式字符

格式字符	说　明
d或i	输出带符号的十进制整型数(正数不输出符号)
u	无符号十进制形式输出整型数
o	无符号八进制形式输出整型数(不输出前导符0)
x或X	无符号十六进制形式输出整型数(不输出前导符0x或0X)。用x则输出十六进制数的a～f时以小写形式输出，用X时用大写形式输出
c	输出一个字符
s	输出字符串，直到遇到"\0"或输出有精度指定的字符数
f	以小数形式输出单、双精度数，隐含输出六位小数
e或E	以标准指数形式输出单、双精度数，数字部分六位小数。用e时指数以e表示(1.8e+004)，用E时指数以E表示(1.8E+004)
g或G	系统选用%f或%e格式中输出宽度较短的一种格式输出，不输出无意义的0
p	输出变量的内存地址
%	打印一个%

【例4-3】 类型转换字符c的使用。

```
#include <stdio.h>
void main()
{
    char c = 'A';
    int i = 65;
    printf("c = %c, %5c, %d\n",c,c,c);
    printf("i = %d, %c",i,i);
}
```

```
c=A,    A,65
i=65,APress any key to continue_
```

图4-3　例4-3的执行结果

程序运行结果如图4-3所示。

需要强调的是，在C语言中，整数可以用字符形式输出，字符数据也可以用整数形式输出。将整数用字符形式输出时，系统首先求该数与256的余数，然后将余数作为ASCII码，转换成相应的字符输出。

2）附加格式

附加格式字符为+、-、#和数字0，其意义如表4-2所示。

表4-2　附加格式字符

附加格式字符	意　义
-	在指定输出宽度的同时，指定数据左对齐，右边填空格
+	输出符号(正号或负号)，输出值为正时在数据前加+，负数时在数据前加-
#	对c,s,d,u类无影响；对o,x类，在输出时加前导符；对e、g、f类当结果有小数时才给出小数点
0	在指定输出宽度的同时，在数据前面的多余处填数字0

说明：在没有人为指定左对齐时，系统默认是右对齐。

【例 4-4】 给出了未指附加格式和指定附加格式时的输出结果。

```
#include <stdio.h>
void main()
{
    printf("|%d|\n",1234);
    printf("|%6d|\n",1234);
    printf("|%-6d|\n",1234);
    printf("|%+6d|\n",1234);
    printf("|%#6d|\n",1234);
    printf("|%06d|\n",1234);
    printf("|%f|\n",1234.56);
    printf("|%14f|\n",1234.56);
    printf("|%-14f|\n",1234.56);
    printf("|%+14f|\n",1234.56);
    printf("|%#14f|\n",1234.56);
    printf("|%014f|\n",1234.56);
    printf("|%o|\n",01234);
    printf("|%-6o|\n",01234);
    printf("|%+6o|\n",01234);
    printf("|%#6o|\n",01234);
    printf("|%06o|\n",01234);
}
```

```
|1234|
|  1234|
|1234  |
| +1234|
|  1234|
|001234|
|1234.560000|
|   1234.560000|
|1234.560000   |
|  +1234.560000|
|   1234.560000|
|0001234.560000|
|1234|
|1234  |
|  1234|
| 01234|
|001234|
Press any key to continue
```

图 4-4　例 4-4 的执行结果

程序运行结果如图 4-4 所示。

3）输出最小宽度

用十进制整数来表示输出的最少位数。若实际位数多于定义的宽度，则按实际位数输出；若无特别指明，系统默认右对齐方式，所以，当实际位数少于定义的宽度则在左边补以空格。

【例 4-5】 给出了未指定宽度和指定输出宽度时的输出结果。

```
#include <stdio.h>
void main()
{
    printf("|%d|\n",1234);
    printf("|%6d|\n",1234);
    printf("|%2d|\n",1234);
    printf("|%f|\n",1234.56);
    printf("|%e|\n",1234.56);
    printf("|%14f|\n",1234.56);
    printf("|%14e|\n",1234.56);
    printf("|%g|\n",1234.56);
  printf("|%2g|\n",1234.56);
}
```

```
|1234|
|  1234|
|1234|
|1234.560000|
|1.234560e+003|
|   1234.560000|
| 1.234560e+003|
|1234.56|
|1234.56|
Press any key to continue
```

图 4-5　例 4-5 的执行结果

程序运行结果如图 4-5 所示。

4）精度

精度格式符以“.”开头，后跟十进制整数，形如“.m”。针对不同的格式字符，其意义不同，如表 4-3 所示。

表 4-3 精度格式符

格式字符	精度格式符“.m”的意义
d	用于指定输出的数字格式，若数字少于 m，则前面补 0，若大于 m，按数据的实际宽度输出
e、E 或 f	用于指定小数位数，若小数位数大于 m，则四舍五入截去右边多余位数，若小数位数小于 m，则在小数位右边补 0
g、G	指定输出的有效数字
s	指定最多输出的字符个数

【例 4-6】 给出了未指定精度和指定输出宽度时的输出结果。

```
#include <stdio.h>
void main()
{
    printf("|%d|\n",1234);
    printf("|%.5d|\n",1234);
    printf("|%.0d|\n",1234);
    printf("|%f|\n",1234.56);
    printf("|%12.3f|\n",1234.56);
    printf("|%12.1f|\n",1234.56);
    printf("|%12.0f|\n",1234.56);
    printf("|%e|\n",1234.56);
    printf("|%12.3e|\n",1234.56);
    printf("|%12.1e|\n",1234.56);
    printf("|%12.0e|\n",1234.56);
    printf("|%g|\n",1234.56);
    printf("|%12.3g|\n",1234.56);
    printf("|%12.1g|\n",1234.56);
    printf("|%12.0g|\n",1234.56);
    printf("|%s|\n","this is test!");
    printf("|%.5s|\n","this is test!");
    printf("|%.0s|\n","this is test!");
}
```

程序运行结果如图 4-6 所示。

```
|1234|
|01234|
|1234|
|1234.560000|
|    1234.560|
|      1234.6|
|        1235|
|1.234560e+003|
|   1.235e+003|
|     1.2e+003|
|       1e+003|
|1234.56|
|    1.23e+003|
|       1e+003|
|       1e+003|
|this is test!|
|this |
||
Press any key to continue
```

图 4-6 例 4-6 的执行结果

5）长度

长度格式符为 h 和 l 两种，h 表示按短整型量输出，l 表示长整型量输出，或按 double 类型输出。输出长整型数时，必须加 l，但对于 double 型数据%f 与%lf 意义相同。

【例 4-7】 给出了未指定长度和指定输出长度时的输出结果。

```
#include <stdio.h>
void main()
{
    int a = 15;
    long b = 65536;
    float c = 12345.67890;
    double d = 123456789.987654321;
    printf("a = %d, %o, %x\n",a,a,a);
    printf("b = %d, %ld\n",b);
    printf("c = %f, %e, %g\n",c,c,c);
    printf("d = %lf, %f, %g\n",d,d,d);
}
```

程序运行结果如图 4-7 所示。

```
a=15,17,f
b=65536,2367460
c=12345.678711,1.234568e+004,12345.7
d=123456789.987654,123456789.987654,1.23457e+008
Press any key to continue_
```

图 4-7 例 4-7 的执行结果

3. 输出项列表

输出项列表是可选的。如果要输出的数据不止一个，相邻两个之间用逗号分开。下面的 printf 函数都是合法的：

```
(1) printf("I am a student.\n");
(2) printf("%d",8 + 1);
(3) printf("a = %lf      b = %6d\n", i, i + 10);
```

4. printf 函数的使用说明

在使用 printf 函数时，应该注意以下几点：

(1) 除了 x、e、g 这 3 个格式符既可以用小写也可以用大写外，其他的格式符必须用小写字母。如%d 不能写成%D。

(2) 格式符 d 可用 i 代替，d 和 i 作为格式符使用时，两者作用一样。

(3) 介绍过的 d、o、x、u、c、f、e、g 等字符，如在%后面则作为格式符，如不在%后面则仅是一个普通字符而已。

例如：

```
printf("a = %df,b = %fe",a,b);
```

第一个格式符%d，不包括后面的 f，第二个格式符同样不包括 e。如果 a、b 的值分别为 15，12.6，则输出结果应为：

```
a = 15f,b = 12.600000e
```

(4) printf()可以输出常量、变量和表达式的值。但格式控制中的格式说明符,必须按从左到右的顺序,与输出项表中的每个数据一一对应。若格式说明符的个数少于输出项列表时,多余的输出项不予输出。若格式说明符的个数多于输出项列表时,对于多余的格式将输出不定值。

【例 4-8】 printf 函数中格式项与输出项的对应关系。

```
#include <stdio.h>
void main()
{
    int a = 25,b = -90,c = 123;
    printf("%d,%d,%d\n",a,b,c);
    printf("%d,%d,%d\n",a,b);
    printf("%d,%d\n",a,b,c);
}
```

```
25,-90,123
25,-90,2367460
25,-90
Press any key to continue
```

图 4-8 例 4-8 的执行过程

程序运行结果如图 4-8 所示。

(5) 在输出数据时,格式说明与输出项从左至右在类型上必须一一对应匹配。如数据的数据类型和格式控制字符的类型不同,系统将输出项中数据的类型强制转换成对应格式控制字符所指定的类型。

(6) 若想输出%,应在格式控制字符串中用两个连续的%%表示。

例如:

```
printf("%f%%\n",2.0/3.0);
```

程序输出结果为:

```
0.666667%
```

(7) 在使用 f 格式符输出实数时,并非全部数字都是有效数字。单精度实数的有效位数一般为 7 位,双精度实数的有效位数一般为 15 位。

例如:

```
float x = 333333.333,y = 222222.222;
double m = 333333.333,n = 222222.222;
printf("%f,%lf",x + y,m + n);
```

则运行结果为:

```
555555.562500,55555.555000
```

显然作为 float 型的 x 和 y 只有前面的 7 位数字是有效数字,后面的数字无意义,而 double 型的 m 和 n 则都是有效数字。

(8) printf 函数的返回值是本次调用过程中输出的字符个数。

4.2.2 输出单个字符函数 putchar

在 C 语言中,除了可用通过 printf 函数对字符进行格式输出,还提供了字符输出的专用函数 putchar 函数。

1. putchar 函数的格式

```
putchar(ch)
```

其中,ch 可以是字符变量、字符常量或整型表达式。当 ch 为字符型变量或常量时,它输出参数 ch 的值;当 ch 为取值不大于 255 的整型变量或整型表达式时,它输出 ASCII 代码值等于参数 ch 的字符。

2. putchar 函数的功能

putchar 函数是向终端输出一个字符或字符变量的值。

(1) putchar 函数只能用于单个字符的输出,且一次只能输出一个字符。另外,从功能角度来看,printf 函数可以完全代替 putchar 函数。

(2) 在程序中使用 putchar 函数,务必牢记:在程序(或文件)的开头加上编译预处理命令(也称包含命令),即

```
#include <stdio.h>
```

表示要使用的函数,包含在标准输入输出(stdio)头文件(.h)中。

(3) 在该函数调用之后加";",就构成了字符输出语句。

【例 4-9】 putchar 函数的格式和使用方法。

```
#include <stdio.h>
void main()
{
    int x = 65;
    char y = 'a';
    printf("x 的值: %d,x 的值对应的字符为: %c\n",
x,x);
    printf("y 的值: %c,y 的 ASCii 为: %d\n",y,y);
    putchar(x);putchar('\n');
    putchar(y);putchar('\n');
}
```

```
x的值:65,x的值对应的字符为: A
y的值:a,y的ASCii为: 97
A
a
Press any key to continue
```

图 4-9 例 4-9 的执行结果

程序运行结果如图 4-9 所示。

4.2.3 字符串输出函数 puts

在 C 语言中,除了可用通过 printf 函数对字符串进行格式输出,还提供了字符串输出的专用函数 puts 函数。

1. puts 函数的格式

```
puts(s)
```

其中 s 为字符串(字符串数组名或字符串指针)。

2. puts 函数的功能

puts 函数是把字符数组中所存放的字符串，输出到标准输出设备中去，并用'\n'取代字符串的结束标志'\0'。所以用 puts 函数输出字符串时，不要求另加换行符。

(1) 该函数一次只能输出一个字符串，而 printf 函数也能用%s 来输出字符串，且一次能输出多个。

(2) 字符串输出 puts 函数的定义在头文件 stdio.h 中，在程序中使用 puts 函数时必须要在程序的开头加入文件包含命令：

```
#include <stdio.h>
```

(3) 在该函数调用之后加“;”，就构成了字符串输出语句。

【例 4-10】 puts 函数的格式和使用方法

```
#include "stdio.h"
void main()
{
    printf("%s\n","hello,welcome to VC 6.0!");
    puts("hello,welcome to VC 6.0!");
}
```

程序运行结果如图 4-10 所示。

```
hello,welcome to VC 6.0!
hello,welcome to VC 6.0!
Press any key to continue
```

图 4-10 例 4-10 的执行结果

4.3 数据输入

所谓输入是以计算机为主体而言的，从输入设备(如键盘、磁盘、光盘、扫描仪等)向内存输入数据称为“输入”。

在程序中给计算机提供数据，可以用赋值语句，也可以用输入函数。在 C 语言中，可使用 C 标准函数库中提供的输入函数来实现数据的输入。C 语言中的标准输入函数有输入字符函数 getchar、输入字符串函数 gets 和格式输入函数 scanf。

4.3.1 格式输入函数 scanf

1. scanf 函数的格式与功能

scanf 函数与 printf 函数一样，都被定义在 stdio.h 文件中。它是格式输入函数，其功能是将从终端(键盘)输入的数据传送给对应的变量。

scanf 函数的一般格式为：

```
scanf("格式控制字符串",输入项首地址列表)
```

功能：从终端按照“格式控制字符串”中规定的格式输入若干个数据，按“输入项地址列表”中变量的顺序，依次存入对应的变量中。

如果在 scanf 函数调用之后加上“;”，就构成了输入语句。

例如：

```
scanf("%d,%d",&x,&y);
```

其中：

(1) scanf 为函数名。

(2) "%d,%d"是格式字符串。以%开头，以一个格式字符结束。格式字符串可以包含3种类型的字符：格式指示符、空白字符(空格、Tab 键和回车键)和非空白字符(又称普通字符)。

格式指示符与 printf 函数的用法相似，空白字符作为相邻两个输入数据的缺省分隔符，非空白字符在输入有效数据时，必须原样一起输入。本例中","是指在输入变量 x、y 的值时，要在输入的变量的值间输入","。

(3) &x,&y 输入项首地址列表给出了变量的地址。输入项首地址列表由若干个输入项首地址组成，相邻 2 个输入项首地址之间，用逗号分开。输入项首地址表中的地址的表示法为：

```
&变量名
```

其中，"&"是地址运算符。本例中的 &x 和 &y 分别表示变量 x、y 的首地址。

2. scanf 函数中的常用格式说明

在 scanf 函数中，格式字符串的一般形式为：

```
%[*][输入数据宽度][长度]格式字符
```

其中，方括号[]中的项为可选项。

1) 格式字符

格式字符用于表示输入数据的类型，格式字符及其所代表的意义如表 4-4 所示。

表 4-4 格式字符

格式字符	说明
d/i	用来输入有符号的十进制整数
u	用来输入无符号的十进制整数
o	用来输入无符号的八进制整数
x/X	用来输入无符号的十六进制整数(不区分大小写)
c	用来输入单个字符
s	用来输入字符串，并将字符串送到一个字符数组中，在输入时以非空格字符开始，遇到回车或空格结束
f	用来输入实数，可用以小数形式也可以用指数形式输入
e/E,g/G	与 f 作用相同，e、f、g 可用相互替换使用

2) *号

%后跟着一个*号，用以表示该输入项读入后不赋予相应的变量，即跳过该输入值。

3) 宽度

用十进制整数指定输入的宽度(即字符数)。换句话说，读取输入数据中相应的 n 位，但按需要的位数赋给相应的变量，多余部分被舍弃。

【例 4-11】 数据按指定宽度输出实例。

```c
#include <stdio.h>
void main()
{
    int x,y;
    char ch1,ch2;
    scanf("%3d%*d%3d",&x,&y);
    printf("x=%d,y=%d\n",x,y);
    scanf("%3c%3c",&ch1,&ch2);
    printf("ch1=%c,ch2=%c\n",ch1,ch2);
}
```

```
10 20 30 abcdefg
x=10,y=30
ch1= ,ch2=c
Press any key to continue
```

图 4-11　例 4-11 的执行结果

程序的运算结果如图 4-11 所示。

4) 长度

长度格式符为 l 和 h，l 表示输入长整型数据(如%ld)和双精度实型数(如%lf)，h 则表示输入短整型数据。

3. scanf 函数的使用说明

在使用 scanf 函数时必须注意以下几点：

(1) 在格式控制字符串中，格式说明的类型、个数与输入项的类型、个数必须一一对应。如果类型不匹配，系统并不给出出错信息，但不能得到正确的数据。

(2) 从终端输入数值数据时，遇下述情况系统将认为该项数据结束：

- 遇到空格、回车符或制表符(TAB)，故可用它们作为数值数据间的分隔符。
- 遇到宽度结束，如"%4d"表示只取输入数据的前 4 列。
- 遇到非法输入，假设 a 为整型变量，b 为浮点型变量，对于"scanf("%d%f",&a,&b);"。

若输入 246x 123.45↙，则系统遇到字符 x 时认为是非法输入，故输入结束数据读取。所以 a=246，b 为任意数(注↙表示回车)。

(3) scanf()的格式控制字符串中的普通字符不是用来显示的，而是输入时要求照普通字符输入的。例如：

```c
int a,b;
scanf("a=%d,b=%d",&a,&b);
```

将 1 赋给 a，2 赋给 b，必须按如下格式输入：

```
a=1,b=2↙
```

所以，一般情况下，为了不必要的麻烦，建议在使用 scanf 函数时，格式控制字符串中不要加非格式字符。

(4) 在输入字符数据时：

① 若格式控制字符串中无非格式字符串，则认为所有输入的字符均为有效字符。即输入字符时，字符之间没有间隔符，这时空格、回车和横向跳格符(TAB)都将按字符读入。

例如：

```
scanf("%c%c%c",&a,&b,&c);
```

运行时，若输入：

```
d e f↙
```

则把 d 赋给了变量 a，空格赋给了变量 b、e 赋给了 c。

若只有输入：

```
def↙
```

才能把 d 赋给 a，e 赋给 b、f 赋给 c。

② 若在格式控制字符串中加空格，如"scanf("%c %c %c",&a,&b,&c);"和上例中的输入语句"scanf("%c%c%c",&a,&b,&c);"相同。但这时空格、回车和横向跳格符(TAB)都将作为间隔符而不能读入。若要给变量 a、b、c 赋值 d、e、f，运行时如输入

```
d e f↙
```

和输入：

```
def↙
```

效果相同，都是把 d 赋给 a、e 赋给 b、f 赋给 c。

【例 4-12】 字符与数值型数据的混合输入。

```
#include <stdio.h>
void main()
{
    char c1,c2,c3,c4;
    int n1,n2;
    float f1,f2;
    printf("please input data to c1,n1,c2,n2,f1,f2,c3,c4:\n");
    scanf("%c%d%c%d",&c1,&n1,&c2,&n2);
    scanf("%f%f%c%c",&f1,&f2,&c3,&c4);
    printf("c1 = %c,c2 = %c,c3 = %c,c4 = %c\n",c1,c2,c3,c4);
    printf("n1 = %d,n2 = %d\n",n1,n2);
    printf("f1 = %f,f2 = %f\n",f1,f2);
}
```

程序运行结果如图 4-12 所示。

```
please input data to c1,n1,c2,n2,f1,f2,c3,c4:
a12b34 12.3 45.6cd
c1=a,c2=b,c3=c,c4=d
n1=12,n2=34
f1=12.300000,f2=45.599998
Press any key to continue
```

图 4-12 例 4-12 的执行结果

(5) 在格式控制字符串中，格式说明的个数应该与输入项的个数相同。

① 若格式说明的个数少于输入项的个数时，即输入的数据多于 scanf 函数要求输入的数据，多余的数据并不消失，而是将多余的数据留在缓冲区作为下一次输入操作的输入

数据。

② 若格式说明的个数多于输入项的个数时，即输入的数据少于 scanf 函数要求输入的数据，程序等待输入，直到满足要求或遇到非法字符为止。

(6) 在标准 C 中不使用%u 格式符，对 unsigned 型数据以%d、%x、%o 格式输入。

(7) 输入实型数据时，用户不能规定小数点后的位数，如“scanf(“%6.3f”,&m);”是错误的。输入实型数据时，可以不带小数点，即按整型数方式输入。例如，“scanf("%f",&a);”，若变量 a 的值为 12.000000，运行时可以输入 12 和输入 12.000000 是一样的，变量 a 的值都是 12.000000。

(8) scanf()中参数的第二部分一定是地址列表，不能是表达式。

(9) scanf()的格式控制字符串中没有转义字符，如“scanf ("%d\n",&a);”是错误的。

(10) 每次调用 scanf 函数后，函数将得到一个整型函数值，此值等于正常输入数据的个数。

4.3.2 输入单个字符函数 getchar

1. getchar 函数的格式

该函数的一般格式是：

```
getchar()
```

其中，getchar 后的括号内没有参数，但是不可以省略。

2. getchar 函数的功能

getchar 函数的功能是从终端(或系统默认的输入设备)读入一个字符作为函数值。需要注意以下几点：

(1) getchar 函数只能接收一个字符，getchar 函数得到的字符可用赋给一个字符变量或整型变量，也可以不赋给任何变量，直接作为表达式的一部分。例如：

```
putchar(getchar());
```

(2) 和 putchar 函数一样，必须在程序的开头包含头文件 stdio.h。

(3) getchar 函数没有参数。

(4) 在使用 getchar 函数输入时，空格、回车都将作为字符读入。

(5) getchar 函数与 scanf 函数类似，首先是从键盘缓冲区取所需的数据，只有当键盘缓冲区没有数据时，才等待用户从键盘输入。当调用一次 getchar 函数时，输入多个字符(包括回车)，多余的字符将留作下次使用。

【例 4-13】 getchar 函数的使用。

```
#include  <stdio.h>
void main()
{
    int a;
    char b;
```

```
    a = getchar();
    b = getchar();
    printf("a = %c\ta = %d\tb = %c\tb = %d\n",a,a,b,b);
}
```

如果输入 so，则 s 被赋给 a，o 被赋给 b，运行结果如图 4-13(a)所示；如果输入 s↙，程序就会结束，a 的值为 s，b 的值为回车，输出结果如图 4-13(b)所示。

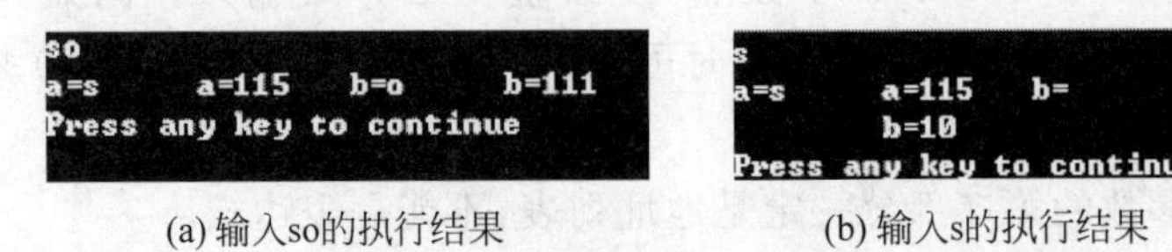

(a) 输入so的执行结果　　(b) 输入s的执行结果

图 4-13　例 4-13 的执行结果

4.3.3 字符串输入函数 gets

在 C 语言中，除了可以通过 scanf 函数对字符串进行格式输入，还提供了字符串输入的专用函数 gets 函数。

1. gets 函数的格式

gets 函数的一般格式：

```
gets(s)
```

其中，s 为字符串(字符数组名或字符指针)。

2. gets 函数的功能

从标准输入设备(stdio)——键盘上，读取一个字符串(可以包含空格)，并将其存储到字符数组中去，并自动在字符串末尾加'\0'。

(1) gets()读取的字符串，其长度没有限制，编程者要保证字符数组有足够大的空间，存放输入的字符串。

(2) 该函数输入的字符串中允许包含空格，而 scanf 函数不允许。

(3) 在该函数调用之后加"；"，就构成了字符串输入语句。

(4) gets 函数所在的头文件是<stdio.h>，因此要想在程序中使用 gets 函数，必须在程序的开头加入文件包含命令"#include <stdio.h>"。

【例 4-14】 gets 函数的格式和使用方法。

```
#include < stdio.h >
void main()
{
    char str[100];
    gets(str);
    puts(str);
}
```

```
hello,welcome to vc!
hello,welcome to vc!
Press any key to continue
```

程序运行结果如图 4-14 所示。

图 4-14　例 4-14 的执行结果

4.4 复合语句和空语句

4.4.1 复合语句

在C语言中，一对{ }不仅可用作函数体的开头和结尾的标志，也可用作复合语句的开头和结尾，复合语句的语句形式：

```
{ [ 数据说明部分;] 执行语句部分;}
```

其中：

(1) 一个复合语句在语法上视为一条语句。

(2) 用大括号把若干语句括起来构成一个语句组，且语句数量不限。

(3) 在复合语句中的"内部数据描述语句"中定义的变量，是局部变量，仅在复合语句中有效。例如：

```
{ int a = 0,b; a++; b* = a; printf("b = %d\n",b); }
```

(4) 复合语句结束的"}"之后，不需要分号。

(5) 复合语句可以出现在任何数据操作语句可以出现的地方。

【例 4-15】 复合语句的使用。

```
#include <stdio.h>
void main()
{
    int a = 10,b = 20,c = 30;
    printf("a = %d\tb = %d\tc = %d\n",a,b,c);
    {
        int a = 4,b = 12;
        a++;
        b* = a;
        printf("a = %d\tb = %d\tc = %d\n",a,b,c);
        c = b;
    }
    printf("a = %d\tb = %d\tc = %d\n",a,b,c);
}
```

程序运行结果如图 4-15 所示。

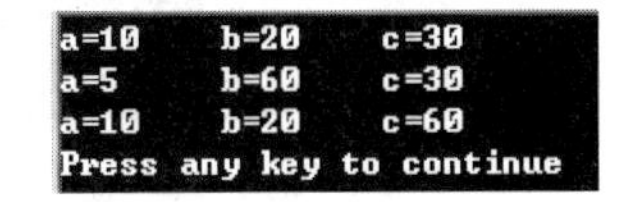

图 4-15 例 4-15 的执行结果

4.4.2 空语句

C程序中的所有语句都必须由一个分号";"作为结束标志。如果只有一个分号，程序如下：

```
void main()
{
    ;
}
```

这个分号也是一条语句，称为“空语句”。空语句执行时不作任何操作，但随意加分号也会导致逻辑上的错误，需要慎用。

4.5 程序举例

【例 4-16】 已知整型变量 x、y，请编写程序实现交换 x 和 y 的值。

```
#include <stdio.h>
void main()
{
    int x,y,t;
    printf("请输入 x 和 y 的值：");
    scanf("%d %d",&x,&y);
    t=x;
    x=y;
    y=t;
    printf("交换后的 x=%d,y=%d\n",x,y);
}
```

程序运行结果如图 4-16 所示。

【例 4-17】 从键盘输入一个小写字母，要求改用大写字母输出。

```
#include <stdio.h>
void main()
{
    char c1,c2;
    c1=getchar();
    printf("小写字母为：%c\n",c1);
    c2=c1-32;
    printf("变为大写字母为：%c\n",c2);
}
```

程序运行结果如图 4-17 所示。

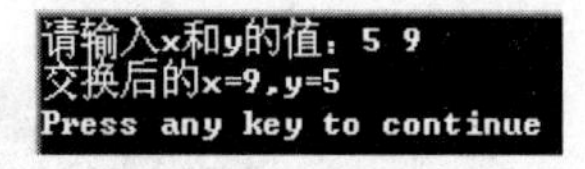

图 4-16　例 4-16 的执行结果

图 4-17　例 4-17 的执行结果

【例 4-18】 输入一个实型数据，使该数保留小数后三位，对第四位进行四舍五入处理。

```
#include <stdio.h>
void main()
{
    float x;
    printf("请输入 x 的值：");
    scanf("%f",&x);
    x=x*1000;
    x=x+0.5;
```

```
    x = (int)x;
    x = x/1000;
    printf("进行四舍五入后 x 的值为: %f\n",x);
}
```

程序运行结果如图 4-18 所示。

```
请输入x的值: 123.456789
进行四舍五入后x的值为: 123.457000
Press any key to continue
```

图 4-18 例 4-18 的执行结果

习题 4

1. 选择题

(1) 有以下程序段

```
char ch;int k;
ch = 'a'; k = 12;
printf("%c, %d,",ch,ch,k);
printf("k = %d\n",k);
```

已知字符 a 的 ASCII 码为 97,则执行上述程序段后输出结果是(　　)。

A. 因变量类型与格式描述符的类型不匹配输出无定值

B. 输出项与格式描述符个数不符,输出为零值或不定值

C. a,97,12k=12

D. a,97,k=12

(2) 以下定义语句中正确的是(　　)。

A. int a=b=0;　　　　B. char A=65+1,b='b';

C. float a=1,"b=&a,"c=&b;　　　　D. double a=0.0;b=1.1;

(3) 以下选项中正确的定义语句是(　　)。

A. double a; b;　　　　B. double a=b=7;

C. double a=7, b=7;　　　　D. double, a, b;

(4) 以下程序的输出结果是(　　)。

```
#include <stdio.h>
main()
{
    int w = 'A', x = 14, y = 15;
    w = ((x || y)&&(w<'a'));
}
```

A. −1　　　　B. NULL　　　　C. 1　　　　D. 0

(5) 若变量已正确定义为 int 型,要通过语句"scanf("%d, %d, %d", &a, &b, &c);"给 a 赋值 1,给 b 赋值 2,给 c 赋值 3,以下输入形式中错误的是(ò 代表一个空格符)(　　)。

A. òòò1,2,3↙　　　　B. 1ò2ò3↙

C. 1,òòò2,òòò3↙　　　　D. 1,2,3↙

(6) 程序段“int x＝12;double y＝3.141593;printf("%d%8.6f",x,y);”的输出结果是(　　)。

A. 123.141593　　B. 12 3.141593

C. 12,3.141593　　D. 123.141593

(7) 有以下程序

```
#include <stdio.h>
main()
{
    int a1,a2;char c1,c2;
    scanf("%d%c%d%c",&a1,&c1,&a2,&c2);
    printf("%d,%c,%d,%c",a1,c1,a2,c2);
}
```

若要通过键盘输入,使得a1的值为12,a2的值为34,c1的值为字符a,c2的值为字符b,程序输出结果是12,a,34,b,则正确的输入格式是(以下ò代表空格(　　)。

A. 12a34b↙　　B. 12òaò34òb↙

C. 12,a,35,b↙　　D. 12òa34òb↙

(8) 设有以下语句

```
Char ch1,ch2; scanf("%c%c",&ch1,&ch2);
```

若要为变量ch1和ch2分别输入字符A和B,正确的输入形式应该是(　　)。

A. A和B之间用逗号间隔　　B. A和B之间不能有任何间隔符

C. A和B之间可以用回车间隔　　D. A和B之间用空格间隔

(9) 有以下程序

```
#include <stdio.h>
main()
{
    int A = 0,B = 0,C = 0;
    C = (A -= A - 5);(A = B,B += 4);
    printf("%d, %d, %d\n",A,B,C);
}
```

程序运行后输出的结果是(　　)。

A. 0,4,5　　B. 4,4,5　　C. 4,4,4　　D. 0,0,0

(10) 设变量均已正确定义并且赋值,以下与其他三组输出结果不同的一组语句是(　　)。

A. x++; printf("%d\n",x);　　B. n=++x; printf("%d\n",n);

C. ++x; printf("%d\n",x);　　D. n=x++; printf("%d\n",n);

(11) 若有定义语句“int x＝12,y＝8,z;”,在其后执行语句“z＝0.9＋x/y;”,则Z的值为(　　)。

A. 1.9　　B. 1　　C. 2　　D. 2.4

(12) 若有定义:int a,b;,通过语句scanf("%d;%d",&a,&b);,能把整数3赋给变量a,5赋给变量b的输入数据是(　　)。

A. 3 5　　B. 3,5　　C. 3;5　　D. 35

(13) 若有定义语句"int k1=10,k2=20;",执行表达式(k1=k1>k2)&&(k2=k2>k1)后,k1 和 k2 的值分别为(　　)。

A. 0 和 1　　B. 0 和 20　　C. 10 和 1　　D. 10 和 20

(14) 以下不能输出字符 A 的语句是(注：字符 A 的 ASCII 码值为 65,字符 a 的 ASCII 码值为 97)(　　)。

A. printf("%c\n",'a'-32);　　B. printf("%d\n",'A');

C. printf("%c\n",65);　　D. print-f("%c\n",'B'-1);

(15) 若有定义语句"int a=3,b=2,c=1;",以下选项中错误的赋值表达式是(　　)。

A. a=(b=4)=3;　　B. a=b=c+1;

C. a=(b=4)+c;　　D. a=1+(b=c=4);

(16) 有以下程序段

```
char name[20];
int num;
scanf("name = %s num = %d",name,&num);
```

当执行上述程序段,并从键盘输入"name=Lili num=1001↙"后,name 的值为(　　)。

A. Lili　　B. name=Lili

C. Lili num=　　D. name=Lili num=1001

(17) 有以下程序

```
#include <stdio.h>
main()
{
   int x = 011;
   printf("%d\n",++x);
}
```

程序运行后的输出结果是(　　)。

A. 12　　B. 11　　C. 10　　D. 9

(18) 阅读以下程序

```
#include <stdio.h>
main()
{
    int case; float printF;
    printf("请输入 2 个数：");
    scanf("%d %f",&case,&printF);
    printf("%d %f\n",case,printF);
}
```

该程序编译时产生错误,其出错原因是(　　)。

A. 定义语句出错,case 是关键字,不能用作用户自定义标识符

B. 定义语句出错,printF 不能用作用户自定义标识符

C. 定义语句无错,scanf 不能作为输入函数使用

D. 定义语句无错,printf 不能输出 case 的值

(19) 有以下程序

```
#include <stdio.h>
main()
{
    int a = 1,b = 0;
    printf("%d,",b = a + b);
    printf("%d\n",a = 2 * b);
}
```

程序运行后的输出结果是(　　)。

A. 0,0　　B. 1,0　　C. 3,2　　D. 1,2

(20) 有以下程序

```
#include <stdio.h>
main()
{
    char c1,c2;
    c1 = 'A' + '8' - '4';
    c2 = 'A' + '8' - '5';
    printf("%c,%d\n",c1,c2);
}
```

已知字母A的ASCII码为65,程序运行后的输出结果是(　　)。

A. E,68　　B. D,69　　C. E,D　　D. 输出无定值

(21) 有以下程序

```
#include <stdio.h>
main()
{
    char a = 'H';
    a = (a >= 'A'&&a <= 'Z')?(a - 'A' + 'a'):a;
    printf("%c\n",a);
}
```

程序运行后的输出结果是(　　)。

A. A　　B. a　　C. H　　D. h

(22) 若已定义"int a,b;",则语句"printf("%d",(a=2)&&(b!=-2));"的输出结果是(　　)。

A. 无输出　　B. 结果不确定　　C. -1　　D. 1

(23) 设x和y均为int型变量,则以下语句的功能是(　　)。

```
x += y; y = x - y; x -= y;
```

A. 把x和y按从大到小排列　　B. 把x和y按从小到大排列

C. 无确定结果　　D. 交换x和y的值

(24) 以下叙述中正确的是(　　)。

A. 输入项可以是一个实型常量,如"scanf("%f",3.3);"

B. 只有格式控制,没有输入项,也能正确输入数据到内存,如"scanf("a=%d,

b=%d");"

C. 当输入一个实型数据时,格式控制部分可以规定小数点后的位数,如:scanf("%4.2f",&f);

D. 当输入数据时,必须指明变量地址,如 scanf("%f",&f);

(25) 以下合法的赋值语句是(　　)。

A. a=b=58　　B. k=int(a+b);

C. a=58,b=58　　D. --i;

(26) 以下程序段的输出是(　　)。

A. |3.1415|　　B. |　3.0|

C. |　　3|　　D. |　3.|

```
float a = 3.1415;
printf("|%6.0f|\n",a);
```

(27) 以下程序的输出结果是(　　)。

```
#include <stdio.h>
main()
{
    int a = 2,b = 5;
    printf("a = %%d,b = %%d\n",a,b);
}
```

A. a=%2,b=%5　　B. a=2,b=5

C. a=%%d,b=%%d　　D. a=%d,b=%d

2. 填空题

(1) 复合语句在语法上被认为是________。空语句的形式是________。

(2) C 语言的最后用________结束。

(3) 调用 C 语言对字符处理的库函数,在#include 命令行中应加入的头文件是________;对字符串处理的库函数,在#include 命令行中应加入的头文件是________。

(4) 若整型变量 a 和 b 中的值分别为 7 和 9,要求按以下格式输出 a 和 b 的值:

```
a = 7
b = 9
```

请完成输出语句"printf ("________",a,b);"。

(5) 若变量 x、y 已定义为 int 类型且 x 的值为 99,y 的值为 9,请将输出语句 printf(________,x/y);补充完整,使其输出的计算结果形式为:x/y=11。

(6) 设变量 a 和 b 已定义为 int 类型,若要通过"scanf("a=%d,b=%d",&a,&b);"语句分别给 a 和 b 输入 1 和 2,则正确的数据输入内容是________。

(7) 以下程序的输出结果是________。

```
#include <stdio.h>
main()
{
```

```
    int a = 37;
    a += a % = 9;
    printf(" % d\n",a);
}
```

(8) 设 a、b、c 都是整型变量,如果 a 的值为 1,b 的值为 2,则执行“c=a++||b++;”语句后,变量 b 的值是________。

(9) 以下程序运行后的输出结果是________。

```
#include < stdio. h>
main()
{
    int a;
    a = (int)((double)(3/2) + 0.5 + (int)1.99 * 2);
    printf(" % d\n",a);
}
```

(10) 有以下程序(说明：字符 0 的 ASCII 码值为 48)

```
#include < stdio. h>
main()
{
    char c1,c2;
    scanf(" % d",&c1);
    c2 = c1 + 9;
    printf(" % c % c\n",c1,c2);
}
```

若程序运行时从键盘输入“48↙”,则输出结果为________。

(11) 若程序中已给整型变量 a 和 b 赋值 10 和 20,请写出按以下格式输出 a、b 值的语句________。

```
**** a = 10. b = 20 ****
```

(12) 以下程序运行后输出结果是________。

```
#include < stdio. h>
main()
{
    int a = 200, b = 010;
    printf(" % d % d\n",a,b);
}
```

(13) 有以下程序

```
#include < stdio. h>
main()
{
    int x,y;
    scanf(" % 2d % ld",&x,&y);
    printf(" % d\n",x + y);
}
```

程序运行时输入 1234567,程序的运行结果是________。

(14) 以下程序运行后的输出结果是________。

```
#include <stdio.h>
main()
{
    int x = 20;
    printf("%d",0<x<20);
    printf("%d\n",0<x&&x<20)
}
```

(15) 以下程序运行时从键盘输入 1.0 2.0,输出结果是 1.000000 2.000000,请填空。

```
#include <stdio.h>
main()
{
    double a;float b;
    scanf("________",&a,&b);
    printf("%f%f\n",a,b);
}
```

(16) 在输入字符 A,表达式 ch=getchar()=='A'的值是________。

(17) 有以下程序

```
#include <stdio.h>
main()
{
    char a1 = 'M',a2 = 'm';
    printf("%c\n",(a1,a2));
}
```

该程序的输出结果是________。

3. 编程题

(1) 编写程序,实现读入 3 个整数给 a、b、c,然后交换它们中的数,把 c 中原来的值给 a,把 a 中原来的值给 b,把 b 中原来的值给 c。

(2) 编写程序,读入 5 个 float 型的数据,求它们的平均值并保留小数点后一位。

(3) 编写程序,把 450 分钟换算成小时和秒,然后输出。

选择结构

选择结构是结构化程序设计的3种基本结构之一。其作用是，将根据逻辑判断的结果决定程序的不同流程。

在设计选择结构程序时，要考虑两方面的问题：一是在C语言中如何表示条件；二是在C语言中用什么语句实现选择结构。本章将详细介绍如何在C程序中实现选择结构。

5.1 if语句构成的选择结构

在前面的章节已经介绍了关系表达式和逻辑表达式，其运算结果都会得到一个逻辑值。逻辑值只有两个，即“真”和“假”。在C语言中，没有专门的“逻辑值”，而是用非零值表示“真”值，用零值表示“假”。

一般地，在C语言中常用关系表达式或逻辑表达式来表示条件，即表示逻辑判断；用if语句、switch语句来实现选择结构。首先介绍最常用的选择语句——if语句。

5.1.1 if语句

if语句是来判定是否满足所给定的条件，根据逻辑判断结果（“真”或“假”）决定执行给出的两种操作之一。

if语句的一般形式：

```
if(表达式)
{     语句组1;  }
[else
{     语句组2;  } ]
```

其中，方括号[]中的项为可选项。所以if语句常用的有两种形式。

1. 不含else子句的if语句

1) if语句形式

不含else子句的if语句也称为单分支选择语句，它的语句形式如下：

```
if(表达式)
{     语句组;  }
```

其中：

(1) if 是 C 语言的关键字,不能用作标识符。

(2) if 语句中的“表达式”必须用“(”和“)”括起来。表达式除常见的关系表达式或逻辑表达式外,也允许是其他类型的数据,如整型、实型、字符型等,只要表达式的值非零即为真。

(3) 当 if 语句下面的语句组仅由一条语句构成时,也可不使用复合语句形式(即去掉花括号)。

2) 单分支 if 语句的执行过程

首先计算逻辑判断的结果,即计算紧跟在 if 后面的一对圆括号中表达式的值是否为真,若为真(非零),则执行 if 语句中的语句组,然后再去执行 if 语句后的下一个语句;若表达式的值为假(零),则跳过 if 语句,直接执行 if 语句的下一个语句。单分支 if 语句的流程图如图 5-1 所示。

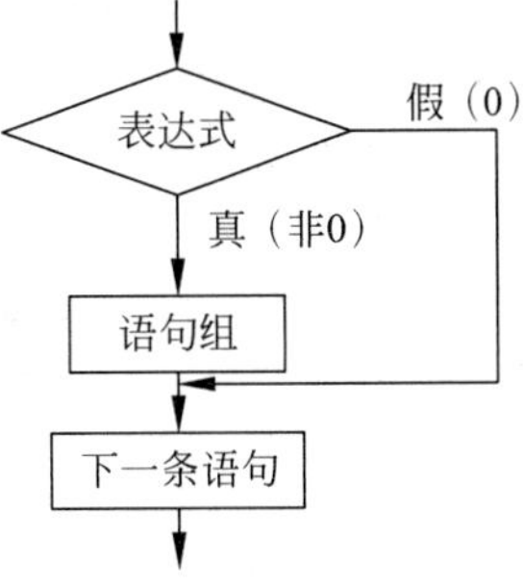

图 5-1 单分支 if 语句的执行过程

【例 5-1】 输入 3 个实数,按从小到大的顺序输出。

```
#include <stdio.h>
void main()
{
    float a,b,c,t;
    printf("请输入三个数: ");
    scanf("%f,%f,%f",&a,&b,&c);
    if(a>b)
    {
        t=a; a=b; b=t;
    }
    if(a>c)
    {
        t=a; a=c; c=t;
    }
    if(b>c)
    {
        t=b; b=c; c=t;
    }
    printf("三个数按从小到大的顺序排序后是: %.2f %.2f %.2f\n",a,b,c);
}
```

本题是一个应用 if 语句的简单程序,其执行过程如下:

(1) printf 语句在屏幕上显示了提示信息“请输入三个数:”,scanf 语句等待用户给变量 a、b 和 c 输入 3 个数据。

(2) 执行第 7 行第一个 if 语句。计算表达式 a>b 的值;如果成立,表达式的值为 1,则执行 if 语句的语句组“t=a; a=b;b=t;”,然后转到步骤(3);否则就跳过此输出语句继续执行步骤(3)。

(3) 执行第 9 行第二条 if 语句。计算表达式 a>c 的值;如果成立,表达式的值为 1,则执行 if 语句的语句组“t=a;a=c;c=t;”,然后转到步骤(4);否则就跳过此输出语句继续执行步骤(4)。

(4) 执行第 11 行第三条 if 语句。计算表达式 b>c 的值;如果成立,表达式的值为 1,

则执行 if 语句的语句组“t=b;b=c;c=t;”,然后转到步骤(5);否则就跳过此输出语句继续执行步骤(5)。

(5) 调用 printf 函数,按 3 个数从小到大的顺序输出结果,然后转到步骤(6)。

(6) 程序结束。

程序运行结果如图 5-2 所示。

```
请输入三个数: 34.5 -4.5 23
 三个数按从小到大的顺序排序后是: -4.50 23.00 34.50
Press any key to continue_
```

图 5-2　例 5-1 的执行结果

将例 5-1 改为根据要求输出 3 个数中的最大值或者最小值,程序应该怎么实现?

【例 5-2】 输入 3 个实数,根据要求输出最大值或最小值。

```
#include <stdio.h>
void main()
{
    float a,b,c,t;
    printf("请输入三个数: ");
    scanf("%f%f%f",&a,&b,&c);
    if(a>b)
    {
        t=a; a=b; b=t;
    }
    if(a>c)
    {
        t=a; a=c; c=t;
    }
    if(b>c)
    {
        t=b; b=c;c=t;
    }
    printf("三个数按从小到大的排序后是: %.2f %.2f %.2f\n",a,b,c);
    printf("请输入一个整数,程序根据其正负判断输出: \n");
    scanf("%d", &t);
    if(t >= 0)
    printf("最大数为: %.2f\n", c);
    if(t<0)
    printf("最小数为: %.2f\n", a);
}
```

程序运行结果如图 5-3 所示。

```
请输入三个数: -4.5 12 3
三个数按从小到大的排序后是: -4.50 3.00 12.00
请输入一个整数, 程序根据其正负判断输出:
1
最大数为: 12.00
Press any key to continue
```

(a) 例5-2输入正数的输出结果

```
请输入三个数: 12 -3 4.5
三个数按从小到大的排序后是: -3.00 4.50 12.00
请输入一个整数, 程序根据其正负判断输出:
-1
最小数为: -3.00
Press any key to continue
```

(b) 例5-2输入负数的输出结果

图 5-3　例 5-2 的执行结果

从例 5-2 可以看出，在确定输出最大值或者是最小值时，输入的数据只有两种可能：正数或负数。但是，用单分支 if 语句需要判断两次，而如果能有两个分支语句就能很好地解决这种问题。

2. 含 else 子句的 if 语句

1) if…else 语句形式

含 else 子句的 if 语句也称为双分支选择语句，它的语句形式如下：

```
if(表达式)
{    语句组 1;  }
else
{    语句组 2;  }
```

其中：

(1) if、else 都是 C 语言的关键字，不能用作标识符。

(2) “语句组 1”称为 if 子句，“语句组 2”称为 else 子句。若语句组仅由一条语句构成时，也可不使用复合语句形式(即去掉大括号)。“语句组 1”和“语句组 2”，可以只包含一个简单语句，也可以是复合语句。务必牢记：不管是简单语句，还是复合语句中的各个语句，每个语句后面的分号必不可少！

如将例 5-2 改为：

```
if(t>=0) printf("最大数为: %.2f\n", c);      //此处的分号不能省略
else printf("最小数为: %.2f\n", a);
```

(3) else 子句不是一条对立的语句，它是 if 语句的一部分，不允许单独出现。

例如：

```
else printf(" *** ");     //错误语句,else 必须与 if 配对使用,不能单独使用
```

2) if…else 语句执行过程

当 if 子句中的“表达式”的值不等于 0(即判定为“逻辑真”)时，则执行 if 子句中的语句组 1，然后跳过 else 子句，转向 if 语句后的下一条语句；否则，执行 else 子句中的语句组 2，接着去执行 if 语句后的下一条语句。流程图如图 5-4 所示。

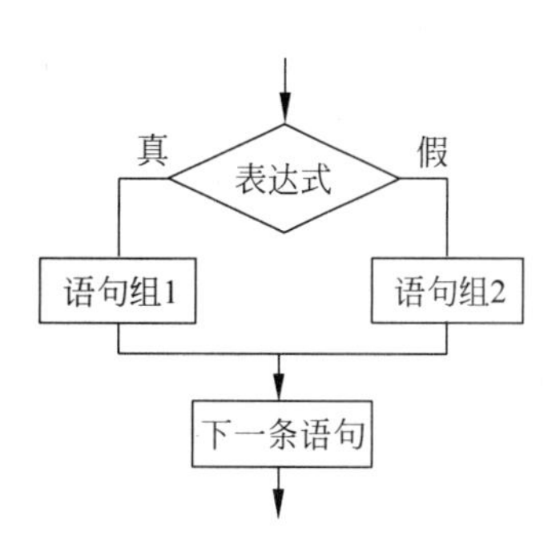

图 5-4　if…else 语句的执行过程

【例 5-3】　用 if…else 语句求三角形的面积。

```
#include <stdio.h>
#include <math.h>
void main()
{
    float a,b,c,area,s;
    printf("请输入三角形的三条边的长度: ");
    scanf("%f%f%f",&a,&b,&c);
    if(a+b>c&&b+c>a&&a+c>b)
    {
        s=0.5*(a+b+c);
```

```
        area = sqrt(s * (s - a) * (s - b) * (s - c));
        printf("这个三角形的面积是: %f\n",area);
    }
    else printf("这不是一个三角形,不能计算面积!\n");
}
```

当运行该程序时,其执行流程为:

(1) printf语句在屏幕上显示了提示信息“请输入三角形的三条边的长度:”之后,scanf语句等待用户给变量a、b和c输入数据。

(2) 执行if语句中的表达式,判断由变量a、b和c构成的三角形三边的关系。如果两边之和大于第三边,则执行if子句中的语句组,即计算三角形的面积,并输出计算结果,然后执行步骤(3);否则就跳过if子句,执行else子句中的语句组,即输出“这不是一个三角形,不能计算面积”,然后执行步骤(3)。

(3) 程序结束。

程序运行结果如图5-5所示。

(a) a、b、c不能构成三角形的执行结果

请输入三角形的三条边的长度: 2 3 4
这个三角形的面积是: 2.904738
Press any key to continue

(b) a、b、c能构成三角形的执行结果

图5-5 例5-3的执行结果

【例5-4】 将例5-2用if…else语句改写。原题是输入3个实数,根据要求输出最大值或最小值。

```
#include <stdio.h>
void main()
{
    float a,b,c,t;
    printf("请输入三个数: ");
    scanf("%f%f%f",&a,&b,&c);
    if(a > b)
    {
        t = a;a = b;b = t;
    }
    if(a > c)
    {
        t = a;a = c;c = t;
    }
    if(b > c)
    {
        t = b;b = c;c = t;
    }
    printf("三个数按从小到大的排序后是: %.2f %.2f %.2f\n",a,b,c);
    printf("请输入一个整数,程序根据其正负判断输出: \n");
    scanf("%d", &t);
    if(t >= 0)
    printf("最大数为: %.2f\n", c);
    else
```

```
    printf("最小数为: %.2f\n", a);
}
```

【例 5-5】 输入一个整数,判断它是奇数还是偶数。

```
#include <stdio.h>
void main()
{
    int x;
    printf("请输入一个整数: ");
    scanf("%d",&x);
    if(x%2==0)
        printf("%d是偶数\n",x);
    else
        printf("%d是奇数\n",x);
}
```

程序运行结果为如图 5-6 所示。

(a) 输入偶数的执行结果

```
请输入一个整数: 157
157是奇数
Press any key to continue
```

(b) 输入奇数的执行结果

图 5-6 例 5-5 的执行结果

【例 5-6】 输入一个数值,求出它的平方根,若为负数时,求出它的复数平方根。

```
#include <stdio.h>
#include <math.h>
void main( )
{
   int n;
   double root;
   printf("请输入数据:");
   scanf("%d",&n);
   if(n>=0)
   {
       root=sqrt(n);printf("sqrt(%d) = %.2f\n",n,root);   //sqrt为开根号函数
   }
   else
   {
       root=sqrt(abs(n));                                  //abs为求一个整数的绝对值函数
       printf("sqrt(%d) = %.2fi\n",n,root);
   }
}
```

程序运行结果如图 5-7 所示。

```
请输入数据:12
sqrt(12)=3.46
Press any key to continue
```

(a) 输入正数的输出结果

```
请输入数据:-12
sqrt(-12)=3.46i
Press any key to continue
```

(b) 输入负数的执行结果

图 5-7 例 5-6 的执行结果

在数学中经常会用到分段函数，如 $y=\begin{cases}x-12 & x<6\\3x-1 & 6\leqslant x<15\\5x+9 & x\geqslant 15\end{cases}$ 但要是用程序怎么实现分段函数的计算呢？使用已经学过的 if…else 语句完成会需要进行多次判断，而如果能有多个分支语句就能很好的解决这种问题。

5.1.2 嵌套的 if 语句

if 和 else 子句中可以是任意合法的 C 语句，因此当然也可以是 if 语句，通常称为嵌套的 if 语句。内嵌的 if 语句可以嵌套在 if 子句中，也可以嵌套在 else 子句中。

1. 在 if 语句中嵌套

(1) 嵌套具有 else 子句的 if 语句。

语句的一般形式如下：

```
if(表达式 1)
    if(表达式 2){
        语句组 1 }
    else{
        语句组 2 }
else{
    语句组 3}
```

执行过程：当表达式 1 的值为真时，执行内嵌的 if…else 语句；当表达式 1 的值为 0 时，执行语句组 3。

【例 5-7】 编写程序，完成求分段函数 $y=\begin{cases}x-12 & x<6\\3x-1 & 6\leqslant x<15\\5x+9 & x\geqslant 15\end{cases}$ 的值，使用 if 语句嵌套 else 子句实现。

```
#include <stdio.h>
void main()
{
    int x, y;
    printf("请输入自变量 x: ");
    scanf("%d", &x);
    if(x < 15)
    {
        if(x<6)
        {
            y = x - 12;
            printf("x = %d, y = %d\n", x, y);
        }
        else
        {
            y = 3*x - 1;
            printf("x = %d, y = %d\n", x, y);
        }
```

```
    }
    else
    {
        y = 5*x + 9;
        printf("x = %d, y = %d\n", x, y);
    }
}
```

程序运行结果如图 5-8 所示。

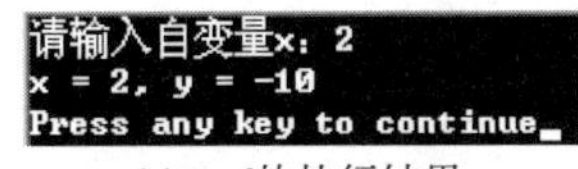

(a) x<6的执行结果

```
请输入自变量x: 6
x = 6, y = 17
Press any key to continue
```

(b) 6≤x<15的执行结果

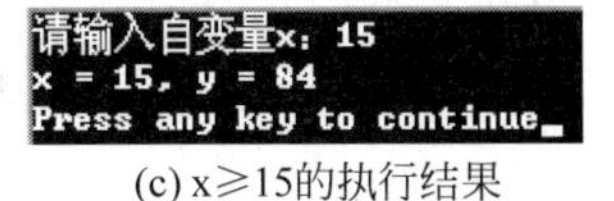

(c) x≥15的执行结果

图 5-8 例 5-7 的执行结果

(2) 嵌套不含 else 子句的 if 语句。

语句形式如下：

```
if(表达式 1)
{     if(表达式 2)
      {  语句组 1  }
}
else {  语句组 2  }
```

注意：在 if 子句中的一对大括号是不可缺少的。因为 C 语言的语法规定：else 子句总是与前面最近的不带 else 的 if 相结合，与书写格式无关。因此以上语句如果写成：

```
if(表达式 1)
    if(表达式 2){ 语句组 1 }
else{ 语句组 2 }
```

实质上等价于

```
if(表达式 1)
    if(表达式 2){ 语句组 1 }
    else{ 语句组 2 }
```

当用大括号把内层 if 语句括起来后，使得此内层 if 语句在语法上成为一条独立的语句，从而使得 else 与外层的 if 配对。

2. 在 else 子句中嵌套 if 语句

(1) 嵌套 if 语句带有 else 子句。

语句形式如下：

```
if(表达式 1)
{ 语句组 1 }
else
{ if(表达式 2){ 语句组 2 }
 else{ 语句组 3 }
    }
```

或写成

```
if(表达式 1){语句组 1}
else if(表达式 2) { 语句组 2}
     else{ 语句组 3 }
```

(2) 嵌套 if 语句不带 else。

语句形式如下：

```
if(表达式 1){ 语句组 1 }
else{ if(表达式 2){ 语句组 2 } }
```

或写成

```
if(表达式 1){ 语句组 1 }
else if(表达式 2){ 语句组 2 }
```

注意：由以上两种语句形式可以看到，内嵌 else 子句中的 if 语句无论是否有 else 子句，在语法上都不会引起误会，因此建议读者在设计嵌套的 if 语句时，尽量把内嵌的 if 语句嵌在 else 子句中。

C 语言程序比较自由的书写格式，但是过于"自由"的程序书写格式，往往可读性不高。为了提高程序的可读性，一般程序在书写时都采用按层缩进的方式，一般每层缩进 4 个字符。本书例程都采用都是这种方式。

(3) 不断在 else 子句中嵌套 if 语句可形成多层嵌套。

语句形式如下：

```
if(表达式 1)
    语句组 1
    else
    if(表达式 2)
        语句组 2
    else
        if(表达式 3)
            语句组 3
        else
            if(表达式 4)
                语句组 4
            else
                …
                    if(表达式 n)
                        语句组 n
                    else
                        语句组 n + 1
```

这是形成了阶梯形的嵌套 if 语句，此语句可用以下语句形式表示，使得读起来层次分明又不占太多的篇幅。

```
if(表达式 1)
    语句组 1
else if(表达式 2)
```

```
    语句组 2
else if(表达式 3)
    语句组 3
else if(表达式 4)
    语句组 4
    …
else if(表达式 n)
    语句组 n
else
    语句组 n+1
```

以上形式的嵌套 if 语句执行过程：从上向下逐一对 if 后的表达式进行检测。当某一个表达式的值为真时，就执行与此有关子句中的语句，阶梯形中的其他部分就不执行。如果所有表达式的值都为 0，则执行最后的 else 子句；此时，如果程序中最内层的 if 语句没有 else 子句，既没有最后的那个 else 子句，那么就不进行任何操作。流程图如图 5-9 所示。

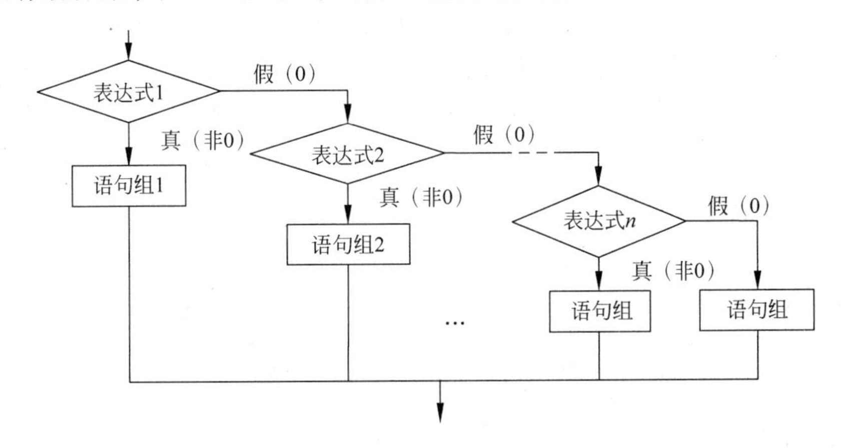

图 5-9 嵌套 if…else 语句

注意：

(1) 当 if 语句中出现多个 if 与 else 时，要特别注意它们之间的匹配关系，否则就可能导致程序逻辑错误。else 与 if 的匹配原则是“就近一致原则”，即 else 总是与在它上面、距它最近且尚未匹配的 if 配对。为明确匹配关系，避免匹配错误，强烈建议：将内嵌的 if 语句一律用大括号括起来。

(2) if 语句允许嵌套，但嵌套的层数不宜太多。在实际编程时，应适当控制嵌套层数，一般二三层为宜，太多的层数，可读性会变差，匹配关系也容易出错。

(3) if 语句中表达式的写法应尽量简单。

【例 5-8】 将例 5-7 改为使用在 else 中嵌套 if 语句的 if 语句来实现分段函数的求值。

```
#include <stdio.h>
void main()
{
    int x, y;
    printf("请输入自变量 x: ");
    scanf("%d", &x);
    if(x < 6)
```

```
    {
        y = x - 12;
        printf("x =  %d, y =  %d\n", x, y);
    }
    else if(x < 15)
    {
        y = 3 * x - 1;
        printf("x =  %d, y =  %d\n", x, y);
    }
    else
    {
        y = 5 * x + 9;
        printf("x =  %d, y = %d\n", x, y);
    }
}
```

【例 5-9】 编写程序,计算成人输血量。即根据输血人的性别和体重,计算输血人应该输入鲜血的数量。输血者为男性,体重大于等于 120 斤,输血量为 200ml,体重小于 120 斤,输血量为 180ml; 若输血者为女性,体重小于 100 斤,输血量为 120ml,否则输血量在 150ml。

```
#include <stdio.h>
void main()
{
    /* sex代表输血者的性别,weight代表输血者的体重,cubage代表输血量 */
    int sex, weight, cubage;
    printf("请给出输血者的性别和体重(1表示男性,-1为女性): ");
    scanf("%d%d", &sex, &weight);
    if(sex >= 0)
    {
        if(weight >= 120)
        {
            cubage = 200;
            printf("此人应该输血: %d毫升\n", cubage);
        }
        else
        {
            cubage = 180;
            printf("此人应该输血: %d毫升\n", cubage);
        }
    }
    else
    {
        if(weight >= 100)
        {
            cubage = 150;
            printf("此人应该输血: %d毫升\n", cubage);
        }
        else
        {
```

```
            cubage = 120;
            printf("此人应该输血: %d毫升\n", cubage);
        }
    }
}
```

程序运行结果如图 5-10 所示。

```
请给出输血者的性别和体重<1表示男性, -1为女性>: -1 120
此人应该输血: 150毫升
Press any key to continue
```

(a) 输入男性时的结果

```
请给出输血者的性别和体重<1表示男性, -1为女性>: 1 120
此人应该输血: 200毫升
Press any key to continue
```

(b) 输入女性时的结果

图 5-10 例 5-9 的执行结果

【例 5-10】 编写程序,其功能为根据个人工资计算应缴个人所得税的数目。

征缴个人所得税的计算方法为:

应纳税额=(工资薪金所得 -五险一金-扣除数)×适用税率-速算扣除数

根据我国 2012 年现在实行的 7 级超额累进个人所得税税率表(如表 5-1 所示),个税起征点是 3500 元。

表 5-1 个人所得税 7 级超额累进税率表

级数	全月应纳税所得额(含税级距)	税率(%)	速算扣除数
1	不超过 1500 元	3	0
2	超过 1500 元～4500 元的部分	10	105
3	超过 4500 元～9000 元的部分	20	555
4	超过 9000 元～35 000 元的部分	25	1005
5	超过 35 000 元～55 000 元的部分	30	2755
6	超过 55 000 元～80 000 元的部分	35	5505
7	超过 80 000 元的部分	45	13 505

```
#include <stdio.h>
void main()
{
    float sum = 0,m,t = 0;
    printf("请输入你税前月收入: ");
    scanf("%f",&m);
    t = m - 3500;
    if(t > 0 && t <= 1500)
    {
        sum = t * 0.03;
        printf("应缴税为: %.2f,税后月收入为: %.2f\n",sum,m - sum);
    }
    else if(t > 1500 &&t <= 4500)
```

```
    {
        sum = t * 0.1 - 105;
        printf("应缴税为: %.2f,税后月收入为: %.2f\n",sum,m - sum);
    }
    else if(t > 4500 && t <= 9000)
    {
        sum = t * 0.2 - 555;
        printf("应缴税为: %.2f,税后月收入为: %.2f\n",sum,m - sum);
    }
    else if(t > 9000 && t <= 35000)
    {
        sum = t * 0.25 - 1005;
        printf("应缴税为: %.2f,税后月收入为: %.2f\n",sum,m - sum);
    }
    else if(t > 35000 && t <= 55000)
    {
        sum = t * 0.3 - 2775;
        printf("应缴税为: %.2f,税后月收入为: %.2f\n",sum,m - sum);
    }
    else if(t > 55000 && t <= 80000)
    {
        sum = t * 0.35 - 5505;
        printf("应缴税为: %.2f,税后月收入为: %.2f\n",sum,m - sum);
    }
    else if(t > 80000)
    {
        sum = t * 0.45 - 13505;
        printf("应缴税为: %.2f,税后月收入为: %.2f\n",sum,m - sum);
    }
    else
        printf("你的工资不需要缴个人所得税!\n");
}
```

程序运行结果如图 5-11 所示。

(a)不超过起征点的结果

```
请输入你税前月收入: 5907
应缴税为: 135.70, 税后月收入为: 5771.30
Press any key to continue
```

(b)超过起征点的结果

图 5-11 例 5-10 的执行结果

该程序的执行过程为：首先输入工资并把该数值赋给变量 m，然后求出该工资和个税起征点之差并把该值赋给变量 t，进入 if 语句并根据表达式计算出应缴等级，若能使某 if 子句后的表达式值为 1，则执行与其相应的子句，之后便退出整个 if 结构。

例如，若输入的工资为 3677.6 元，首先把该值赋值给变量 m，然后把 3677.6－3500 的值 177.6 赋给变量 t，当从上向下逐一检测时，t>0 && t<=1500 这一表达式的值为 1，因此先计算变量 sum 的值，然后再输出“应缴税为：XX，税后月收入为：YY”，其中 XX 是变量 sum 的值，YY 是 m－sum 的值，然后退出整个 if 语句，程序结束。

如果输入的工资为 1952 元，首先把该值赋值给变量 m，然后把 1952－3500 的值－1548

赋给变量 t，当从上向下逐一检测时，所有 if 子句中的表达式的值都为 0，因此执行最后的 else 子句，即输出“你的工资不需要缴个人所得税!”后，程序结束。

5.2 switch 语句和 break 语句构成的选择结构

if 语句允许嵌套，但嵌套的层数不宜太多。在实际编程时，应适当控制嵌套层数，一般 2～3 层为宜。在例 5-9 和例 5-10 中，程序用嵌套 if-else 语句实现了多分支选择结构，这样的程序结构易读性差，又不易跟踪。为此 C 语言为某些多分支情况（并非所有多分支情况）提供了开关语句，即 switch 语句。

5.2.1 switch 语句

1. switch 语句格式

switch 语句的一般格式：

```
switch(表达式)
{
    case  常量表达式 1: 语句组 1;
    case  常量表达式 2: 语句组 2;
              ⋮
    case  常量表达式 n: 语句组 n;
    [default:           语句组 n+1; ]
}
```

注意：

(1) switch 是关键字，switch 语句后面用“{ }”括起来的部分称为 switch 语句体。

(2) switch 后一对括号中的“表达式”可以是整型表达式、字符型或枚举型表达式。switch 后面的小括号不能省略。

(3) case 也是关键字，case 后的常量表达式的类型必须与 switch 后的表达式类型相同。case 后面的常量表达式仅起语句标号作用，并不进行条件判断。各 case 语句标号的值应该互不相同。

(4) default 也是关键字，起标号作用。default 代表 case 语句标号之外的标号，default 标号可以呈现在语句体中任何标号位置上。在 switch 语句体中也可以没有 default 标号。

(5) case 语句标号后的语句可以是一条语句，也可以是若干语句。必要时，case 语句标号后的语句可以省略不写。

(6) 在关键字 case 和常量表达式之间一定要加空格。例如，“case 10:”不能写成 case10。

(7) 各 case 及 default 子句的先后次序，不影响程序执行结果。

(8) 由于 switch 语句中的“case 常量表达式”部分只起标号的作用，而不进行条件判断。所以，在执行完某个 case 后的语句后，将自动转到该语句后面的语句去执行，直到遇到 switch 语句的右花括号或 break 语句为此，而不再进行条件判断。

2. switch语句的执行过程

首先计算switch后面"表达式"的值，然后与某个case后面的"常量表达式"的值相同时，就执行该case后面的语句组，包括其后的所有case与default中的语句组，直到整个switch语句体结束。如有break语句则立刻跳出switch语句。

如果没有任何一个case后面的"常量表达式"的值与"表达式"的值匹配，则执行default后面的语句组，直到整个switch语句体结束。若没有default标号，则跳过switch语句体，直接执行switch语句的下一条。switch语句的流程如图5-12所示。

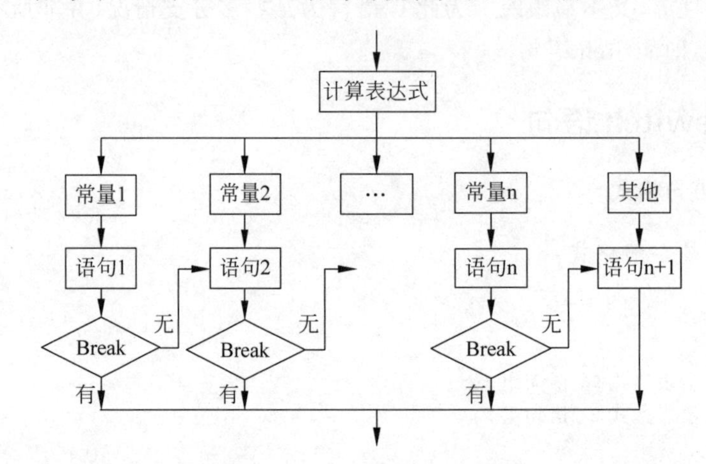

图5-12　switch语句执行流程

【例5-11】 编写程序，假设用0～6分别表示星期日～星期六。现输入一个数字，输出对应的星期几的英文单词。例如，输入3，则输出Wednesday。

```
#include "stdio.h"
void main()
{
    int n;
    printf("请输入要0～6的数字：");
    scanf("%d",&n);
    switch(n)
    {
        case 0: printf("Sunday\n");
        case 1: printf("Monday\n");
        case 2: printf("Tuesday\n");
        case 3: printf("Wednesday\n");
        case 4: printf("Thursday\n");
        case 5: printf("Friday\n");
        case 6: printf("Saturday\n");
        default: printf("Error\n");
    }
}
```

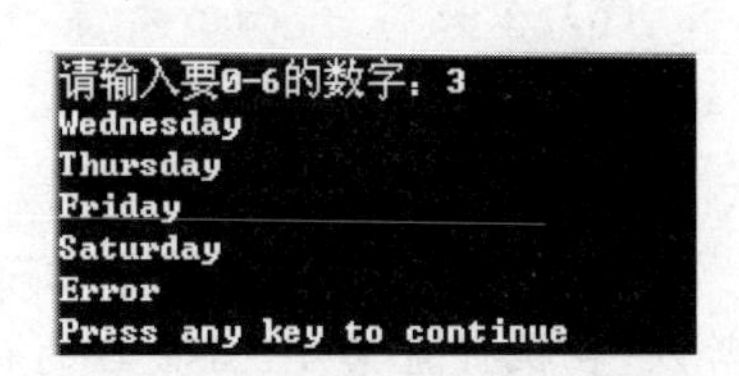

图5-13　例5-11执行结果

程序运行结果如图5-13所示。

当运行以上程序时，输入数字 3，程序应输出与之对应的英文单词 Wednesday，而实际上同时又输出了 Thursday、Friday、Saturday 和 Error 与 Wednesday 分毫不相关的内容，这显然不符合题意。为了改变这种多余输出的情况，switch 语句常常需要与 break 语句配合使用。

5.2.2　在 switch 语句中使用 break 语句

break 语句也称间断语句。可以在 case 之后的语句最后加上 break 语句，每当执行到 break 语句时，立即跳出 switch 语句。switch 语句通常总是和 break 语句联合使用，使得 switch 语句真正起到分支的作用。

break 语句的格式：

```
break;
```

功能：跳出 switch 语句，执行 switch 后序语句。

【例 5-12】　现用 break 语句修改例 5-11 的程序。

```
#include <stdio.h>
void main()
{
    int n;
    printf("请输入要 0 - 6 的数字: ");
    scanf("%d",&n);
    switch(n)
    {
        case 0: printf("Sunday\n");break;
        case 1: printf("Monday\n");break;
        case 2: printf("Tuesday\n");break;
        case 3: printf("Wednesday\n");break;
        case 4: printf("Thursday\n");break;
        case 5: printf("Friday\n");break;
        case 6: printf("Saturday\n");break;
        default: printf("Error\n");
    }
}
```

```
请输入要0-6的数字: 3
Wednesday
Press any key to continue
```

图 5-14　例 5-12 结果

程序运行结果如图 5-14 所示。

注意：

(1) switch 后表达式的类型一般为整型、字符型或枚举型。如例 5-12 中，如果表达式写成 score/10 就不正确，这是因为表达式的值为浮点型。

例如：

```
float score;
scanf("%f",&score);
switch(score/10)
{
```

```
    case 10.0:
    case 9.0:
        ⋮
}
```

这里 score/10 是错误的，因其结果是 float 类型。

(2) 多个 case 可以共用一组执行语句。

(3) 当 case 后包含多条执行语句时，可以不用大括号括起来，系统会自动识别并顺序执行所有语句。

(4) case 及 default 子句的先后次序不影响程序执行结果，但是把 default 放在最后是一种良好的程序设计习惯。

因为，switch 后表达式的类型一般为整型、字符型或枚举型，故一般判断条件为关系表达式或逻辑表达式时不使用 switch 语句实现。这是由于 switch 语句只能进行相等性检查，即只检查 switch 中的表达式是否与各个 case 中的常量表达式相等；if…else 语句不但可进行相等性检查，还可以使用关系表达式或逻辑表达式进行不相等性比较。因此，用 if…else 语句可以代替 switch，而 switch 只能代替简单的 if…else，而不能完全替代 if…else。

5.3 语句标号和 goto 语句

5.3.1 语句标号

在 C 语言中，语句标号不必特殊加以定义，标号可以是任意合法的标识符，当在标识符后面加一个冒号，如“stop1:”、“loop1:”，该标识符就成了一个语句标号。注意，在 C 语言中，语句标号必须是标识符，因此不能简单地使用“6:”、“7:”等形式。标号可以和变量同名。

通常，标号用作 goto 语句的转向目标。

例如：

```
goto stop1;
```

在 C 语言中，可以在任何语句前加上语句标号。

例如：

```
stop1: printf("END\n");
```

5.3.2 goto 语句

goto 语句称为无条件转向语句，goto 语句的一般形式如下：

```
goto 语句标号;
```

goto 语句的作用是把程序的执行转向语句标号所在的位置。这个语句标号必须与 goto 语句同在一个函数内。滥用 goto 语句将使程序的流程毫无规则，可读性变差，对于初学者来说应尽量不用。

习题 5

1. 选择题

(1) 若变量已正确定义,有以下程序段

```
int a = 3,b = 5,c = 7;
if(a > b)a = b;c = a;
if(c! = a)c = b;
printf(" % d, % d, % d\n",a,b,c);
```

其输出结果是(　　)。

A. 程序段有语法错　　B. 3,5,3　　C. 3,5,5　　D. 3,5,7

(2) 有以下程序段

```
int a, b, c;
a = 10; b = 50; c = 30;
if (a > b) a = b; b = c; c = a;
printf("a = % d b = % d c = % d\n", a, b, c);
```

程序的输出结果是(　　)。

A. a=10 b=50 c=10　　B. a=10 b=50 c=30

C. a=10 b=30 c=10　　D. a=50 b=30 c=50

(3) 有以下程序

```
#include < stdio.h >
main()
{
    int x = 1, y = 2, z = 3;
    if(x > y)
    if(y < z) printf(" % d", ++z);
    else printf(" % d", ++y);
    printf(" % d\n", x++);
}
```

程序的运行结果是(　　)。

A. 331　　B. 41　　C. 2　　D. 1

(4) 以下是 if 语句的基本形式：if(表达式) 语句,其中"表达式"(　　)。

A. 必须是逻辑表达式　　B. 必须是关系表达式

C. 必须是逻辑表达式或关系表达式　　D. 可以是任意合法的表达式

(5) if 语句的基本形式是 if(表达式)语句,以下关于"表达式"值的叙述中正确的是(　　)。

A. 必须是逻辑值　　B. 必须是整数值

C. 必须是正数　　D. 可以是任意合法的数值

(6) 有以下程序

```
#include < stdio.h >
```

```
main()
{
    int x;
    scanf("%d",&x);
    if(x<=3); else
    if(x!=10) printf("%d\n",x);
}
```

程序运行时,输入的值在哪个范围才会有输出结果(　　)。

A. 不等于 10 的整数　　B. 大于 3 且不等于 10 的整数

C. 大于 3 或等于 10 的整数　　D. 小于 3 的整数

(7) 有以下程序

```
#include<stdio.h>
main()
{
    int a=1,b=2,c=3,d=0;
    if(a==1 && b++==2)
    if(b!=2 || c--!=3)
        printf("%d, %d, %d\n",a,b,c);
    else printf("%d, %d, %d\n",a,b,c);
    else printf("%d, %d, %d\n",a,b,c);
}
```

程序运行后的输出结果是(　　)。

A. 1,2,3　　B. 1,3,2　　C. 1,3,3　　D. 3,2,1

(8) 以下程序中,与语句: k=a>b? (b>c? 1:0):0;功能相同的是(　　)。

A. if((a>b)&&(b>c)) k=1;
　else k=0;

B. if((a>b)||(b>c) k=1;
　else k=0;

C. if(a<=b) k=0;
　else if(b<=c) k=1;

D. if(a>b) k=1;
　else if(b>c) k=1;
　else k=0;

(9) 有以下程序

```
#include
main()
{
    int a=1,b=0;
    if(!a) b++;
    else if(a==0)
    if(a) b+=2;
    else b+=3;
        printf("%d\n",b);
}
```

程序运行后的输出结果是(　　)。

A. 0　　B. 1　　C. 2　　D. 3

(10) 以下选项中与“if(a==1)　a=b;else a++;”语句功能不同的 switch 语句是(　　)。

A. switch(a)
{case 1: a=b;break;
default;a++;
}

B. switch(a==1)
{case 0: a=b;break;
case 1: a++;
}

C. switch(a)
{default : a++;break;
case 1:a==b;
}

D. switch(a==1)
{case 1: a=b;break;
case 0: a++;
}

(11) 有如下嵌套的 if 语句

```
if(a<b)
        if(a<c) k=a;
        else k=c;
    else
        if(b<c) k=b;
        else k=c;
```

以下选项中与上述 if 语句等价的语句是(　　)。

A. k=(a<b)?a:b;k=(b<c)?b:c;

B. k=(a<b)?((b<c)?a:b):((b>c)?b:c);

C. k=(a<b)?((a<c)?a:c):((b<c)?b:c);

D. k=(a<b)?a:b;k=(a<c)?a:c;

(12) 有以下程序

```
#include <stdio.h>
main()
{
    int x=1,y=0,a=0,b=0;
    switch(x)
    {
        case 1:
        switch(y)
        {
            case 0: a++;break;
            case 1: b++;break;
        }
        case 2: a++;b++;break;
        case 3: a++;b++;
    }
    printf("a=%d,b=%d\n",a,b);
}
```

程序的运行结果是(　　)。

A. a=1, b=0

B. a=2, b=2

C. a=1, b=1

D. a=2, b=1

(13) 有以下程序

```
#include <stdio.h>
main()
{
    int a = 1,b = 0;
    if(!a) b++;
    else if(a == 0) if(a) b += 2;
    else b += 3;
    printf(" %d\n",b);
}
```

程序运行后的输出结果是(　　)。

A. 0　　B. 1　　C. 2　　D. 3

(14) 若有定义语句 int a,b;double x;则下列选项中没有错误的是(　　)。

A.
```
switch (x%2)
{
    case 0: a++;break;
    case 1: b++; break;
    default : a++;b++;
}
```

B.
```
switch ((int)x/2.0)
{
    case 0: a++;break;
    case 1: b++; break;
    default : a++;b++;
}
```

C.
```
switch((int)x%2 )
{
    case 0: a++;break;
    case 1: b++; break;
    default : a++;b++;
}
```

D.
```
switch ((int)(x)%2)
{
    case 0.0: a++;break;
    case 1.0: b++; break;
    default : a++;b++;
}
```

(15) 有以下程序

```
#include< stdio.h>
main( )
{
    int a = 1,b = 0;
    if( --a) b++;
    else if(a == 0) b += 2;
    else b += 3;
    printf(" %d\n",b);
}
```

程序运行后的输出结果是(　　)。

A. 0　　B. 1　　C. 2　　D. 3

(16) 下列条件语句中,输出结果与其他语句不同的是(　　)。

A. if(a) printf("%d\n",x);　　else printf("%d\n",y);

B. if(a==0) printf("%d\n",y);　　else printf("%d\n",x);

C. if(a!=0) printf("%d\n",x)　　else printf("%d\n",y);

D. if(a==0) printf("%d\n",x)　else printf("%d\n",y);

(17) 有以下程序

```
#include <stdio.h>
main()
{
    int a;
    scanf("%d",&a);
    if(a++<9) printf("%d\n",a);
    else printf("%d\n",a--);
}
```

程序运行时从键盘输入 9↙,则输出结果是(　　)。

A. 10　　B. 11　　C. 9　　D. 8

(18) 若以下选项中的变量全部为整型变量,且已正确定义并赋值,则语法正确的 switch 语句是(　　)。

A.
```
switch(a+9)
{
    case c1:y=a-b;
    case c2:y=a+b;
}
```

B.
```
switch a*b
{
    case 10:x=a+b;
    default :y=a-b;
}
```

C.
```
switch(a+b)
{
    case1:case3:y=a+b;break
    case0:case4:y=a-b;
}
```

D.
```
switch(a*a+b*b)
{
    default:break;
    case 3: y=a+b;break;
    case 2: y=a-b;break;
}
```

(19) 在执行以下程序时,为了使输出结果为 t=2,给 a 和 b 输入的值应该满足的条件是(　　)。

A. $a>b$　　B. $a<b<0$　　C. $0<a<b$　　D. $0>a>b$

```
#include <stdio.h>
main()
{
    int s,t,a,b;
    scanf("%d%d",&a,&b);
    s=1;t=1;
    if(a>0) s=s+1;
    if(a>b) t=s+t;
    else if(a==b) t=5;
        else t=t*s;
    printf("%t=%d",t);
}
```

(20) 以下叙述中正确的是(　　)。

A. break 语句只能用于 switch 语句

B. 在 switch 语句中必须使用 default

C. break 语句必须与 switch 语句中的 case 匹配使用

D. 在 switch 语句中，不一定使用 break 语句

(21) 若变量已正确定义，以下语句段的输出结果是(　　)。

A. ** B. ## C. #* D. *#

```
int x = 0,y = 2,z = 3;
switch(x)
{ case  0 : switch(y == 2)
            { case  1 : printf(" * ");break;
              case  2 : printf(" # ");break;
            }
    case  1 : switch(z)
            { case  1 : printf(" $ ");
              case  2 : printf(" * ");break;
              default : printf(" # ");
            }
}
```

(22) 下面的程序片段所表示的数学函数关系是(　　)。

```
y = -1;
if(x! = 0) y = 1;
    if(x > 0) y = 1;
else y = 0;
```

A. $y=\begin{cases}-1 & (x<0)\\ 0 & (x=0)\\ 1 & (x>0)\end{cases}$　　B. $y=\begin{cases}1 & (x<0)\\ -1 & (x=0)\\ 0 & (x>0)\end{cases}$

C. $y=\begin{cases}0 & (x<0)\\ 0 & (x=0)\\ 1 & (x>0)\end{cases}$　　D. $y=\begin{cases}-1 & (x<0)\\ 1 & (x=0)\\ 0 & (x>0)\end{cases}$

2. 填空题

(1) 在 C 语言中，当表达式值为 0 是表示逻辑“假”，当表达式值为________时表示逻辑“真”。

(2) 有以下程序

```
#include <stdio.h>
main()
{
    int x;
    scanf(" %d",&x);
    if(x > 15)  printf(" %d",x - 5);
        if(x > 10)  printf(" %d",x);
        if(x > 5)  printf(" %d\n",x + 5);
        }
```

若程序运行时从键盘输入 12 ↙，则输出结果为________。

(3) 以下程序运行后的输出结果是________。

```
#include <stdio.h>
main()
{
    int x = 10, y = 20, t = 0;
    if(x == y) t = x; x = y; y = t;
    printf("%d %d\n",x,y);
}
```

(4) 有以下程序

```
#include<stdio.h>
main()
{
    int a = 1,b = 2,c = 3,d = 0;
    if(a == 1)
        if(b! = 2)
            if(c == 3)  d = 1;
            else    d = 2;
            else if(c! = 3) d = 3;
                else  d = 4;
    else          d = 6;
    printf("%d\n",d);
}
```

程序运行后的输出结果________。

(5) 以下程序的功能是：将值为三位正整数的变量 x 中的数值按照个位、十位、百位的顺序拆分并输出，请填空。

```
#include<stdio.h>
main()
{
    int  x = 256;
    print("%d,%d,%d\n",________,x/10%10,x/100);
}
```

(6) 输入某年某月某日，判断这一天是这一年的第几天。请填空。

```
#include<stdio.h>
main()
{
    int day,month,year,sum,leap;
    printf("\nplease input year,month,day\n");
    scanf("%d,%d,%d",________);
    switch(month)                   /*先计算某月以前月份的总天数*/
    {
        case 1:________;
        case 2:sum = 31;break;
        case 3:sum = 59;break;
```

```
        case 4:sum = 90;break;
        case 5:sum = 120;break;
        case 6:sum = 151;break;
        case 7:sum = 181;break;
        case 8:sum = 212;break;
        case 9:sum = 243;break;
        case 10:sum = 273;break;
        case 11:sum = 304;break;
        case 12:sum = 334;break;
        default:printf("data error");break;
    }
    sum = sum + day;                         /* 再加上该月某天的天数 */
    if(year % 400 == 0||(________))          /* 判断是不是闰年 */
      leap = 1;
    else
      leap = 0;
    if(________)                /* 如果是闰年且月份大于 2,总天数应该加一天 */
    ________;
    printf("It is the %dth day.",sum);
    }
```

(7) 利用条件运算符的嵌套来完成此题：学习成绩≥90 分的同学用 A 表示，60～89 分之间的用 B 表示，60 分以下的用 C 表示，请填空。

```
#include <stdio.h>
main()
{
    int score;
    char grade;
    printf("please input a score\n");
    scanf("%d",&score);
    grade = ________?________:(________?________:________);
    printf("%d belongs to %c",score,grade);
}
```

(8) 给定一个 5 位数，判断它是不是回文数（如果一个数正序读和倒序读的结果一样，我们把它叫做回文数，如 12321、123321，而 12345 则不是回文数）。如果一个 5 位数是回文数，则其个位与万位相同，十位与千位相同。请填空。

```
#include <stdio.h>
main( )
{
    long ge,shi,qian,wan,x;
    scanf("%ld",&x);
    wan = x/10000;
    qian = ________;
    shi = ________;
    ge = x % 10;
    if (ge == wan&&shi == qian)  /* 个位等于万位并且十位等于千位 */
      printf("this number is a huiwen\n");
    else
```

```
        printf("this number is not a huiwen\n");
}
```

3. 编程题

(1) 编写程序,输入月份后,确定该月的天数。

(2) 有一函数:

$$y=\begin{cases} x+11 & -5<x<0 \\ x & x=0 \\ 5x-3 & 0<x<10 \end{cases}$$

① if…else 语句 ② switch 语句

(3) 编写程序,判断输入的整数能否被 3 或 7 整除。

(4) 请输入星期几的第一个字母来判断一下是星期几,如果第一个字母一样,则继续判断第二个字母。

(5) 编写程序,求一元二次方程 $ax^2+bx+c=0$ 的解。

第6章 循环结构

在实际生活中有很多问题需要进行重复操作，如录入学生成绩、重复处理键盘输入的数据、数学公式的迭代计算等。在程序设计中为了完成这些重复执行的操作，应该采用循环结构。利用循环结构处理各类重复操作既简单又方便，循环结构又称重复结构。

循环是一种对同一程序段有规律的重复，被重复执行的部分叫循环体。循环的执行要满足一定的条件(循环条件)，循环的终止要达到一定的条件(终止条件)。在程序设计中要注意循环不能永远运行，必须能退出循环。循环结构的特点是：循环体执行与否及其执行次数必须视其类型与条件而定，且必须能在适当的时机退出循环。在C语言中有3种可以构成循环的循环语句，本章将一一进行介绍。

6.1 while语句

6.1.1 while循环的一般形式

C语言提供了while、do…while、for三种语句实现循环，其中while循环是“当型”循环，先判断循环条件，再根据条件决定是否执行循环体，执行循环体的最少次数为0次。

while循环的一般形式如下：

```
while(表达式)
    {  循环体语句;  }
```

例如：

```
while(i>0) {  sum = sum + i;i-- ;}
```

注意：

(1) while是C语言的关键字。

(2) while后的表达式又称循环继续条件表达式，可以是任意合法的表达式，由它来控制是否执行循环。

(3) while (表达式)后面没有分号，表达式在判断前，必须要有明确的值。

(4) 若循环体语句多于一句语句时，用一对{ }括起。若为一条语句，可省略一对{ }。

(5) while语句常用于循环次数不固定的循环，根据是否满足某个条件决定循环与否的情况。

(6) 进入 while 循环后，一定要有能使此表达式的值变为 0 的操作；否则，循环将会无限制的进行下去。

6.1.2　while 循环语句的执行过程

while 循环的执行过程如下：

(1) 求解 while 的“循环继续条件”表达式。如果其值为真即非 0 时，转步骤(2)；当值为假即 0 时转步骤(4)。

(2) 执行循环体语句组。

(3) 转去执行步骤(1)。

(4) 退出 while 循环。

其特点是：先判断表达式，后执行语句。执行过程如图 6-1 所示。

即当表达式的值为真时，执行循环体语句，然后返回再计算表达式的值，如此反复，直到当表达式的值为假时，循环结束，执行后续语句。由以上叙述可知，while 后一对小括号中表达式的值决定了循环体是否执行，因此，进入 while 循环体后，一定要有能使此表达式的值变为 0 的操作；否则，循环将会无限制地进行下去。

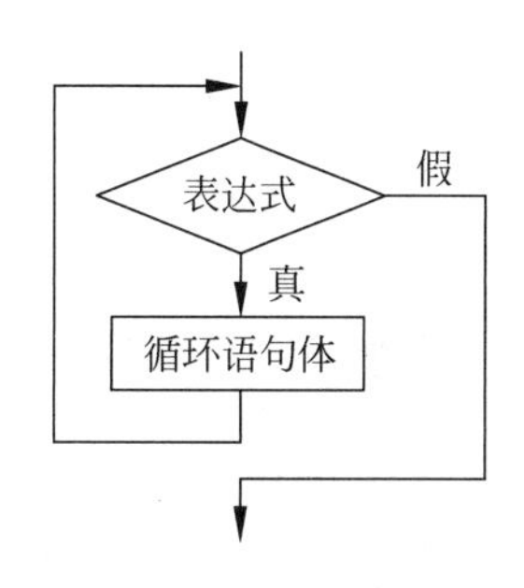

图 6-1　while 循环流程图

注意：不要把由 if 语句构成的选择结构与由 while 语句构成的循环结构混淆。if 语句后条件表达式的值为真时，其后的 if 子句只执行一次；while 后条件表达式的值为真时，其后的循环体中的语句将重复执行，而且在设计循环时，通常应在循环体内改变条件表达式中有关变量的值，使条件表达式的值最终变成 0，以便能及时退出循环。

【例 6-1】　编写程序，求 1＋2＋3＋…＋100 的和。

这是一个求 100 个数的累加和问题，根据已有的知识，可以用 1＋2＋…＋100 来求解，但显然很繁琐。现在换个思路来考虑，1＋2＋3＋…＋100 求和中的所加的加数从 1 变化到 100，可以看到加数是有规律变化的，后一个加数比前一个加数增 1，第一个加数为 1，最后一个加数为 100；因此可以在循环中使用一个整数变量 i，每循环一次使 i 增 1，一直循环到 i 的值超过 100，用这个办法就解决了所需的加数问题；但是要特别注意的是，变量 i 需要一个正确的初值，这里它的初值应当设定为 0。

下一个要解决的是求累加和。设用一个变量 sum 来存放这 100 个数的和值，可以先求 0＋1 的和并将其放在 sum 中，然后把 sum 中的数加上 2 再存放在 sum 中，依此类推。这和人们心算的过程没有什么区别，sum 代表着人脑中累加的那个和数，不同的是心算的过程由人脑控制。这里，sum 累加的过程要放在循环体中，由计算机判断所加的数是否已经超过 100，若没有则把加数放在变量 i 中，并在循环过程中一次次增 1。

即首先设置一个累计器 sum，其初值为 0，利用 sum ＋＝ n 来计算(n 依次取 1,2,…,100)，只要解决以下 3 个问题即可：

(1) 将 n 的初值置为 1。

(2) 每执行 1 次 sum ＋＝ n 后，n 增 1。

(3) 当 n 增到 101 时，停止计算。此时，sum 的值就是 1～100 的累加和。

程序清单如下：

```
#include <stdio.h>
void main()
{
    int i,sum;
    i = 1;                          /*循环变量的初始化(计数器的初始化)*/
    sum = 0;                        /*累加器的初始化*/
    while(i<= 100)                  /*循环执行条件*/
    {
        sum = sum + i;              /*累加*/
        i++;                        /*修改循环变量*/
    }
    printf("1 + 2 + 3 + … + 100 的和为: %d\n",sum);
}
```

```
1+2+3+…+100的和为: 5050
Press any key to continue
```

图 6-2 例 6-1 的执行结果

程序运行结果如图 6-2 所示。

注意：

(1) 如果在第一次进入循环时，while 后圆括号内表达式的值为 0，循环一次也不执行。在本程序中，如果 i 的初值大于 100，将使表达式 i≤100 的值为 0，循环体就会一次也不执行。

(2) 在循环体中一定要有使循环趋向结束的操作，以上循环体内的语句 i++使 i 不断增 1，当 i>100 时，循环结束。如果没有 i++语句，则 i 的值始终不变，循环将无限进行。

(3) 在循环体中，语句的先后位置必须符合逻辑，否则将会影响运算结果，例如，若将上例中的 while 循环体改写成：

```
while(i<= 100)
{
    i++;                            /*先计算 i++,后计算 sum 的值*/
    sum = sum + i;
}
```

运行后，将输出：

```
sum = 5150
```

运行的过程中，少加了第一项的值 1，而多加了最后一项的值 101。

【例 6-2】 输入一系列整数，判断其正负数的个数，当输入 0 时，结束循环。

```
#include <stdio.h>
void main()
{
    int x,i = 0,j = 0;
    scanf("%d",&x);                 /*输入数据,为第一次判断做准备*/
    while(x!= 0)                    /*判断条件是否结束*/
    {
        if(x>0) i++;                /*判断正负号,记录正负数的个数*/
        else j++;
        scanf("%d",&x);
    }
```

```
    printf("正数的个数是: %d,负数的个数是: %d\n",i,j);
}
```

```
1 2 3 -1 -2 -3 32 0
正数的个数是: 4, 负数的个数是: 3
Press any key to continue
```

图 6-3　例 6-2 的执行结果

程序运行结果如图 6-3 所示。

【例 6-3】 求输入的某个数是否为质数。若是，输出是质数；若不是，输出不是质数。

质数是指那些大于 1，且除了 1 和它本身以外不能被其他任何整数整除的数，如 2，3，5，7，11，…都是质数；4，6，8，9，…则不是质数。

为了判断某数 x 是否为质数，最简单的方法就是用 2，3，4，…，x－1，这些数逐个去除 x，看能否除尽，只要能被其中某一个数除尽，x 就不是质数；若不能被其中的任何一个数除尽，x 就是质数。

实际上只要试除到$\sqrt{x}$，就已经可以说明 x 是否为质数了。因为如果小于等于$\sqrt{x}$的数都不能除尽 x，则大于$\sqrt{x}$的数也不可能除尽 x。试除到$\sqrt{x}$，可以减少循环次数，提高程序的运行效率。

程序清单如下：

```
#include <stdio.h>
#include <math.h>
void main()
{
    int i,x,yes,a;
    printf("请输入一个整数: ");
    scanf("%d",&x);
    yes = 1;
    i = 2;
    a = (int)sqrt((double)x);
    while(yes && i <= a)
    {
        if(x % i == 0)
            yes = 0;
        i++;
    }
    if(yes)
        printf("%d是质数!\n",x);
    else
        printf("%d不是质数!\n",x);
}
```

当 x=2 或 3 时，因 i 的初值 2 大于 a，while 循环根本不执行，yes 仍保持为 1，输出质数 2 或 3；当 x > 3 时，进入循环，若 x 为质数，yes 的值不变，仍为 1，若 x 能被 2～$\sqrt{x}$的某个数整除，则 x 不是质数，此时 yes 的值变为 0，并且立即退出循环。退出循环后，if 的语句判断 yes 的值为 1 时，输出是质数，否则输出不是质数。

程序运行结果如图 6-4 所示。

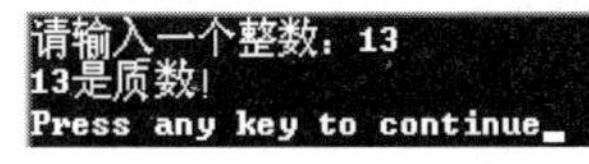

(a) 输入质数的执行结果

```
请输入一个整数: 28
28不是质数!
Press any key to continue
```

(b) 输入非质数的执行结果

图 6-4　例 6-3 的执行结果

6.2 do…while 语句

6.2.1 do…while 语句构成的循环结构

C 语言提供了 while、do…while、for 三种语句实现循环，其中 while 循环是“当型”循环，先判断后循环，而 do…while 循环结构和 while 循环则不同，是“直到型”循环，其特点是先执行循环体，然后判断循环条件是否成立。

do…while 的一般形式为：

```
do
{ 循环体语句 }
while(表达式);
```

例如：

```
do
{
    sum += i; i -- ;
}
while(i < 10);
```

说明：

(1) do 也是 C 语言的关键字，必须和 while 联合使用。

(2) do…while 循环由 do 开始，用 while 结束；在 while(表达式)后的“;”不可丢，它表示 do…while 语句的结束。

(3) while 后一对圆括号中的表达式，可以是 C 语言中任意合法的表达式，由它控制循环中是否执行。

(4) 在 do 和 while 之间的循环体语句多于一条语句时，用一对{ }括起。若只有一条语句，则可省略一对{ }。

6.2.2 do…while 循环的执行过程

do…while 语句的执行步骤如下：

(1) 执行 do 后面循环体中的语句。

(2) 计算 while 后表达式的值，当值为真即非 0 时，转去执行步骤(1)；当值为假即 0 时，执行步骤(3)。

(3) 退出 do…while 循环体。

其流程图如图 6-5 所示。

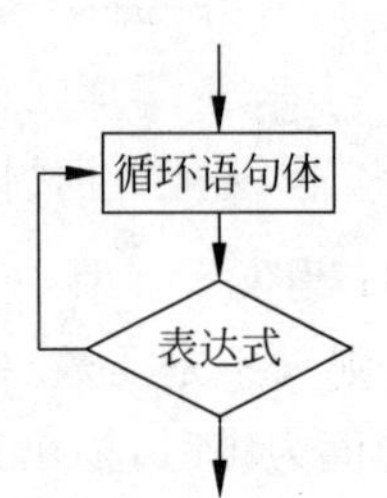

图 6-5 do…while 的流程图

【例 6-4】 用 do…while 语句实现 1＋2＋3＋…＋100。

```
#include <stdio.h>
void main()
{
```

```
    int i = 1,sum = 0;                /* 定义并初始化循环控制变量,以及累计器 */
    do
    {
        sum = sum + i;                /* 累加 */
        i++;
    }
    while(i <= 100);                  /* 循环继续条件: i <= 100 */
    printf("1 + 2 + 3 + … + 100 的和是: %d\n",sum);
}
```

```
1+2+3+…+100的和是: 5050
Press any key to continue
```

图 6-6 例 6-4 的执行结果

程序运行结果如图 6-6 所示。

从上例中可以看出 do…while 构成的循环与 while 循环十分相似,do…while 和 while 语句可以相互替换,但替换时要注意修改循环控制条件。两者又有重要区别:

(1) while 是先判断后执行,而 do…while 是先执行后判断。

(2) 第一次条件为真时,while 和 do…while 等价;第一次条件为假时,两者不同。

例如:

```
#include <stdio.h>
void main()
{
    int i;
    scanf("%d",&i);
    while(i <= 10)
        printf("%d\n",i);
}
```

```
#include <stdio.h>
void  main()
{
    int i;
    scanf("%d",&i);
    do printf("%d\n",i);
    while(i <= 10);
}
```

当输入的 i 值小于或等于 10 时,两者的结果相同;当输入的 i 值大于 10 时,while 语句的循环体一次也不执行,而 do…while 语句的循环体却执行一次。如果输入变量 i 的值为 11 时,while 语句的循环体不执行,即不调用 printf 函数,而 do…while 语句要执行一次循环体,即调用 printf 函数一次,输出 i 的值。

注意:while 循环的控制,出现在循环体之前,即 while 语句是先判断表达式再执行循环体;do…while 循环的控制,出现在循环体之后;即 do…while 语句是先执行循环体然后再判断表达式。当表达式一开始就不成立时,do…while 语句仍要执行一遍循环体,而 while 语句则一次也不执行循环体。

6.3 for 语句

C 语言中的 for 语句使用最灵活,不仅用于循环次数已经确定的情况,而且可以用于循环次数不确定而只给出循环结束条件的情况,完全可以代替 while 语句。

6.3.1 for 循环的一般形式

for 语句构成的循环结构通常称为 for 循环。for 循环的一般形式如下:

```
for (初值表达式 1; 条件表达式 2; 循环表达式 3)
    循环体语句
```

其中：

(1) 初值表达式 1：用于循环开始前为循环变量设置初始值。

(2) 条件表达式 2：控制循环执行的条件，决定循环次数。

(3) 循环表达式 3：修改循环控制变量值的表达式。

(4) 循环体语句：被重复执行的语句。

例如：

```
for(i = 0; i < 10; i++)
{
    Sum = sum + i;
}
```

注意：

(1) for 是 C 语言的关键字。

(2) for 后的圆括号中的 3 个表达式，各个表达式之间用"；"隔开。这 3 个表达式可以是 C 语言任何合法的表达式，通常主要用于 for 循环的控制。

(3) 循环体语句，可以是一条语句，也可以是多条语句，若为多条语句应该用大括号括起来组成复合语句。

6.3.2 for 循环的执行过程

for 语句的执行过程如下：

(1) 先计算初值表达式 1 的值。

(2) 然后计算条件表达式 2 的值，若结果为真(非 0)，则转向步骤(3)；若假，则转向步骤(6)。

(3) 执行一次 for 循环的循环体语句。

(4) 进行循环表达式 3 的计算，至此完成一次循环。

(5) 再次计算条件表达式 2 的值，开始再次循环，转向步骤(2)。

(6) 直到计算表达式 2 的值为 0，中止循环，执行 for 语句的后续语句。

for 语句的执行过程如图 6-7 所示。

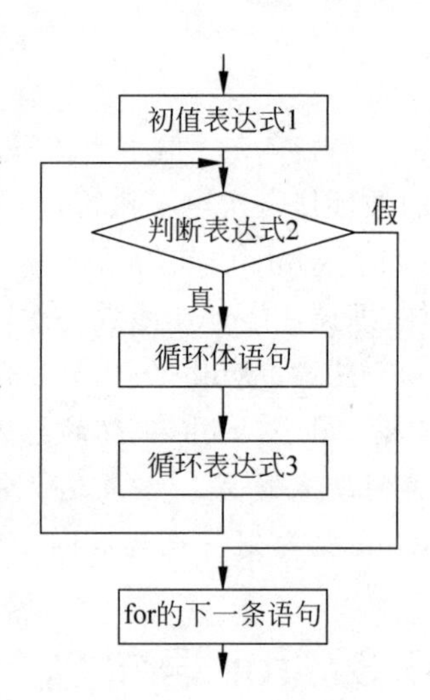

图 6-7 for 循环流程图

【例 6-5】 用 for 循环实现 1＋2＋3＋…＋100。

```
#include < stdio.h >
void main()
{
    int i, sum = 0;                    /* 将累加器 sum 初始化为 0 */
    for(i = 1; i <= 100; i++)
        sum += i;                      /* 实现累加 */
    printf("sum = %d\n", sum);
}
```

6.3.3 有关 for 循环的说明

(1) for 语句中的初值表达式 1 和循环表达式 3 既可以是一个简单的表达式,也可以是逗号连接的多个表达式,此时的逗号作为运算符使用。

例如:

```
for(s = 0,i = 1;i< = 100;i++) s = s + i;
```

或:

```
for(i = 1,j = 100;i< = j;i++,j--) k = i + j;
```

在逗号表达式内按自左至右顺序求解,整个逗号表达式的值为其中最右边的表达式的值。

例如:

```
for(i = 1;i< = 100;i++,i++) s = s + i;
```

相当于

```
for(i = 1;i< = 100;i = i + 2) s = s + i;
```

(2) 初值表达式 1 既可以是给循环变量赋初值的赋值表达式,也可以是与此无关的其他表达式。

例如:

```
for(sum = 0;i< = 100;i++) sum += i;
for(sum = 0,i = 1;i< = 100;i++) sum += i;
```

(3) 三个表达式都是任选项,都可以省略,但要注意省略表达式后,分号间隔符不能省略。

① for 语句的一般形式中的"初值表达式 1"可以省略,此时应在 for 语句之前给循环变量同赋初值。注意省略初值表达式 1 时,其后的分号不能省略。

例如:

```
for(;i< = 100;i++) s = s + i;
```

执行时,跳过解"初值表达式 1"这一步,其他不变。

② 如果条件表达式 2 省略,即不判断循环条件,循环无终止地进行下去。也就是认为表达式 2 始终为真。

例如:

```
for(i = 1; ;i++) s = s + i;
```

相当于

```
i = 1;
while(1)
{
```

```
    s = s + i;
    i++;
}
```

③ 循环表达式 3 也可以省略,但此时程序设计应另外设法保证循环能正常结束。

例如:

```
for(i = 1;i < = 100;)
{
    s = s + i;
    i++;
}
```

④ 可以省略初值表达式 1 和循环表达式 3,只有条件表达式 2,即只给循环条件。

例如:

```
for(;i < = 100;)
{
    s = s + i;
    i++;
}
```

相当于

```
while(i < = 100)
{
    s = s + i;
    i++;
}
```

⑤ 3 个表达式都可以省略。

例如:

```
for(; ; )
```

相当于

```
while(1)
```

即不设初值,不判断条件(认为条件表达式 2 为真值),循环变量不增值,无终止地执行循环体。

⑥ 条件表达式 2 一般是关系表达式(如 i<=100)或逻辑表达式(如 a<b&&x<y),但也可以是数值表达式或字符表达式,只要其值为真,就执行循环体。

例如:

```
for(i = 0;(c = getchar())! = '\n';i += c);
```

在条件表达式 2 中先从键盘接收一个字符赋给 c,然后判断此赋值表达式的值是否与'\n'相等,如果不等于'\n',就执行循环体。这里 for 语句的作用是不断地输入字符,将它们的 ASCII 码累加,直到输入一个回车键为止。

又如:

```
for(;(c = getchar()! = '\n';) printf(" % c",c);
```

无初值表达式 1 和循环表达式 3，其作用是每读入一个字符后就输出该字符，直到输入一个回车键为止。

（4）循环体为空语句。

对 for 语句，循环体为空语句的一般形式为：

```
for (初值表达式 1; 条件表达式 2; 循环表达式 3);
```

例如：

```
for(sum = 0,i = 1; i< = 100; sum += i, i++) ;
```

此处的 for 语句的循环体为空语句，把本来要在循环体内处理的内容放在循环表达式 3 中，其作用是一样的。

由此可见，for 语句功能强大，可以在表达式中完成本来应在循环体内完成的操作。可以把循环体和一些与循环控制无关的操作放在初值表达式 1 和循环表达式 3 中，这样程序可以短小简洁。但过分地利用这一点会使 for 语句显得杂乱，可读性降低，建议不要把与循环控制无关的内容放到 for 语句的表达式中。

【例 6-6】 求 n 的阶乘 n!（n!＝1×2×…×n）。

程序分析：本例是一个典型的连乘算法。与累加一样，连乘也是程序设计中的基本算法之一。程序中 i 从 1 变化到 n，每次增 1，循环体内的表达式 s＝s * i 用来进行连乘。

```
#include <stdio.h>
void main()
{
    int i, n;
    long int s;                     /* 变量 s 放置连乘的积 */
    s = 1;                          /* 注意: s 的初值为 1 */
    printf("请输入一个整数: ");
    scanf(" % d", &n);              /* 读入值,n 表示最后一个因子的值 */
    for(i = 1; i< = n; i++)         /* 用 n 作为循环的终值 */
        s = s * i;                  /* 实现累乘 */
    printf(" % d 的阶乘为: % ld\n",n,s);
}
```

```
请输入一个整数: 15
15的阶乘为: 2004310016
Press any key to continue
```

图 6-8 例 6-6 的一次执行结果

程序运行结果如图 6-8 所示。

【例 6-7】 编写程序，在十万以内，求一个整数，它加上 100 后是一个完全平方数，再加上 168 又是一个完全平方数，请问该数是多少？

程序分析：按问题本身的性质，一一列举出该问题所有可能的解，并在逐一列举的过程中，检验每个可能解是否是问题的真正解，若是，采纳这个解，否则抛弃它。对于所列举的值，既不能遗漏也不能重复。故编程方法称为“枚举法”。

```
#include <stdio.h>
#include <math.h>
void main()
{
    int i,a,b;
```

```
    printf("这样的数字有：");
    for(i = 1;i < 100000;i++)
    {
        a = (int)sqrt((i + 100));
        b = (int)sqrt((i + 268));
        if(a * a == i + 100 && b * b == i + 268)
            printf(" %d ",i);
    }
    printf("\n");
}
```

```
这样的数字有: 21 261 1581
Press any key to continue
```

图 6-9 例 6-7 的运行结果

程序运行结果如图 6-9 所示。

【例 6-8】 古典问题：有一对兔子，从出生后第 3 个月起每个月都生一对兔子，小兔子长到第三个月后每个月又生一对兔子，假如兔子都不死，问前 20 个月每个月的兔子总数为多少？每行输出 5 个数。

程序分析：由题目可知，兔子的规律为数列 1,1,2,3,5,8,13,21…，这是个斐波那契数列，由第三项开始，每一项都是前两项之和，可以用变量 f1 表示第一个数，变量 f2 表示第二个数，变量 f3 表示第三个数，则裴波那契数列前三项的关系可表示为“f1＝1；f2＝1；f3＝f1＋f2;”，而其他项的值只要改变 f1,f2 的值，即可求出下一个数。由于“f1＝f2;f2＝f3；f3＝f1＋f2;”故该程序采用的编程方法称为“递推法”。

所谓递推法就是从初值出发，归纳出新值与旧值间的关系，直到求出所需值为止。新值的求出依赖于旧值，如果不知道旧值，就无法推导出新值。数学上递推公式正是这一类问题。

```
#include <stdio.h>
void main()
{
    long int f1,f2,f3;
    int i,n = 2;
    f1 = 1;f2 = 1;
    printf(" %8d %8d",f1,f2);
    for(i = 3;i <= 20;i++)
    {
        f3 = f1 + f2;
        printf(" %8d",f3);
        n++;
        f1 = f2;
        f2 = f3;
        if(n % 5 == 0)printf("\n");
    }
}
```

```
       1       1       2       3       5
       8      13      21      34      55
      89     144     233     377     610
     987    1597    2584    4181    6765
Press any key to continue
```

图 6-10 例 6-8 的执行结果

程序运行结果如图 6-10 所示。

【例 6-9】 编写程序，求两个正整数的最大公约数和最小公倍数。

```
#include <stdio.h>
void main()
{
```

```
    int x, y, num1, num2, temp;
    printf("请输入两个正整数:");
    scanf("%d%d", &num1, &num2);
    if(num1 < num2)
    {
        temp = num1;
        num1 = num2;
        num2 = temp;
    }
    for(x = num1,y = num2;y! = 0;)
    {
        temp = x%y;
        x = y;
        y = temp;
    }
    printf("它们的最大公约数为: %d\n", x);
    printf("它们的最小公倍数为: %d\n", num1 * num2/x);
}
```

图 6-11　例 6-9 的一次执行结果

程序运行结果如图 6-11 所示。

如果将例 6-3 改为求一个区间之间的全部质数(如 100～200 之间),那么仅用现在学过的单层循环是不行的,由于 for 语句也是一条语句,因此可以嵌套进另一个 for 语句中。

6.4　循环结构的嵌套

一个循环体内又包含另一个完整的循环结构,称为循环的嵌套。嵌套在循环体内的循环体称为内循环,外面的循环称为外循环。如果内循环体中又有嵌套的循环语句,则构成多重循环。

6.4.1　循环嵌套的一般格式

3 种循环: while 循环、do…while 循环和 for 循环可以互相嵌套,外层循环可以分别是该 3 种循环的一种,内层循环也可以分别是该 3 种循环的一种,故可以构成 9 种循环的嵌套格式。

6.4.2　嵌套循环的执行流程

以双层嵌套 for 循环为例,其执行步骤如下:

(1) 先求外层循环初始条件。

(2) 再求解外层循环条件表达式的值,若为真即非 0,则转步骤(3),否则转步骤(8)。

(3) 求内存循环初始条件。

(4) 再求解内层循环条件表达式的值,若为真即非 0,则转步骤(5),否则转步骤(7)。

(5) 执行内层循序的循环体一次。

(6) 求内循环循环表达式的值后转到步骤(4)。

(7) 求外层循环循环表达式的值后转到步骤(2)。

(8) 退出循环,执行嵌套循环的后继语句。

for 语句的执行过程如图 6-12 所示。

外层循环初始条件
外层循环执行条件
假
真
内层循环初始条件
内层循环执行条件
假
真
内循环体
外层循环变量自加
内层循环变量自加
循环结束

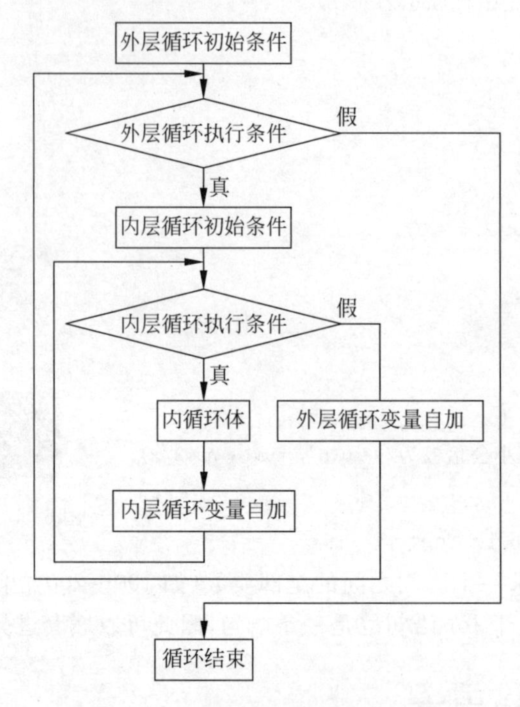

图 6-12 双层嵌套 for 循环的流程图

注意:内层循环必须完全包含在外层循环里,即内、外层循环不许交叉,也就是说,内、外层循环控制变量不允许同名。循环嵌套的层数没有限制,但层数太多,可读性变差。

【例 6-10】 将例 6-3 改为求 200~300 中的全部质数并输出,每行输出 5 个。

```
#include <stdio.h>
#include <math.h>
void main()
{
    int m,k,i,n = 0,yes = 1;
    for(m = 201;m <= 300;m = m + 2)
    {
        k = (int)sqrt(m);
        for(i = 2;i <= k && yes;i++)
            if(m % i == 0)yes = 0;
        if(yes)
        {
            printf(" %8d",m);
            n++;
            if(n % 5 == 0) printf("\n");
        }
        yes = 1;
    }
    printf("\n");
}
```

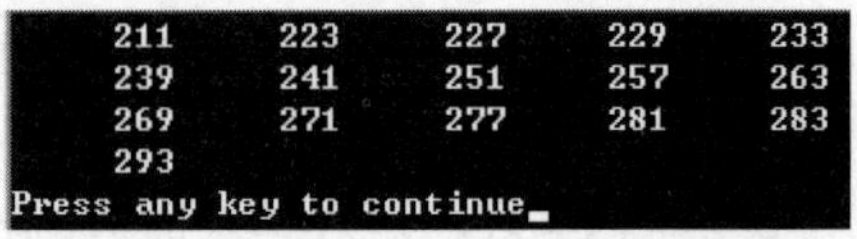

211 223 227 229 233
239 241 251 257 263
269 271 277 281 283
293
Press any key to continue

图 6-13 例 6-10 的执行结果

程序运行结果如图 6-13 所示。

6.5 break 语句和 continue 语句

在例 6-10 中在判断当前的数据是否是质数时，使用的是标志位的方法，如果能有一条这样一条语句，它的作用是当不满足循环判断条件时，直接就结束循环，这样就可以减少循环次数，提高程序的运行效率。

第 5 章已经介绍过用 break 语句可以使流程跳出 switch 结构，继续执行 switch 语句的后续语句。实际上 break 语句还可以用在循环结构中。为了使循环控制更加灵活，C 语言提供了 break 语句和 continue 语句。

6.5.1 break 语句

一般格式：

```
break;
```

功能：在循环语句中该语句可以使程序在不满足某条件时提前结束循环。

在几种循环中，主要是在循环次数不能预先确定的情况下使用 break 语句，在循环体中增加一个分支结构。当某个条件成立时，由 break 语句退出循环体，从而结束循环过程。

【例 6-11】 将例 6-10 用 break 语句实现。

```
#include <stdio.h>
#include <math.h>
void main()
{
    int m,k,i,n = 0;
    for(m = 201;m <= 300;m = m + 2)
    {
        k = (int)sqrt(m);
        for(i = 2;i <= k ;i++)
            if(m % i == 0)break;
        if(i > k)
        {
            printf(" %8d",m);
            n++;
            if(n % 5 == 0)
                printf("\n");
        }
    }
    printf("\n");
}
```

【例 6-12】 求 1000 以内能被 7 和 17 整除的最小偶数。

```
#include <stdio.h>
void main()
{
```

```
    int i;
    for(i = 18;i <= 1000;i += 2)
    if(i % 7 == 0&& i % 17 == 0){
        printf("能被 7 和 17 整除的最小偶数是: %d\n",i);
        break;                    /* 找到满足条件的数,结束循环 */
    }
}
```

```
能被7和17整除的最小偶数是: 238
Press any key to continue
```

图 6-14 例 6-12 的执行结果

程序运行结果如图 6-14 所示。

6.5.2 continue 语句

一般格式:

```
continue;
```

功能:结束本次循环,即跳过循环体中下面尚未执行的语句,继续进行下一次循环。

continue 语句可以结束本次循环,即不再执行循环体中 continue 语句之后的语句,转入下一次循环条件的判断与执行。

【例 6-13】 下面程序的输出结果是什么?

```
#include <stdio.h>
void main()
{
    int i;
    for(i = 1;i <= 5;i++)
    {
        printf(" %d ",i);
        if(i >= 3) continue;
        printf(" %d ",i);
    }
}
```

程序运行结果如图 6-15 所示。

```
1 1 2 2 3 4 5 Press any key to continue
```

图 6-15 例 6-13 的执行结果

当 i≥3 时,每次执行完第一个输出语句之后,该次循环都会因 continue 而结束,从而第二次输出没有执行。

6.5.3 break 语句和 continue 语句的区别

(1) break 能用于循环语句和 switch 语句中,continue 只能用于循环语句中。

(2) 在循环语句里,break 表示退出整个循环,而 continue 是退出当次循环,转去执行下一次循环。如将例 6-13 中的 continue 改成 break,请读者自己分析程序的输出结果,同时体会 break 与 continue 作用的不同。

6.6 几种循环的比较

(1) 3 种循环可以用来处理同一问题，一般情况下它们可以互相代替。

(2) while 和 do…while 循环，只在 while 后面指定循环条件，在循环体中包含反复执行的操作语句，包括使循环变量增减的语句。

(3) 用 while 和 do…while 循环时，循环变量初始化的操作应在 while 和 do…while 语句之前完成。for 语句可以在表达式 1 中实现循环的初始化。

(4) while 和 for 循环是先判断表达式的值，后执行循环体各语句；而 do…while 循环是先执行循环体各语句，后判断表达式的值。

(5) 对 while 循环、do…while 循环和 for 循环，可以用 break 语句跳出循环，用 continue 语句结束本次循环，而对用 if 语句构成的循环，不能用 break 语句和 continue 语句进行控制。

习题 6

1. 选择题

(1) 有以下程序

```
#include <stdio.h>
main()
{
    int x = 8;
    for( ;x > 0;x -- )
    {
        if(x % 3)
        {
            printf(" % d,",x -- );continue;
        }
    printf(" % d,", -- x);
    }
}
```

程序的运行结果是(　　)。

A. 7,4,2,　　B. 8,7,5,2,　　C. 9,7,6,4,　　D. 8,5,4,2,

(2) 以下不构成无限循环的语句或语句组是(　　)。

A. n=0;
do {++n;} while (n<=0);

B. n=0;
while(1) {n++;}

C. n=10;
while (n) {n--;}

D. for(n=0, i=1; ;i++)
n+=i;

(3) 有以下程序

```
#include<stdio.h>
main()
{
    int i, j;
    for(i=3; i>=1; i--)
    {
    for(j=1; j<=2; j++) printf("%d", i+j);
        printf("\n");
    }
}
```

程序的运行结果是(　　)。

A. 2 3 4
　 3 4 5

B. 4 3 2
　 5 4 3

C. 2 3
　 3 4
　 4 5

D. 4 5
　 3 4
　 2 3

(4) 有以下程序

```
#include <stdio.h>
main()
{
    int i=5;
    do
    {
        if (i%3==1)
        if (i%5==2)
        {
            printf("*%d", i); break;
        }
        i++;
    }
    while(i!=0);
    printf("\n");
}
```

程序的运行结果是(　　)。

A. *7B　　B. *3*5　　C. *5　　D. *2*6

(5) 以下程序中的变量已正确定义

```
for(i=0;i<4;i++,i++)
for(k=1;k<3;k++);printf("*");
```

程序段的输出结果是(　　)。

A. ********　　B. ****

C. **　　D. *

(6) 设变量已正确定义，以下不能统计出一行中输入字符个数(不包含回车符)的程序段是(　　)。

A. n=0;while((ch=getchar())!='\n')n++;

B. n=0;while(getchar()!='\n')n++;

C. for(n=0; getchar()!='\n';n++);

D. n=0;for(ch=getchar();ch!='\n';n++);

(7) 以下函数按每行 8 个输出数组中的数据

```
void fun( int *w,int n)
{
    int i;
    for(i=0;i<n;i++)
    {________
        printf("%d",w);
    }
    printf("\n");
}
```

下划线处应填入的语句是(　　)。

A. if(i/8==0)printf("\n");

B. if(i/8==0)continue;

C. if(i%8==0)printf("\n");

D. if(i%8==0)continue;

(8) 有以下程序

```
#include <stdio.h>
main()
{
    int n=2,k=0;
    while(k++&&n++>2);
    printf("%d %d\n",k,n);
}
```

程序运行后的输出结果是(　　)。

A. 0 2　　B. 1 3　　C. 5 7　　D. 1 2

(9) 有以下程序

```
#include <stdio.h>
main()
{
    int i,j,m=1;
    for(i=1;i<3;i++)
    {
        for(j=3;j>0;j--)
        {
            if(i*j>3) break;
            m=i*j;
        }
    }
    printf("m=%d\n",m);
}
```

程序运行后的输出结果是(　　)。

A. m=6　　B. m=2　　C. m=3　　D. m=1

(10) 有以下程序

```
#include <stdio.h>
void main()
{
    int a = 1,b = 2;
    for(;a < 8;a++)
    {
        b += a;a += 2;
    }
    printf("%d,%d\n",a,b);
}
```

程序运行后的输出结果是(　　)。

A. 9,18　　B. 8,11　　C. 7,11　　D. 10,14

(11) 有以下程序

```
#include <stdio.h>
main()
{
    int a = 1,b = 2;
    while(a < 6)
    {
        b += a; a += 2;b % = 10;
    }
        printf("%d, %d\n",a,b);
}
```

程序运行后的输出结果是(　　)。

A. 5,11　　B. 7,1　　C. 7,11　　D. 6,1

(12) 有以下程序

```
#include <stdio.h>
main()
{
    int y = 10;
    while(y-- );
    printf("y = %d\n",y);
}
```

程序执行后的输出结果是(　　)。

A. y=0　　B. y=-1　　C. y=1　　D. while 构成无限循环

(13) 有以下程序

```
#include <stdio.h>
main()
{
    int s;
```

```
    scanf("%d",&s);
    while(s>0)
    { switch(s)
    { case1:printf("%d",s+5);
    case2:printf("%d",s+4); break;
    case3:printf("%d",s+3);
    default:printf("%d",s+1);break;
    }
    scanf("%d",&s);
    }
}
```

运行时,若输入 1 2 3 4 5 0↙,则输出结果是(　　)。

A. 6566456　　B. 66656　　C. 66666　　D. 6666656

(14) 有以下程序段

```
int i,n;
for(i=0;i<8;i++)
{
    n=rand()%5;
    switch(n)
    {
        case 1:
        case 3:printf("%d\n",n); break;
        case 2:
        case 4:printf("%d\n",n); continue;
        case 0:exit(0);
    }
    printf("%d\n",n);
}
```

以下关于程序段执行情况的叙述,正确的是(　　)。

A. for 循环语句固定执行 8 次

B. 当产生的随机数 n 为 4 时结束循环操作

C. 当产生的随机数 n 为 1 和 2 时不做任何操作

D. 当产生的随机数 n 为 0 时结束程序运行

(15) 若 i 和 k 都是 int 类型变量,有以下 for 语句

```
for(i=0,k=-1;k=1;k++) printf("*****\n");
```

下面关于语句执行情况的叙述中正确的是(　　)。

A. 循环体执行两次　　B. 循环体执行一次

C. 循环体一次也不执行　　D. 构成无限循环

(16) 有以下程序

```
#include <stdio.h>
main()
{
    char b,c; int i;
```

```
    b = 'a'; c = 'A';
    for(i = 0;i < 6;i++)
    {
        if(i % 2) putchar(i + b);
        else putchar(i + c);
    }
    printf("\n");
}
```

程序运行后的输出结果是(　　)。

A. ABCDEF　　B. AbCdEf　　C. aBcDeF　　D. abcdef

(17) 有以下程序段

```
#include < stdio.h >
main()
{ …
 while( getchar()! = '\n');
 …
}
```

以下叙述中正确的是(　　)。

A. 此 while 语句将无限循环

B. getchar()不能出现在 while 语句的条件表达式中

C. 当执行此 while 语句时,只有按 Enter 键程序才能继续执行

D. 当执行此 while 语句时,按任意键程序就能继续执行

(18) 有以下程序

```
#include < stdio.h >
main()
{
    int s = 0,n;
    for (n = 0;n < 3;n++)
    {
        switch(s)
        {
            case 0:
            case 1:s += 1;
            case 2:s += 2;break;
            case 3:s + 3;
            case 4:s += 4;
        }
        printf((" % d\n",s);
    }
}
```

程序运行后的结果是(　　)。

A. 1,2,4　　B. 1,3,6　　C. 3,10,10　　D. 3,6,10

(19) 以下叙述正确的是(　　)。

A. do…while 语句构成的循环不能用其他语句构成的循环代替

B. do…while 语句构成的循环只能用 break 语句退出

C. 用 do…while 语句构成的循环，在 while 后的表达式为非零时结束循环

D. 用 do…while 语句构成的循环，在 while 后的表达式为零时结束循环

(20) 要求以下程序的功能是计算 s=1+1/2+1/3+1/4+…+1/10。

```
#include <stdio.h>
main()
{
    int n; float s;
    s = 1.0;
    for(n = 10;n > 1;n -- )
    s = s + 1/n;
    printf(" %6.4f\n",s);
}
```

程序运行后输出结果错误，导致错误结果的程序行是(　　)。

A. s=1.0;　　B. for(n=10;n>1;n--)

C. s=s+1/n;　　D. printf("%6.4f\n",s);

(21) 有以下程序段

```
int n,t = 1,s = 0;
scanf(" %d",&n);
do
{
    s = s + t;t = t - 2;
}
while (t! = n);
```

为使此程序段不陷入死循环，从键盘输入的数据应该是(　　)。

A. 任意正奇数　　B. 任意负偶数

C. 任意正偶数　　D. 任意负奇数

(22) 有以下程序

```
#include <stdio.h>
main()
{
    int i,j;
    for(i = 1;i < 4;i++)
    {
        for(j = i;j < 4;j++) printf(" %d* %d= %d ",i,j,i*j);
        printf("\n");
    }
}
```

程序运行后的输出结果是(　　)。

A. 1*1=1　1*2=2　1*3=3
　 2*1=2　2*2=4
　 3*1=3

B. 1＊1＝1　1＊2＝2　1＊3＝3
　2＊2＝4　2＊3＝6
　3＊3＝9

C. 1＊1＝1
　1＊2＝2　2＊2＝4
　1＊3＝3　2＊3＝6　3＊3＝9

D. 1＊1＝1
　2＊1＝2　2＊2＝4
　3＊1＝3　3＊2＝6　3＊3＝9

2. 填空题

(1) 以下程序的输出结果是(　　)。

```
#include <stdio.h>
main()
{
    int i,j,sum;
    for(i=3;i>=1;i--)
    {
        sum=0;
        for(j=1;j<=i;j++) sum+=i*j;
    }
    printf("%d\n",sum);
}
```

(2) 若有定义“int k;”,以下程序段的输出结果是(　　)。

```
for(k=2;k<6;k++,k++) printf("##%d",k);
```

(3) 有以下程序

```
#include <stdio.h>
main( )
{
    char c1,c2;
    scanf("&c",&c1);
    while(c1<65||c1>90)scanf("&c",&c1);
    c2=c1+32;
    printf("&c, &c\n",c1,c2);
}
```

程序运行输入65↙后,能否输出结果、结束运行(请回答能或不能)。

(4) 以下程序运行后的输出结果是(　　)。

```
#include <stdio.h>
main( )
{
    int k=1,s=0;
    do
```

```
    {
        if((k&2)! = 0)continue;
        s += k; k++;
    }
    while(k/10);
    printf("s = &d/n",s);
}
```

(5) 下列程序运行时,若输入 labced12df↙输出结果为(　　)。

```
#include < stdio.h>
main()
{
    chara = 0,ch;
    while((ch = getchar())! = '\n')
    {
        if(a&2! = 0&&(ch>'a'&&ch< = 'z')) ch = ch - 'a' + 'A';
        a++;putchar(ch);
    }
    printf("\n");
}
```

(6) 以下程序运行后的输出结果是(　　)。

```
#include < stdio.h>
main()
{
    int a = 1,b = 7;
    do
    {
        b = b/2;a += b;
    }
    while (b > 1);
    printf(" % d\n",a);
}
```

(7) 有以下程序

```
#include < stdio.h>
main()
{
    int f,f1,f2,i;
    f1 = 1;f2 = 1;
    printf(" % d % d",f1,f2);
    for(i = 3;i< = 5;i++)
    {
        f = f1 + f2; printf(" % d",f);
        f1 = f2; f2 = f;
    }
    printf("\n");
}
```

程序运行后的输出结果是(　　)。

(8) 有以下程序

```
#include <stdio.h>
main()
{
    int m,n;
    scanf("%d%d",&m,&n);
    while(m!=n)
    {
        while(m>n) m=m-n;
        while(m<n) n=n-m;
    }
    printf("%d\n",m);
}
```

程序运行后,当输入 14 63 ↙时,输出结果是(　　)。

(9) 以下程序运行后的输出结果是(　　)。

```
#include<stdio.h>
main()
{
    int i,j;
    for(i=6; i>3; i--)j=i;
    printf("%d%d\n",i,j);
}
```

(10) 以下程序段的输出结果是(　　)。

```
#include <stdio.h>
main()
{
    char a,b;
    for(a=0;a<20;a+=7)
    {
        b=a%10; putchar(b+'0');
    }
}
```

(11) 有以下程序

```
#include <stdio.h>
main()
{
    int n1=0,n2=0,n3=0;
    Char ch;
    while(ch=getchar()!='!')
    switch(ch)
    {
        case '1':case'3':n1++;break;
        case '2':case'4':n2++;break;
        default :    n3++;break;
    }
```

```
    printf("%d%d%d",n1,n2,n3);
}
```

若程序运行时输入 01234567!↙,则输出结果是(　　)。

(12) 有以下程序

```
#include <stdio.h>
main()
{
    int i,sum = 0;
    for(i = 1;i < 9;i += 2) sum += i;
    printf("%d\n",sum);
}
```

程序运行后的输出结果是(　　)。

(13) 有以下程序

```
#include <stdio.h>
main()
{
    int d,n = 1234;
    while(n! = 0)
    {
        d = n % 10;n = n/10;printf("%d",d);
    }
}
```

程序运行后的输出结果是(　　)。

3. 程序填空题

(1) 下面程序是求一个三位数,它的值等于各位数字的立方和,请填空。

```
#include <stdio.h>
main()
{
    int i,j,k;
    int m,n;
    for(i = 1;i <= 9;i++)
      for(j = 0;j <= 9;j++)
        for(k = 0;k <= 9;k++)
        {
        m = i * 100 + j * 10 + k;
        n = ________;
        if(m == n)
        printf("%d",m);
        }
}
```

(2) 以下程序的功能是将键盘输入的字符串中小写字母转换成大写字母输出,请填空。

```
#include"stdio.h"
```

```
main()
{
    char ch;
    ch = getchar();
    while(ch! = '\n')
    {
        if ________
        {
            ch = ch - 32;
            putchar(ch);
        }
        ch = getchar();
    }
}
```

(3) 以下程序的功能是：将输入的正整数按逆序输出。例如，若输入 135，则输出 531。请填空。

```
#include <stdio.h>
main()
{
    int n,s;
    printf("Enter a number:"); scanf(" % d",&n);
    printf("Output: ");
    do
    {
        s = n % 10; printf(" % d",s);________;
    }
    while(n! = 0);
    printf("\n");
}
```

(4) 有以下程序段

```
s = 1.0;
for(k = 1,k< = n;k++)   s = s + 1.0/(k * (k + 1));
printf(" % f\n",s);
```

请填空，使以下程序段的功能与上面的程序段完全相同。

```
s = 1.0; k = 1;
while()
{
    s = s + 1.0/(k * (k + 1)); k = k + 1;
}
  printf(" % f\n",s);
```

(5) 将一个正整数分解质因数。例如，输入 90，打印出 90＝2 * 3 * 3 * 5。

```
#include <stdio.h>
main()
{
```

```
    int n,i;
    printf("\nplease input a number:\n");
    scanf("%d",&n);
    printf("%d=",n);
    for(i=2;i<=n;i++)
      {
          while(________)
          {
              if(n%i==0)
              {
                 printf("%d*",i);
                 n=________;
              }
              else
                   break;
          }
      }
      printf("%d",n);
}
```

4. 编程题

(1) 编写程序,求 e 的值。

$$e\approx 1+\frac{1}{1!}+\frac{1}{2!}+\frac{1}{3!}+\frac{1}{4!}+\cdots+\frac{1}{n!}$$

① 用 for 循环,计算前 30 项。

② 用 while 循环,要求直至最后一项的值小于 10^{-4}。

(2) 输出九九乘法表。

(3) 一个数如果恰好等于它的因子之和,这个数就称为"完数"。例如,6=1+2+3 编程找出 1000 以内的所有完数。

(4) 两个乒乓球队进行比赛,各出三人。甲队为 a、b、c 三人,乙队为 x、y、z 三人。已抽签决定比赛名单。有人向队员打听比赛的名单。a 说他不和 x 比,c 说他不和 x、z 比,请编程序找出三队赛手的名单。

(5) 题目:使用循环语句实现如下图案(菱形),菱形的输出行数由程序控制。

```
   *
  ***
 *****
*******
 *****
  ***
   *
```

第7章 函数

程序设计按照结构性质进行分类可以分为两类，一类是结构化程序设计；另一类是非结构化程序设计。结构化程序设计（Structured Programming）的概念最早由 E. W. Dijikstra 在 1965 年提出，是软件发展的一个重要的里程碑。它的主要观点是采用自顶向下、逐步求精及模块化的程序设计方法，使用顺序、选择和循环这 3 种基本控制结构来构造有层次性的任何的复杂结构，主要强调的是程序的易读性。非结构化程序设计则不具备这些特点。

C 语言是结构化程序设计语言，因此它的程序设计方法也是"自顶向下，逐步求精、模块化"，也就是说，在程序设计时，首先进行顶层的框架设计，对于框架里的每个部分可以做成一个独立的模块去进行处理，对于每一个模块又可以分成下一层的更小的模块去处理，直到每个终端模块都可以实现一个比较合理的功能并且比较容易编程实现时为止。

模块化可以简单地理解为，把一个大的问题（模块）分成若干个子问题（子模块），这些子问题还可以进一步分解成更小的问题，直到每个小问题都是一个可以解决的问题时为止，如图 7-1 所示。

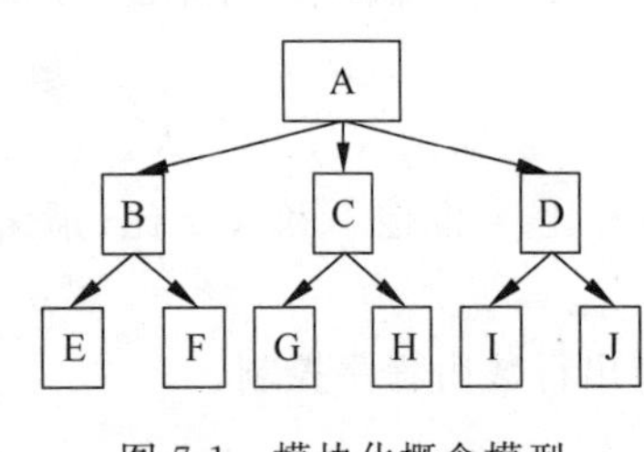

图 7-1　模块化概念模型

问题 A 可以分解成 B、C 和 D，B 又可以分解成 E 和 F，C 又可以分解成 G 和 H，D 又可以分解成 I 和 J，如果 E 和 F 可以解决，则 B 就自然解决，同理，如果 G 和 H 解决，则 C 就解决，如果 I 和 J 解决，则 D 就解决，当 B、C 和 D 解决完以后，A 自然就解决了。这就是模块化处理问题的思路，将问题分解成子问题，然后对子问题各个击破。

C 语言中的模块是用函数来实现的，这样可以使整个程序看起来更加清晰，具有很好的易读性。函数就是一个程序段、一个功能模块，相当于图 7-1 中的各个问题。C 语言的程序是由函数构成的，一个程序中必须有且只有一个主函数（main 函数，相当于图 7-1 中问题 A），函数在执行时必须从主函数开始执行，然后主函数可以调用相应的函数（称为子函数，如图 7-1 中 B、C、D）去执行相应的功能。

一个 C 语言的程序不一定只由一个文件构成，可能由几个文件模块构成，但是不管有几个文件，都要从主函数开始执行，如果在主函数所在的文件里用到了其他文件里的常量、变量或者函数，只需要通过文件包含将其他的文件模块包含进来即可（参见 10.1.2 节）。

7.1 函数的定义和返回值

C语言中函数必须先定义再使用，直接使用一个没有定义过的函数是不可以的。C语言中函数的定义格式如下：

```
/* 函数首部 */
[函数返回值类型] 函数名([数据类型1 形式参数1,数据类型2 形式参数2, …])
{
    /* 函数体部分 */
    变量说明部分;
    执行语句部分;
}
```

例如，定义一个求两个整数的最大值的函数：

```
int max(int x, int y)
{
    int z;
    z = x > y?x:y;
    return z;
}
```

C语言中定义函数要遵循以下原则：

(1) 在函数首部定义中，函数名首先必须是合法的标识符，然后尽量做到能够见名知义，即函数名最好是一些有意义的标识符，让用户看见函数名就能知道该函数的功能，如函数名max。

(2) 后面括号里接形式参数表，形式参数表定义的是函数与调用函数之间的接口，每个变量必须单独给出明确的数据类型。函数在定义时不一定要有形式参数表，没有形式参数表的函数叫无参函数，有形式参数表的函数叫有参函数。

在max函数中要求解两个整数x、y的最大值，因此在括号里定义两个整型变量x和y，此时注意x、y一定要分开定义，不能定义成int x,y的形式。形式参数(形参)只有当函数在被调用的时候才被调用函数里的实际参数(实参)赋值(参见7.3节)。

(3) 如果一个函数需要返回一个结果给调用它的函数时，那么该结果必须要有一个明确的类型，称为函数返回值类型，如int、float、char等；如果一个函数不需要向调用它的函数返回一个结果，此时应该把函数定义为void类型(空类型)。如果没有定义某函数返回值类型，则默认该函数返回值类型为int。上例中，max函数的返回值是两个整数中的最大值，因此其函数返回值类型是int。

(4) 函数体内包括变量说明和执行语句两部分。此时定义的变量仅在函数体内起作用，当函数结束时这些变量就不再起作用了。如函数max执行结束后，z也随之消失了。

(5) 执行语句是真正实现该函数功能的语句段。

(6) return的作用是将一个值返回给调用函数，然后该函数也到此结束，即使return后面还有其他的语句，那也不再往下执行。return返回的值的类型应该与函数返回值类型一致，如果不一致，则返回结果以函数返回值类型为准。例如，如果将max函数中的形式参数类型均定义为 float,函数返回值类型仍为 int,则此时函数返回的是两个实数的最小值的整数部分,而不是实数最小值。

在定义函数时应该注意以下几个问题：

(1) 在同一个程序中,函数不能重复定义。在同一个程序中,如果两个函数的首部完全相同,不论函数体相不相同,都是重复定义,这在 C 语言中是不允许的。

(2) 函数也不允许嵌套定义,即在函数内部不能再定义其他的函数,各函数之间在定义时是一种并列的关系。

(3) 在同一个函数中不能定义相同名称的变量,否则的话变量在该函数内并不唯一,无法区分。不同函数体中定义的变量名可以相同,这是因为它们具有不同的作用域,在各自的作用域内是唯一的,因此并不冲突。

(4) 如果一个函数返回值类型是 void 类型,那么在该函数里可以没有 return 语句或只写"return;"；相反,如果一个函数返回值不是 void 类型,那么在该函数里一定要用 return 语句返回一个结果。

(5) 函数体可以为空,此时把函数叫做空函数,它什么也不做。在适当的时候可以对空函数重新填补函数体,以实现某种功能。此时函数的定义格式如下：

```
void 函数名([形式参数表])
{ }
```

(6) main 函数在 C 语言标准里的定义形式是：

```
int main(void)
```

或

```
int main(int argc, char * argv[])
```

并没有 void main()这种格式,void main()这种格式并不符合 C 语言的标准,只是在 Visual C++ 6.0 等编译环境下可以使用。

7.2 库函数和用户自定义函数

从用户使用的角度讲,函数可以分为库函数和用户自定义函数。

C 语言的库函数并不是 C 语言本身的一部分,而是由编译程序根据一般用户的需要编制并提供用户使用的一组程序。C 的库函数极大地方便了用户,同时也补充了 C 语言本身的不足。在编写 C 语言程序时,使用库函数既可以提高程序的运行效率,又可以提高编程的质量。当然,这需要对库函数有足够的认识。

库函数定义在某些扩展名为 h 的头文件中,因为 C 语言对函数必须先定义后使用,所以在使用库函数时必须用"#include"把它所在的头文件包含到程序中来(详见 10.1.2 节)。库函数的定义形式仍然符合 7.1 节中介绍的函数的定义格式。

例如：

```
double sqrt(double x);
```

该函数的功能是求实数 x 的平方根，返回值就是 x 的平方根，返回值类型为 double，它被包含在 math. h 的头文件中。

再如，前面学过的 scanf 函数、printf 函数、getchar 函数、putchar 函数、gets 函数和 puts 函数等都是输入输出函数，它们被包含在 stdio. h(标准输入输出)头文件中。在程序中一般都会用到输入或输出函数，所以在程序的开始都会加上“#include ＜stdio. h＞”，这样再使用输入或输出函数就是合法的了。

其他常用库函数请参见附录 A。

库函数的个数是有限的(不同的编译环境所包含的库函数个数不尽相同，如 Turbo C 2.0 中一共定义了 400 多个库函数)，因而它们能实现的功能就是有限的。这些功能不能完全满足用户的需要，因此用户要想实现自己需要的特定功能时就必须自己定义函数，这些函数就是用户自定义函数，如 7.1 节中的 max 函数就是一个用户自定义的函数。事实上，在程序当中多数使用的都是用户自己定义的函数。

7.3 函数的调用

不论程序如何定义，在执行时都是从 main 函数开始的，在 main 函数中调用其他函数时再转到该函数的定义部分开始执行，执行完该函数以后再返回到主函数中执行后续语句。主函数可以调用其他的函数(称为子函数)，子函数之间也可以相互调用。

7.3.1 函数的调用格式

在函数调用时，调用函数只需要知道被调用函数的功能及其调用格式即可，而不需要知道被调用函数的内部是如何实现的，这样被调用函数相当于是一个只知道输入输出接口和功能的黑箱，在调用时只要正确使用它的调用格式即可。

函数的调用格式如下：

```
函数名([实际参数表])
```

实际参数表是真正要处理的数据，简称实参表。实参表中变量的个数、类型要与函数定义中形式参数表中的变量的个数、类型一致。如果实参个数少于形参个数，则程序等待进一步输入，如果实参个数多于形参个数，则取形参个数的实参去执行程序；如果类型不一致，则首先按照数据之间的兼容关系进行转化，如果形参类型兼容实参类型则可以执行函数，否则的话就不能执行。无参函数在调用时当然也没有实际参数，但是函数名后面的括号不可省略。

【例 7-1】 定义一个求两个整数最大值的函数 max，然后在主函数中任意输入两个整数值并用 max 函数求出它们的最大值。

程序如下：

```
#include < stdio.h>
int max(int x, int y)
{
    int z;
    z = x > y?x:y;
```

```
    return z;
}
void main()
{
    int i,j,k;
    printf("请输入两个整数:");                //输出提示信息
    scanf("%d%d",&i,&j);                    //输入 i,j
    k=max(i,j);                             //调用 max 求 i、j 的最大值
    printf("较大的是%d\n",k);               //输出最大值结果
}
```

在程序执行时首先在屏幕上输出提示信息"请输入两个整数:",然后等待用户输入两个整数值,假如输入 3 5↙,则程序调用 max 函数求出最大值 z=5,然后把 z 的值返回给主函数中的变量 k,之后输出"较大的是 5",程序结束。

如果程序在执行时只输入一个整数的话,则程序仍在执行"scanf("%d%d",&i,&j);"语句,并等待输入第二个整数;如果输入多于两个整数的话,则程序取前两个整数作为变量 i、j 执行 max 函数。

如果在主函数中定义"float i,j;",将输入语句修改为"scanf("%f%f",&i,&j);",则再调用"max(i,j);"时程序将得不到正确结果,这是因为 float 类型变量不被 int 类型变量兼容。

如果原主函数不变,而将子函数改为:

```
float max(float x, float y)
{
    float z;
    z=x>y?x:y;
    return z;
}
```

再输入 3 5↙时程序可以得到正确结果 5,但是这中间会有一系列的转化过程,具体过程请参见 7.4 节。

除了主函数调用子函数以外,子函数之间也可以相互进行调用。

【例 7-2】 求两个整数的最大公约数和最小公倍数。

程序如下:

```
#include <stdio.h>
int gcd(int m,int n)                        //求 m、n 的最大公约数
{
    int r=m%n;                              //求余数
    while(r)                        //用辗转相除法,除到余数为 0 时,除数即为最大公约数
    {
        m=n; n=r;r=m%n;
    }
    return n;
}
int lcm(int m,int n)                        //求 m、n 的最小公倍数
{
    return((m*n)/gcd(m,n));                 //lcm 调用 gcd 函数
}
```

```
void main()
{
    int m,n,x,y;
    printf("请输入两个整数：");
    scanf("%d%d",&m,&n);
    x=gcd(m,n);
    printf("最大公约数是%d\n",x);
    y=lcm(m,n);
    printf("最小公倍数是%d\n",y);
    system("pause");
}
```

其中 gcd 用来求两个整数的最大公约数，使用的是辗转相除法，lcm 用来求两个整数的最小公倍数，它等于这两个整数的乘积再除以它们的最大公约数。

在使用 gcd 函数时不用考虑 m 和 n 的大小，请读者思考这是为什么。

使用 lcm 函数时，lcm 函数又调用了定义过的 gcd 函数，这就是子函数之间的调用。

因此，任意两个函数之间在定义时都是并列的，没有从属关系（嵌套定义），而函数之间在进行调用时会产生层次关系，即上层模块调用下层模块。

7.3.2 函数调用的方式

函数调用时可以有以下几种方式：

1. 函数作为一个语句执行

例如：

```
scanf("%d",&x);
```

此时库函数 scanf 作为一个单独的语句来执行输入一个整型变量 x 的功能。

2. 函数调用作为表达式

如例 7-1 中“k=max(i,j);”，max 函数作为一个表达式的值赋给变量 k。

3. 函数调用作为其他函数的参数

例如：

```
y=lcm(12,gcd(16,24));
```

这里，gcd 函数作为 lcm 函数的第二个实参。

7.4 调用函数与被调用函数之间的数据传递

在函数调用时，先将调用函数的实参传递给被调用函数的形参（这种传递是单向的，形参不能向实参传递任何数据），在被调用函数中用形参去进行操作，直至被调用函数结束，然后将返回值（也可以没有返回值）传递给调用函数，再执行调用函数中的后续语句。实参和形参的变量名可以相同,也可以不同,但是不论相不相同,它们都是不同的变量。

实参可以向形参传递简单变量,也可以传递地址(请参见9.3节)。

【例7-3】 定义一个函数对两个整数进行自增运算,观察实参与形参的变化。

程序如下:

```
#include <stdio.h>
void fun(int a,int b)                          //两个整数的自增运算
{
    printf("a=%d,b=%d\n",a,b);
    a++;b++;
    printf("a=%d,b=%d\n",a,b);
}
void main()
{
    int a,b;
    scanf("%d%d",&a,&b);
    printf("a=%d,b=%d\n",a,b);
    fun(a,b);
    printf("a=%d,b=%d\n",a,b);
}
```

当输入6 8↙时,程序执行的输出结果是:

```
a=6,b=8
a=6,b=8
a=7,b=9
a=6,b=8
```

程序从main函数开始执行,执行过程如图7-2所示。

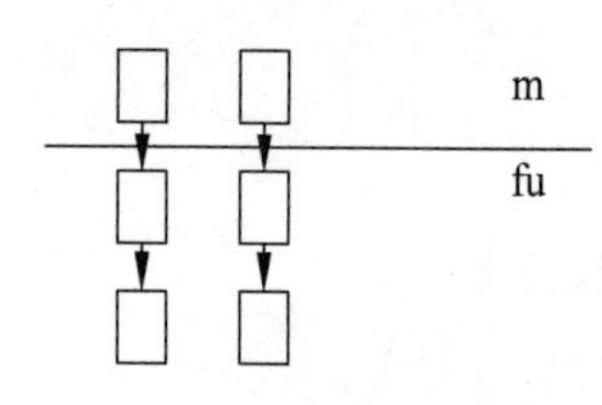

图7-2 调用fun函数的执行过程

首先在main函数中输入实参a、b的值,分别为6和8,此时输出结果自然是a=6,b=8。然后调用fun函数,在调用时,实参a、b的值分别传递(复制)给形参a、b(形参变量是在调用fun函数时才开辟的)。注意,此时是4个变量,分别是实参a、实参b、形参a和形参b,然后在fun函数中用形参a、形参b进行操作,输出a=6,b=8;然后,在fun函数中对形参a和形参b分别进行了自增运算,再输出a=7,b=9。fun函数结束,其中的形参a、形参b都释放,再回到main函数,此时再输出a和b是实参,因为形参的变化并没有影响实参,所以a=6,b=8。

对于用指针变量(地址值)作函数参数参见9.3节。

返回值类型是非void类型的函数在程序中一定要执行一条return语句来返回一个结果,同时也结束了该函数。这是被调用函数向调用函数返回值的一种方法,但是这种方法只能返回一个结果。如果被调用函数想向调用函数返回多个值的话,则需要通过指针作函数参数的办法向调用函数回传多个值。

在例7-1中,求两个整型变量的最大值,实参i、j将值传递给形参x、y,通过形参x、y计算出一个最大值并赋值给局部变量z,最后max函数将局部变量z返回给主函数中的变量k,这样被调用函数就向调用函数返回了一个(且只能是一个)值,请读者自行画出该实例中

参数传递的状态图。

7.5 函数原型

函数同常量、变量一样，必须先定义后使用，如果未经定义就使用一个函数，程序将找不到该函数，不能执行。

【例 7-4】 输入一个年份，判断该年是平年还是闰年。

目前闰年的判断方式是：能被 4 整除但是不能被 100 整除的年或能被 400 整除的年是闰年。

编程如下：

```
#include <stdio.h>
void main()
{
    int year;
    scanf("%d",&year);
    if(leapyear(year)) printf("%d是闰年\n",year);
    else printf("%d是平年\n",year);
}
int leapyear(int year)                      //判断 year 是平年还是闰年
{
    if((year%4==0 && year%100!=0) || (year%400==0))
        return 1;
    else return 0;
}
```

此时在 Visual C++ 6.0 编译环境下运行该程序会出现错误，因为程序的运行都是从 main 函数开始的，而 main 函数里用到的 leapyear 函数在使用之前并没有定义，它被定义在了 main 函数的下方。一个解决的办法是将 leapyear 函数移动到 main 函数的上方。但是，如果在一个程序中函数比较多，并且函数之间存在着相互调用的情况，那么这时将哪些函数放在哪些函数的前面定义就是一个比较麻烦的问题。在 C 语言的标准里使用函数的原型来解决这个问题。

这里函数定义和函数原型是两个相关但不相同的概念，函数的定义是对函数进行完整的描述，它包括函数的输入(形式参数)、输出(返回值)、函数名以及功能(函数体)；函数原型是对函数中使用的参数类型进行定义的一种函数定义，该定义只包括函数的输入(形式参数)、输出(返回值)和函数名，不包括函数体。因此函数原型是一种函数定义，其作用是在编译时检查整个函数(参数类型、函数名和返回值类型)是否正确。这样在使用该被调用函数时就知道它的参数是什么类型了，同时也表示该函数在程序里已定义，这时调用函数再使用被调用函数就是合法的了。

(1) 在中文教材里一般把函数原型称为函数声明，其格式如下：

```
[函数返回值类型] 函数名([类型名1,类型名2,…]);
```

在函数原型中，对于形参变量只需说明其类型即可，可以不加形参变量名，当然，加上也可以。

例如,对 leapyear 的函数原型可以有以下两种形式:

```
int leapyear(int);
```

或

```
int leapyear(int year);
```

(2) 函数原型的使用方式有如下两种:

一种是作为一个独立的语句定义函数原型,此时在函数原型的末尾要加分号,如"int leapyear(int year);";另一种是和其他同类型的变量一起定义,如"int x,y,z,leapyear(int year);"。

(3) 函数原型的位置可以在调用函数的函数体的说明部分当中,这时被调用函数只在调用函数内部起作用。函数原型也可以在被调用函数的外面定义,这时从函数原型位置之后的函数都可以调用该函数。

例如:

```
#include <stdio.h>
int fun(int,int);
void main()
{
    …
}
void fun1()
{
    …
}
void fun2()
{
    …
}
int fun(int,int)
{
    …
}
```

在该程序中,main 函数、fun1 函数和 fun2 函数都可以对 fun 函数进行调用。

7.6 函数的递归调用

函数可以直接或间接调用自己,把这种调用称为函数的递归调用。直接调用是指一个函数 f1 在执行过程中 f1 又调用了其本身来执行某一步骤;间接调用是在一个函数 f1 执行过程中它调用了 f2,而 f2 在执行过程中又调用了 f1,这样就在 f1 和 f2 之间来回调用。当然在程序执行到某个步骤时,它一定是可解的,否则递归就没有意义。

递归适用于解决这种问题:一个大问题可以分解成若干小问题,这些小问题的解决方法和解决大问题的方法一样，只是问题规模变小了。当问题规模小到一定程度的时候，该问题可解。在用分治法(就是把一个复杂问题分成两个或更多的相同或相似的子问题，再把子问题分成更小的子问题……直到最后子问题可以简单地直接求解，原问题的解就是子问题的解的合并)解决问题的时候我们一般用递归来写函数。

例如，定义一个求阶乘的函数 fac，可以用循环来解决，因为 n!＝1×2×3×…×(n－1)×n，所以可以定义如下函数：

```
double fac(int n)
{
    int i,m = 1;
    for (i = 1;i <= n;i++)
        m = m * i;
    return m;
}
```

也可以用递归来解决这个问题，这是因为 n!＝n×(n－1)!＝n×(n－1)×(n－2)!＝…＝n×(n－1)×(n－2)×…×2!＝n×(n－1)×(n－2)×…×2×1!，而 1! 是已知的。这里在解决 n! 这个问题时，它可以转化成求(n－1)!，而(n－1)! 又可以转化成求(n－2)!，随着问题规模的不断变小，问题最终可以得到解决。定义如下函数：

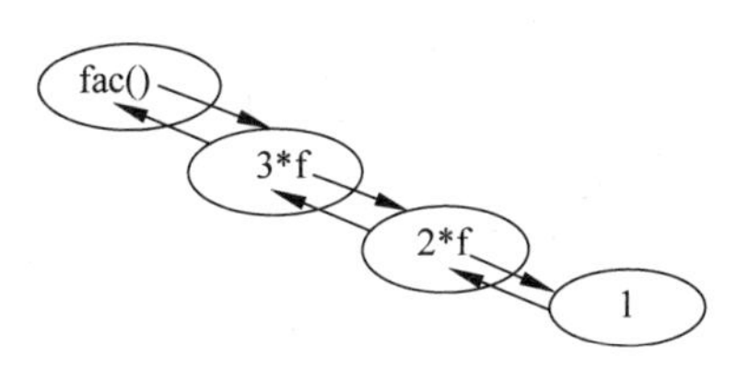

图 7-3　3!的递归调用过程

```
double fac(int n)
{
    if (n == 1) return 1;
    else return n * fac(n - 1);
}
```

当 n＝3 时，它的执行过程如图 7-3 所示。

由图可见，fac(3)要返回 3 * fac(2)，但是 fac(2)此时未知，所以 3 * fac(2)并没有返回，而是要先执行 fac(2)，fac(2)要返回 2 * fac(1)，同理要先执行 fac(1)，执行 fac(1)时才第一次返回值 1，此时 fac(1)执行完毕，则 2 * fac(1)即 fac(2)返回了一个 2，程序回到 3 * fac(2)，返回一个 6。因此 fac(3)的返回顺序是 1、2、6。

由此可以观察得出：函数在递归调用时是从前向后进行的，而在返回或输出结果时是从后向前进行的，可以根据这一规律去利用递归来解决实际问题。

【例 7-5】 定义一个递归函数将一个无符号十进数整数转化成二进制数。

将一个十进制数数，如 46，变成一个二进制数可以用图 7-4 所示的方法来实现：从图中可以看出，这个过程可以不断调用自身来实现，只是问题规模每次减半，而结果又是倒序输出的，所以刚好可以用递归来实现。

```
2| 46    余…0
 2| 23    余…1
  2| 11    余…1
   2| 5    余…1          结果是101110
    2| 2    余…0
     2| 1    余…1首位
        0
```

图 7-4　46 变成二进制数的实现过程

程序如下：

```
#include < stdio.h >
void ten2two(unsigned x)                //无符号十进制数转化为二进制数
{
    if (x == 0||x == 1) printf(" %d",x);
```

```
        else
        {
            ten2two(x/2);                          //递归调用
            printf("%d",x%2);
        }
    }
    void main()
    {
        unsigned i;
        scanf("%u",&i);
        ten2two(i);
    }
```

如果输入 i=10，则 ten2two 函数会输出结果 1010，它的调用过程如图 7-5 所示。

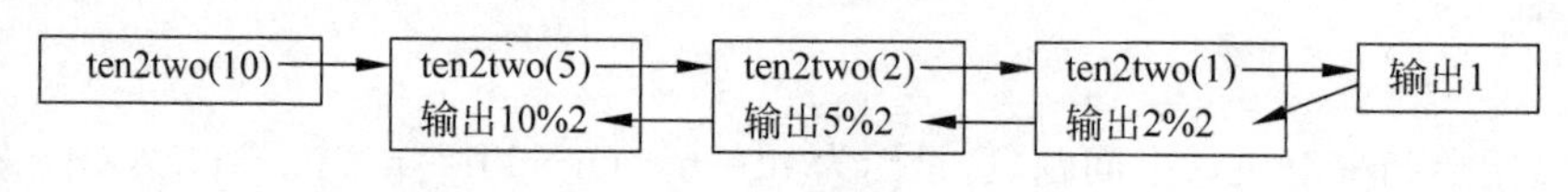

图 7-5 ten2two(10)的执行过程

调用 ten2two(10)时会执行 ten2two(5)和输出 10%2 两部分，而调用 ten2two(5)时会执行 ten2two(2)和输出 5%2 两部分，调用 ten2two(2)时会执行 ten2two(1)和输出 2%2 两部分，调用 ten2two(1)时会执行输出 1，输出 1 之后 ten2two(1)执行结束，才会执行输出 2%2，这样 ten2two(2)调用结束，然后执行输出 5%2，之后 ten2two(5)执行结束，再执行输出 10%2，这样 ten2two(10)才执行结束。

因此在输出时会从后向前输出得到 1010。

函数的递归调用的优点是代码书写简单清晰，容易理解。但是函数在递归调用时，每一次调用都需要把中间执行过程中用到的临时变量和结果保存在堆栈(一种后进先出的线性表)中，并且程序在执行时有调用和返回两个阶段，因此其时间复杂度和空间复杂度都很大，所以可以选择用循环等方法来代替递归调用。

7.7 变量的作用域和存储类型

7.7.1 变量的作用域

一个变量能起作用的范围叫做它的作用域，按作用域来分，变量可分为局部变量和全局变量。

在一个函数或复合语句内部定义的变量是局部变量，只能在该函数或该复合语句内部起作用。当函数或复合语句执行时，给其中的局部变量分配临时的存储空间，函数或复合语句结束时，则回收局部变量所占的存储空间，该局部变量也随之消失。

在函数外面定义的变量是全局变量，从定义的位置开始起作用，一直持续到程序结束，可以进入该范围内的任意函数。如果全局变量和一个函数内的局部变量同名，在使用该函数时，使用的是局部变量，全局变量被局部变量所屏蔽。

【例 7-6】 全局变量和局部变量的使用。

```
#include <stdio.h>
int a = 1,b = 2;                        //定义全局变量 a、b,a、b 从此开始作用到程序结束
int fun1(int x,int y)                   //形式参数 x、y 是 fun1 中的局部变量
{
    printf("a = %d,b = %d\n",a,b);      //此处用到的变量 a、b 是全局变量
    a = 7,b = 8;
    {
        int c;                          //定义局部变量 c,c 只在该复合语句内起作用
        c = a + b;
    }
    return (x + y);
}
void fun2()
{
    int a = 3,b = 4;                    //定义 fun2 中的局部变量 a,b
    printf("a = %d,b = %d\n",a,b);      //此处用到的变量 a、b 是 fun2 中的局部变量
}
int c = 9,d = 10;                       //定义全局变量 c 和 d,c、d 从此开始作用到程序结束
void main()
{
    int e;                              //定义 main 函数的局部变量 e
    e = fun1(c,d);
    printf("e = %d\n",e);
    fun2();
    printf("a = %d,b = %d\n",a,b);      //此处用到的变量 a、b 是全局变量
}
```

本例题只是说明全局变量和局部变量的作用范围,并无实际意义,输出结果是:

```
a = 1,b = 2
e = 19
a = 3,b = 4
a = 7,b = 8
```

程序上边定义的变量 a、b 是全局变量,它们从文件开头一直作用到文件结束。中间定义的变量 c、d 也是全局变量,它们从定义的位置开始作用到文件结束。如果在程序中某处全局变量改变了,那么在后面再用到该全局变量时用的就是上一次改变之后的值。

在 fun1 中,形式参数 x、y 是 fun1 中的局部变量,x、y 只在 fun1 中起作用,当 fun1 结束后 x、y 消失。在 fun1 中用到的 a、b 是全局变量的 a 和 b。fun1 中有一个复合语句,在该复合语句中定义了一个局部变量 c,c 只在该复合语句内起作用。

在 fun2 中的变量 a、b 是局部变量,它们的作用域仅局限在 fun2 函数内。在 fun2 函数内局部变量 a、b 和全局变量 a、b 重名,此时在 fun2 中使用的是局部变量。

在主函数中定义了一个局部变量 e,e 只能在 main 函数内起作用。在主函数中用到的变量 a、b 是全局变量,在 fun1 中全局变量被修改,所以在主函数中输出 a=7,b=8。

在程序中尽量不要使用全局变量,这是因为全局变量可以从定义的位置开始出入下面的任意函数,如果在某函数中不恰当地更改了全局变量,这会造成这些全局变量在其他函数

中使用上的错误，因此在可以不用全局变量的情况尽量还是使用局部变量。

7.7.2 变量的存储类型

一个C语言的源程序在运行时所用的存储空间包括以下三个部分：程序区、静态存储区和动态存储区，如图7-6所示。

一个变量的定义格式如下：

```
[存储类型] 数据类型 变量名;
```

程序区
静态存储区
动态存储区

图7-6 C程序存储空间分配

变量按存储方式可以分为以下4种类型：auto(自动)类、register(寄存器)类、extern(外部)类和static(静态)类。这4种存储类型又可以被划分到动态存储类型和静态存储类型两大类当中，分别对应存储在动态存储区和静态存储区当中。

1. auto类

7.7.1节中讲的局部变量都没有说明它们的存储类型，此时默认为auto类。auto类是一种动态存储类型，此类变量存储在动态存储区中。auto类只能用来存储局部变量。

如在例7-6中主函数里的变量e的定义：

```
int e;
```

等价于

```
auto int e;
```

自动类变量在函数调用时动态分配存储空间，在函数结束后释放这些存储空间，当再一次调用该函数时，再临时为该变量分配存储空间，结束时再释放。

2. register类

register类的变量并不存储在内存中，而是存储在CPU的寄存器中，故此称为寄存器类变量。因为CPU访问寄存器的速度要远远快于访问内存的速度，所以可以把程序中频繁使用的变量定义为register类变量。但是CPU中寄存器的数量通常都很少，而且寄存器本身的长度随机器的不同而不同，所以在程序定义时不要随意定义寄存器类变量。

上面变量e若定义为寄存器类变量时的格式如下：

```
register int e;
```

3. extern类

如果一个大的程序包括很多文件(见10.1.2节)，假设在文件A中要用到文件B中的全局变量，则此时B中的全局变量必须定义为extern类。定义为extern类时说明该全局变量对于其他的文件是可见的，因此在其他的文件中可以使用该extern类的全局变量。

例7-6中的全局变量a、b、c、d没有定义存储类型，此时默认为extern类。此时定义“int a,b;”相当于“extern int a,b;”。

全局变量被定义在静态存储区之内，分配给它的内存空间在整个程序执行过程中始终归该变量所有。

如果在全局变量定义之前的函数要使用该全局变量，则必须在该函数内加上全局变量说明。

变量说明和变量定义是两个概念，说明只是说明一下变量的类型但并不为其分配存储空间，定义则是为变量分配存储空间。

4. static类

静态类变量被分配在静态存储区，可以分为静态局部变量和静态全局变量两种。静态类变量一旦被分配了内存空间，那么在整个程序执行过程中该内存空间始终归该变量所有。

静态局部变量是只能局限在某个函数内部使用的静态变量，在程序运行期间始终占用它的内存单元。如果前一次调用函数时静态变量的值发生了变化，那么这种变化会保存到下一次调用当中。静态局部变量只能初始化一次，但是以后可以重新为其赋值。如果静态局部变量没有赋初值，那么默认将它赋初值为0(对数值变量)或空字符(对字符变量)。

【例7-7】 静态局部变量值的变化。

程序如下：

```
#include <stdio.h>
void sta()
{
    static int a;
    printf("a= %d\n",a);
    a=a+5;
}
void main()
{
    int i;
    for(i=1;i<4;i++)
        sta();
}
```

此时的输出结果是：

```
a=0
a=5
a=10
```

在本例题中，在主函数中连续三次调用函数sta。在sta中，静态的整型变量a没有赋初值，所以默认赋初值为0。故第一次调用sta时，输出a=0，同时a加5变成5。第二次调用sta时，a仍占用原来的内存空间，故a的值为5，此时输出a=5，然后a再次加5变成10。所以第三次调用时输出a=10，然后a变成了15。

在本例题中，如果将“static int a;”改成“int a=0;”，则此时的a就是自动类的变量，则本题的输出结果变成三行“a=0”，请读者自己分析该过程。

静态全局变量限制该全局变量只能在本文件内使用，而不能被整个程序中的其他任何文件使用。假如一个程序中包含文件A和文件B，在文件B中设有静态全局变量定义

"static int a;",则 a 只能在 B 中使用,a 对于文件 A 是不可见的。

以上讨论了变量的存储类型,对于函数来说也有它自身的存储类型。函数的存储类型分为两类：static 类和 extern 类。static 类函数只能被该函数所在文件内的其他函数调用,对于其他文件来说,该 static 类型的函数是不可见的。extern 函数对于其他文件内的函数是可见的,是可以被调用的。

习题 7

1. 选择题

(1) 下列叙述中正确的是(　　)。

A. 每个 C 程序文件都必须要有一个 main 函数

B. 在 C 程序中 main 函数的位置是固定的

C. C 程序中所有函数之间都可以互相调用,与函数所在位置无关

D. 在 C 程序的函数中不能定义另外一个函数

(2) 以下函数调用语句中含有的实参个数是(　　)。

A. 1　　B. 2　　C. 4　　D. 5

```
func((exp1,exp2),(exp3,exp4,exp5));
```

(3) 有以下程序,执行以后的输出结果是(　　)。

A. 7　　B. 3　　C. 2　　D. 0

```
#include <stdio.h>
int fun(int x)
{
    int p;
    if (x == 0 || x == 1)return(3);
    p = x - fun(x - 2);
    return p;
}
void main()
{
    printf("%d\n",fun(7));
}
```

(4) 有以下程序：

```
#include <stdio.h>
int f1(int x,int y){return x > y?x:y;}
int f2(int x,int y){return x > y?y:x;}
void main()
{
    int a = 4,b = 3,c = 5,d = 2,e,f,g;
    e = f2(f1(a,b),f1(c,d));
    f = f1(f2(a,b),f2(c,d));
    g = a + b + c + d - e - f;
```

```
    printf("%d,%d,%d\n",e,f,g);
}
```

程序运行后的输出结果是(　　)。

A. 4,3,7　　B. 3,4,7　　C. 5,2,7　　D. 2,5,7

(5) 以下正确的函数原型是(　　)。

A. double fun(int x,int y)　　B. double fun(int x;int y)

C. double fun(int x,int y);　　D. double fun(int x,y);

(6) 有以下程序:

```
#include <stdio.h>
float fun(int x,int y)
{
    return (x+y);
}
void main()
{
    int a=2,b=5,c=8;
    printf("%3.0f\n",fun((int)fun(a+c,b),a-c));
}
```

程序运行后的输出结果是(　　)。

A. 编译出错　　B. 9　　C. 9.0　　D. 9

(7) 在一个C源程序文件中所定义的全局变量,其作用域为(　　)。

A. 所在文件的全部范围

B. 所在程序的全部范围

C. 所在函数的全部范围

D. 由具体的定义位置和extern说明来定义范围

(8) 有以下程序:

```
#include <stdio.h>
int fun(int a,int b)
{
    if(b==0) return a;
    else return (fun(--a,--b));
}
void main()
{
    printf("%d",fun(4,2));
}
```

程序运行后的输出结果是(　　)。

A. 1　　B. 2　　C. 3　　D. 4

(9) 有以下程序:

```
#include <stdio.h>
void fun(int a,int b)
{
```

```
    int t;
    t = a;a = b;b = t;
}
void main()
{
    int i,c[10] = {1,2,3,4,5,6,7,8,9,0};
    for(i = 0;i < 10;i += 2) fun(c[i],c[i + 1]);
    for(i = 0;i < 10;i++) printf(" %d,",c[i]);
}
```

程序运行后的输出结果是(　　)。

A. 1,2,3,4,5,6,7,8,9,0,　　B. 2,1,4,3,6,5,8,7,0,9,

C. 0,9,8,7,6,5,4,3,2,1,　　D. 0,1,2,3,4,5,6,7,8,9,

(10) 有以下程序：

```
#include <stdio.h>
void fun(int p)
{
    int d = 2;
    p = d++;
    printf(" %d",p);
}
void main()
{
    int a = 1;
    fun(a);
    printf(" %d",a);
}
```

程序运行后的输出结果是(　　)。

A. 32　　B. 12　　C. 21　　D. 22

2. 填空题

(1) 从用户使用的角度来看,函数可以分为________和________。从接口形式上可以分为________和________。

(2) return 语句的作用是________和________。

(3) 函数不能________定义,也不能________定义。

(4) C 语言中不能被其他函数调用的函数是________。

(5) 实参可以向形参传递________,也可以向形参传递________,但是这种传递是________。实参必须与形参的________相同,________相符。

(6) 函数直接或间接地自己调用自己称为函数的________调用。

(7) 变量按其作用域可以分为________和________,按其存储类别可以分为________类、________类、________类和________类。凡是在函数体内没有指定存储类别的变量都是________类,在函数体外没有指定存储类别的变量都是________类。

(8) 若函数 fun 中的局部变量 a 与程序中的全局变量 a 同名,则在调用函数 fun 时使用的 a 是________。

(9) return 语句返回的结果类型以________为准。如果一个函数没有返回值类型，则默认为________类型。

(10) 任意两个函数之间在定义时都是________的，而函数之间在进行调用时会产生________关系，即上层模块调用下层模块。

(11) 下面 pi 函数的功能是：根据以下公式求 π 的值，要求当其中的通项 t 小于给定值 eps 时就返回 π 值，请填空。

$$\frac{\pi}{2}=1+\frac{1}{3}+\frac{1}{3}\times\frac{2}{5}+\frac{1}{3}\times\frac{2}{5}\times\frac{3}{7}+\frac{1}{3}\times\frac{2}{5}\times\frac{3}{7}\times\frac{4}{9}+\cdots$$

```
________ pi(double eps)
{
    double s = 0.0,t = 1.0;
    int n;
    for(________;t > eps;n++)
    {
        s += t;
        t = (n * t)/(2 * n + 1);
    }
    return ________;
}
```

(12) 填写以下空白完成程序。

```
#include < stdio.h >
________________________
main()
{
    double x,y;
    scanf("%lf%lf",&x,&y);
    printf("%lf\n",sub(x,y));
}
double sub(double x,double y)
{
    return x - y;
}
```

(13) 有以下程序：

```
#include < stdio.h >
int sub(int n)
{
    return (n/10 + n%10);
}
main()
{
    int x,y;
    scanf("%d",&x);
    y = sub(sub(sub(x)));
    printf("%d\n",y);
}
```

若运行时输入 1234<Enter>,程序的输出结果是________。

(14) 以下程序运行后的输出结果是________。

```
#include <stdio.h>
int fun(int a)
{
    int b = 0;
    static int c = 3;
    b++,C++;
    return(a + b + c);
}
main()
{
    int i,a = 5;
    for(i = 0;i < 3;i++) printf(" %d %d ",i,fun(a));
    printf("\n");
}
```

(15) 以下程序的功能是计算 $s=\sum_{k=0}^{n}k!$,请填空。

```
#include <stdio.h>
long f(int n)
{
    int i; long s;
    s = ________;
    for(i = 1;i <= n;i++) s = ________;
    return s;
}
main()
{
    long s; int k,n;
    scanf(" %d",&n);
    s = ________;
    for(k = 0;k <= n;k++) s = s + ________;
    printf(" %ld\n",s);
}
```

(16) 以下程序运行后的输出结果是________。

```
#include <stdio.h>
void fun(int x)
{
    if(x/2 > 0) fun(x/2);
    printf(" %d",x);
}
void main()
{
    fun(7);
}
```

3. 编程题

（1）编写函数 int isprime(int m)用以判断 m 是否是素数。

（2）编写函数，验证任意偶数等于两个素数的和，并输出所有可能的素数组合。

（3）编写函数 char transchar(char ch)，其功能是：若 ch 是大写字母则转换成小写，若 ch 是小写字母则转换成大写。

（4）编写函数求 $1-\frac{1}{2}+\frac{1}{3}-\frac{1}{4}+\frac{1}{5}-\frac{1}{6}+\frac{1}{7}-\cdots+\frac{1}{n}$ 的值，n 由实参确实。

（5）编写递归函数用来求斐波那契数列中第 n 项的值。斐波那契数列形式如下：

1,1,2,3,5,8,13,21,…

（6）编写一个函数用来把两个两位数 a、b 转换成一个 4 位数 c，要求 a 的个位是 c 的千位，b 的十位是 c 的百位，b 的个位是 c 的十位，a 的十位是 c 的个位，如 a＝12，b＝34，则 c＝2341。

第8章 数组

当定义三个学生的期末总成绩时，可以通过前面学过的变量定义来实现，当学生数量增加到100个或更多时，为了实施对大量相同类型数据的准确访问与管理，C语言提供了数组这个数据结构。

数组是在程序设计中，为了处理方便，把具有相同类型的若干变量按有序的形式组织起来的一种数据结构。这些按序排列的同类数据元素的集合称为数组。在C语言中，数组属于构造数据类型。一个数组可以分解为多个数组元素，这些数组元素可以是基本数据类型或是构造类型。因此按数组元素的类型不同，数组又可分为数值数组、字符数组、指针数组、结构数组等各种类别，本章重点介绍前两种类型数组，其他类型将在后面章节详细介绍。

8.1 一维数组的定义和引用

8.1.1 一维数组的定义

一维数组的声明格式是：

```
类型标识符 数组变量名[N];
```

其中，N表示数组长度。例如，要存放100个学生的期末考试总成绩，可声明如下：

```
int score [100];
```

定义数组的实质是：在内存中预留一片连续的空间以存放数组的全部元素。数组名(如score)表示这片空间的起始地址，空间的大小由数组的类型和元素个数确定。

所谓数值型一维数组，一是指数组元素的类型是数值型(int、float、double、long、unsigned、signed)；二是指数组元素只有一个下标。

访问数组中的元素时，须指定数组名和下标。本例数组score，元素与下标的对应关系如图8-1所示。

对本例而言，因为一个int型数据占内存4字节(32位编译系统，如Visual C 6.0中占4个字节，而16位编译系统，如Turbo C 2.0中仅占2字节)，故100个元素占内存连续的400个字节，也可以这样表示为sizeof(score)。推而广之，任意数组x占用sizeof(x)字节的存储空间。数组名score的值为数组元素在内存中存放的起始地址，也就是score[0]元素存放的地址。假设 score[0]的地址为 2000H(十六进制表示),则 score[1]的地址为 2004H,score[2]的地址为 2008H,以此类推。

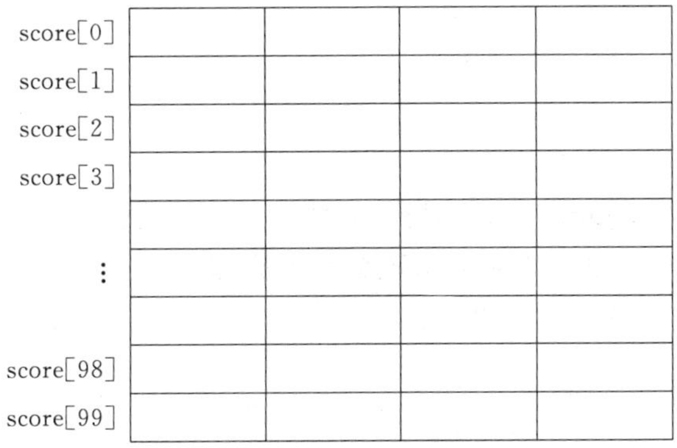

score[0]				
score[1]				
score[2]				
score[3]				
⋮				
score[98]				
score[99]				

图 8-1 元素与下标对应关系

当将数值 640 存入数组 score 的第 4 个元素中,可使用语句:

```
score[3] = 640;
```

输出元素 score[3]的值,可以使用语句:

```
printf("%d", score[3]);
```

对于数组的定义,需要特别注意以下几点:

(1) 在声明数组的语句中,数组长度必须是常量或常量表达式,可以是符号常量,但不能是变量。即 C 语言的数组大小不能动态定义,从程序编译的过程来说就是要求数组长度在编译时必须有确定的值,而不是在程序运行过程中确定数组长度。所以,下面声明数组 s 的语句是错误的:

```
int n = 10;
int s[n];
```

(2) 多个相同类型数组的说明可以放在一个定义语句中,数组之间用逗号分隔。数组说明符和普通变量名可以放在一个类型的定义语句中。

例如:

```
int a,b,c[5];
```

(3) C 语言并不检查数组边界,因此数组的两端都有可能越界,而使其他的数据遭到破坏,因此,在 C 语言中,检查数组边界的职责由程序员来承担。

8.1.2 一维数组的引用

一维数组的引用原则:必须像使用变量那样,先定义,后使用。

(1) 引用数组元素的方式:

```
数组名[下标表达式];
```

(2) 只能单个引用数组的元素，而不能把数组当做一个整体引用；

(3) 数组元素中的下标表达式必须是整数。

例如：

```
int a[5];
a[0] =1;
a[1] =2;
```

则 a [0] * 5+a[1] * 6，a[m+n]，a[i]均是对数组 a 的合法引用，当然必须保证表达式 m+n 以及变量 i 的值在 0～4 之间，否则会造成数组下标越界。

下面的引用均属于对数组 a 的非法引用。

```
a = 10;
a[5] = 8;
```

8.1.3 一维数组的初始化

可以通过语句和控制结构给数组赋予初值。为了方便使用，C 语言也允许在定义数组时直接初始化，提供了给数组元素指定初值的描述形式。

1. 对全部元素赋初值

例如：

```
int a[10] = {10, 11, 12, 13, 14, 15, 16, 17, 18, 19};
```

表示数组元素的值为：

```
a[0] = 10;
a[1] = 11;
…
a[9] = 19;
```

2. 对部分元素赋初值(前面的连续元素)

例如：

```
int b[10] = { 0,1,2,3,4 };
```

表示数组元素的值为：

```
b[0] = 0;
b[1] = 1;
b[2] = 2;
b[3] = 3;
b[4] = 4;
```

只有前 5 个元素初值分别是 0、1、2、3、4，后面剩余的元素会自动赋予初值 0。

一维数组初始化时注意事项：

(1) C 语言中不允许对不连续部分元素或后面的连续元素赋初值。

例如，int a[10]={1，，3，，5 ，，7，，9，，}；是错误的。

(2) 可以通过赋初值指定数组大小。

例如:

```
int b[4] = {0,1,2,3};
```

可以写成

```
int b[] = {0,1,2,3};
```

由于数组元素的个数已经确定,可以不指定数组长度。

(3) 如对数组元素赋同一初值,必须一一写出,不可写成任何其他形式。

```
int a[10] = {2,2,2,2,2,2,2,2,2,2};
```

8.1.4 一维数组的动态赋值

在上面的例子中,对于数组的赋值均属于静态的,在C语言中,可以通过循环语句结合scanf函数在程序执行过程中逐个对数组元素进行动态赋值。

【例 8-1】 从键盘上输入10个学生成绩,并存入数组。

```
#include <stdio.h>
void main()
{
    int score[10];                          /* 定义数组 */
    int i;
    printf("input 10 scores:\n");
    for (i = 0;i < 10;i++)
        scanf("%d",&score[i]);              /* 每循环一次,将从键盘输入一个数值给数组元素 */
}
```

读者可以将此程序输入计算机编译运行,看结果如何。

8.2 一维数组的应用

【例 8-2】 从键盘上输入数组元素,统计数组中大于0、等于0和小于0的元素个数。

分析:设数组为a[n],元素个数为n个,并设置计算器变量m、n、k分别代表大于0、等于0和小于0的元素个数。在统计之前,计数器变量初值设置为0。利用for循环依次搜索数组,顺序比较每个数组元素,当有满足条件的元素时,相应计数器加1。

程序如下:

```
#include <stdio.h>
void main()
{
    int a[30],i,m = 0,n = 0,k = 0;
    for(i = 0;i < 30; i++)
      scanf("%d",&a[i]);            /* 从键盘依次输入30个数组元素的值 */
    for(i = 0;i < 30;i++)           /* 依次搜索满足条件的数组元素,并对相应计数器加1操作 */
      if(a[i]> 0)m++;
```

```
        else if (a[i] == 0) n++;
          else k++;
    printf("m = %d\n",m);                    /*输出相应计数器的值*/
    printf("n = %d\n",n);
    printf("k = %d\n",k);
}
```

【例 8-3】 求 Fibonacci 数列的前 20 项。

分析：由于此问题中涉及的变量较多，且属于相同类型，可以考虑用数组实现，即用数组来存储数列，同时由于数列中前两项是固定的，可以考虑在定义数组时赋予初值的方式实现，而后面的 18 项，则可以使用 for 循环来求解。

```
for (i = 2; i < 20; i++)
  f [i] = f [i - 1] + f [i - 2];
```

程序如下：

```
#include <stdio.h>
void main()
{
    int i;
    int F[20] = {1, 1};
    for (i = 2; i < 20; i++)
      F[i] = F[i - 1] + F[i - 2];            /*利用公式进行求解*/
    for (i = 0; i < 20; i++)
    {
      if (i % 5 == 0) printf("\n");        /*每行输出 5 个数据项*/
      printf("%12d",F[i] );
    }
    printf("\n");
}
```

【例 8-4】 对数组元素排序——冒泡排序。

所谓排序，就是把一列可以比较大小的数据按照从大到小(降序)或从小到大(升序)的顺序排列，在应用中是常见的一种应用类型，其作用是方便查找(如折半查找法等)。

例如：11，29，2，25，121，－10，1

降序排列：121，29，25，11，2，1，－10

升序排列：－10，1，2，11，25，29，121

注意：只有数组元素可以比较的才能排序，如整型、字符型、字符串数组。

冒泡排序的思想：

(1) 对于有 n 个数据的集合，要经过(n－1)趟排序，每一趟排序都会把集合中最大(或最小)的那个数排到最后。

(2) 算法思想。

设有集合 r[n]；则第 i 趟排序过程为：

① 把集合中的第 1 记录与第 2 个记录比较，若 r[1]＞r[2]，则交换 r[1]和 r[2]的数据。

② 比较集合中的第 2 个记录与第 3 个记录，若 r[2]＞r[3]，则交换 r[2]和 r[3]的数据。依此类推，直到第(n－1)个记录和第 n 个记录比较。

例如：有一组数据为：48，37，64，97，75，12，26，49

采用冒泡排序过程：

第 1 趟排序后成为 37，48，64，75，12，26，49，97

第 2 趟排序后成为 37，48，64，12，26，49，75，97

第 3 趟排序后成为 37，48，12，26，49，64，75，97

第 4 趟排序后成为 37，12，26，48，49，64，75，97

第 5 趟排序后成为 12，26，37，48，49，64，75，97

第 6 趟排序后成为 12，26，37，48，49，64，75，97

第 7 趟排序后成为 12，26，37，48，49，64，75，97

总结：上例 8 个数据共需 7 趟排序，其中第一趟排序需要 7 次比较，第二趟排序需要 6 次比较，…，第 7 趟排序需要 1 次比较。于是可总结，排序的当前趟数为 i，则比较的总次数 j 和 i 的关系是 j＋i＝8，即 j＝8－i。

程序如下：

```
#include <stdio.h>
void main()
{
     int a[9] = {0,48, 37, 64, 97, 75, 12, 26, 49};
     int i, j , t;
     for(i = 1; i <= 7; i++)              /* 排序趟数 */
         for(j = 1; j <= 8 - i; j++)      /* 比较次数 */
             if(a[j]> a[j + 1])           /* 若前者比后者大,则交换两个元素 */
             {
               t = a[j];
               a[j] = a[j + 1];
               a[j + 1] = t;
             }
     printf("排序后的数组元素为:\n");
     for(i = 1;i <= 8;i++)
       printf(" %d ",a[i]);
     printf("\n");
}
```

程序运行结果为：

排序后的数组元素为：

```
12  26  37  48  49  64  75  97
```

思考：如何修改程序，使其成为降序排序？

【例 8-5】 从键盘上输入一个数，插入到一维数组（已经升序排序）中，使插入后的数组仍然升序排列。

例如，设原数组 s[6]为－12，3，21，30，34，67。

假设待插入的新数为 15，则该数应插入到数 3 与 21 之间，数组长度增加 1。

插入后的数列 s[7]为－12，3，15，21，30，34，67。

分析：本例难点有两个，第一，定位该在什么位置插入数据；第二，插入数据前怎样腾出一个空位(将指定位置开始的各元素依次后移)。具体方法是,先将待插数据 x 置于数组最后,然后将 x 与它前边的元素逐一比较,如果 x 小于某元素 s[i],则后移 s[i]一个位置,否则将 x 于 s[i+1]的位置。

例如:

```
s[0] s[1] s[2 ] s[3] s[4] s[5] s[6]
-12, 3,   21,   30, 34,   67  15      /*设 s[6]=15*/
-12, 3,   21,   30, 34,   67  67      /*s[5]后移一个位置*/
-12, 3,   21,   30, 34,   34  67      /*s[4]后移一个位置*/
-12, 3,   21,   30, 30,   34  67      /*s[3]后移一个位置*/
-12, 3,   21,   21, 30,   34  67      /*s[2]后移一个位置*/
-12, 3,   15,   21, 30,   34  67      /*x>s[1],将15放在s[2]位置*/
```

程序如下:

```
#include <stdio.h>
#define N 7
void main()
{
    int s[N] = {-12,3,21,30,34,67}, i, x;
    for ( i = 0; i < N - 1; i++ )      /*输出排序前数组元素值*/
      printf(" %d ", s[i]);
    printf("\n请输入待插入的新数 x:");
    scanf(" %d", &x);
    s[N-1] = x;                        /*将待插数据放在数组的末端*/
    for ( i = N - 2; i >= 0; i-- )
      if ( x< s[i] )
        s[i + 1] = s[i];               /*注意这时 s[i]位置上的数没有变化*/
      else
      {
          s[i + 1] = x;
          break;
      }
    for ( i = 0; i < N; i++ )
      printf(" %d ",s[i]);
    printf("\n");
}
```

【例 8-6】 从键盘输入一个数,要求从数组中删除与该值相等的元素,并将其后的元素逐个向前递补,并将最后一个元素置 0。

分析:要想从数组中删除一个元素主要做定位与移动两个工作。定位指确定被删除元素的位置;移动指某元素被删除后,跟在它后边的元素将逐个"向前递补"。设置一个标志变量,其作用是表示原数组中是否存在用户要删除的元素。

程序如下:

```
#include <stdio.h>
void main()
{
    int s[10] = {10,20,30,40,50,60,70,80,90,100},i,x,j,f;   /*f是标志变量*/
```

```
    for (i=0; i<10; i++ )
      printf(" %d ", s[i]);          /* 首先将原数组元素输出 */
    printf("\n请输入要删除的数:");
    scanf(" %d", &x);
    f = 0;
    for ( i=0; i<10; i++ )
      if ( s[i]==x )
    {
        j=i; f=1; break;      /* 找到待删除元素,则将其位置赋给 j,并设置标志,退出循环 */
    }
    if ( f==0 )                    /* s 数组中不包含 x */
      printf("\n无此数!");
    if ( j==9 )
      s[9] =0;                     /* x 刚好是 s 的末尾元素 */
    else                           /* x 不是 s 的末尾元素 */
      {
          for ( i=j; i<9; i++ )
            s[i] = s[i+1];         /* s 从删除元素位置开始的后面各元素向前递补 */
            s[i] = 0;              /* s 最后元素置 0 */
      }
      for ( i=0; i< 10;i++ )
        printf(" %d ", s[i]);
    printf("\n");
}
```

8.3 二维数组的定义和引用

8.3.1 二维数组的定义

问题提出：某位同学期末考试的成绩如表 8-1 所示。

表 8-1 期末成绩

学号	数学	语文	英语	计算机	总分	平均分
1	89	90	91	93	?	?

要求：计算并保存该同学的总分及平均分。

思路一：定义 7 个整型变量，如表 8-2 所示。

```
#include <stdio.h>
void main()
{
    int no=1, sx= 89, yw=90, yy=91, jsj=93,
            zf, pjf ;
    zf = sx + yw + yy + jsj;
    pjf = zf / 4;
}
```

表 8-2　整型变量表

学号	数学	语文	英语	计算机	总分	平均分
no	sx	yw	yy	jsj	zf	pjf

思路二：定义一个整型数组 cj，如表 8-3 所示。

```
#include< stdio.h>
void main()
{
    int cj[7] = {1, 89, 09, 91, 93};
    cj[5] = cj[1] + cj[2] + cj[3] + cj[4] ;
    cj[6]= cj[5] / 4;
}
```

表 8-3　用整型数组定义的成绩表

学号	数学	语文	英语	计算机	总分	平均分
cj[0]	cj[1]	cj[2]	cj[3]	cj[4]	cj[5]	cj[6]

新问题：一小组有 4 位同学，期末考试成绩如表 8-4 所示。

表 8-4　4 位同学的成绩表

学号	数学	语文	英语	计算机	总分	平均分
1	89	90	91	93	?	?
2	86	89	88	90	?	?
3	73	82	80	83	?	?
4	91	78	75	99	?	?

要求：分别计算并保存 4 位同学的总分及平均分。

如何解决？

方案一：定义 28 个整型变量进行计算。

方案二：定义 4 个一维数组进行计算。

方案三：定义 1 个二维数组进行计算，如表 8-5 所示。

表 8-5　用二维数组来定义 4 位同学的成绩表

	学号	数学	语文	英语	计算机	总分	平均分
下标	0	1	2	3	4	5	6
0	1	89	90	91	93		
1	2	86	89	88	90		
2	3	73	82	80	83		
3	4	91	78	75	99		

定义方法：

```
int  cj[4][7];
```

这就是本节要介绍的二维数组。实际上，从上例中可以看出，二维数组可以看作是以一维数组为元素构成的数组，每个一维数组又包含若干个元素。

二维数组的定义形式如下：

```
类型名　数组名[行下标表达式][列下标表达式]
```

和一维数组一样，二维数组的下标均从 0 开始计算，且必须是值为正整数的常量表达式。例如，上面的例子中 int cj[4][7]；则行下标的合法范围为 0～3，而列下标的合法范围为 0～6，数组元素分别表示为 cj[0][0]，cj[0][1]，cj[0][2]，cj[0][3]，…，cj[3][6]共计 28 个数组元素。

在 C 语言中，一个 n 维的二维数组，其元素排列是按行存储的，即在内存中先顺序存储第 1 行的元素，接着再存储第 2 行的元素，依次类推，直到存储第 n 行的元素。

8.3.2　二维数组的引用和初始化

二维数组的引用：

```
数组名 [下标表达式][下标表达式]
```

和一维数组一样，二维数组也不能整体应用，一次只能引用二维数组中的一个元素。同时也要注意下标的越界问题。

二维数组的初始化：

(1) 初始化数组可采用分行赋值的方式：

```
int cj[4][7] = { {1, 89, 90, 91, 93, 98, 92}, {2, 86, 89, 88, 90,78,67}, {3, 73, 82, 80, 83,
67,87}, {4, 91, 78, 75, 99,90,77} };
```

(2) 可以采用直接赋值的方式：

```
int cj[4][7] = {1, 89, 90, 91, 93, 98, 92, 2, 86, 89, 88, 90, 78, 67, 3, 73, 82, 80, 83, 67, 87,
4, 91, 78, 75, 99, 90, 77};
```

(3) 某些行赋初值个数少于数组个数。

```
int a[3][4] = {{1,2},{3,4},{8}};
/* a[0][0] = 1,a[0][1] = 2,a[1][0] = 3,a[1][1] = 4,a[2][0] = 8,其余的元素自动赋予 0 */
```

(4) 赋初值的行数少于数组行数。

```
int a[3][4] = {{1,2},{3,4}};
/* a[0][0] = 1,a[0][1] = 2,a[1][0] = 3,a[1][1] = 4,其余的元素自动赋予 0 */
```

(5) 通过赋初值定义二维数组大小。

```
int a[ ][4] = {{1,2,3},{},{1,3}};
```

相当于

```
int a[3][4] = {{1,2,3},{},{1,3}};
```

8.3.3 多维数组

通常多维数组的定义形式有连续两个或两个以上的“[下标表达式]”，定义中的每个下标表达式依次指定数组各维的长度。

例如：

```
float a[2][2][4];
```

则定义了一个三维数组，其引用数组元素的方式：

```
a[0][0][0],a[0][0][1],a[0][0][2],a[0][0][3],a[0][1][0],a[0][1][1],a[0][1][2],a[0][1][3],
a[1][0][0],a[1][0][1],a[1][0][2],a[1][0][3],a[1][1][0],a[1][1][1],a[1][1][2],a[1][1][3]
```

共计 16 个元素。

由于多维数组大量占用内存，三维或更多为数组较少使用。读者如有兴趣可查阅相关书籍，本书不再具体介绍。

8.4 二维数组的应用

【例 8-7】 从键盘上输入二维数组的元素，并依次输出二维数组元素。

程序如下：

```
#include <stdio.h>
void main()
{
    int x[5][6],i,j;
    for(i=0;i<5;i++)
    for(j=0;j<6;j++)
      {
          printf("输入数组元素\n");
          scanf("%d",&x[i][j]);      /*从键盘上依次输入二维数组元素的值*/
      }
    for (i=0;i<5;i++)                /*逐行输出二维数组的值*/
    {
        for(j=0;j<6;j++)
        printf("%d\t",x[i][j]);
            printf("\n");
    }
}
```

【例 8-8】 从键盘输入各位学生每门课程的成绩，并计算平均分。

程序如下：

```
#include <stdio.h>
#define M 4
#define N 6
void main()
{
```

```
    int sum = 0, score[M][N];              /* 设置二维数组存储每位学生的各科成绩 */
    int i,j;
    for ( i = 0; i < M; i++ )
    {
      printf("Num %d :\n", i);
    for (j = 0; j < N - 1;j++)
    {
      printf("\n\t 课程[ %d] = ", j);     /* 设置输入课程成绩的格式 */
      scanf(" %d",&score[i][j]);          /* 输入每个学生各科成绩 */
      }
    }
    for ( i = 0; i < M; i++ )
    {
      sum = 0;
      for ( j = 0; j < N - 1; j++ )
          sum += score[i][j];              /* 计算每位学生的平均分 */
      score [i][N - 1] = sum / N;          /* 每行的最后一个数组元素用于存放该学生的平均分 */
    }
      printf("学生\t 课程 1\t 课程 2\t 课程 3\t 课程 4\t 课程 5\t 平均分\n");
      for ( i = 0; i < M; i++ )            /* 输出各科成绩及平均分 */
      {
          printf("学生 %d:", i);
          for (j = 0;j < N;j++ )
              printf("\t %d", score[i][j]);     /* 设置输出成绩的格式 */
          printf("\n");
      }
}
```

【例 8-9】 输入年、月、日,求这一天是该年的第几天。

分析:为确定一年中得第几天,需要一张每月的天数表,该表给出每个月份的天数。由于 2 月份的天数因闰年和平年有所不同。为使程序处理方便,把月份天数设计成一个二维数组。数组的第 0 行给出的平年各月份的天数,数组的第 1 行给出闰年各月的天数,为计算某月某日是这一年的第几天,首先确定这一年是否是闰年,然后根据各月的天数表,将前几个月的天数与当月的日期累加,就可以得到这一天是该年的第几天。

程序如下:

```
#include < stdio.h >
void main()
{
  int day_table[ ][12] = {{31,28,31,30,31,30,31,31,30,31,30,31},{31,29,31,30,31,30,31,31,
30,31,30,31}};  /* 设置平年和闰年的天数 */
  int year,month,day,i,j;
  printf("输入年,月,日\n");
  scanf(" %d%d%d",&year,&month,&day);
  j = (year % 4 == 0&&year % 100||year % 400 == 0);      /* 判断输入的年是否是闰年 */
  for(i = 0;i < month - 1;i++)
    day += day_table[j][i];              /* 根据 j 值决定将哪个天数表的天数累加 */
  printf("\n 这一天是年中的第 %d 天\n",day);
}
```

8.5 字符数组

8.5.1 问题的提出

对数据类型,能够完成:

(1) 定义赋值显示一个整型变量。

(2) 定义赋值显示一浮点型变量。

(3) 定义赋值显示一字符型变量。

思考:能否对字符串进行以上操作呢?

C语言中没有字符串变量的概念,而是采用了字符数组来模拟字符串变量的功能。

例如:

```
char str[ ] = "hello world!";
printf("The string is: % s\n", str);
```

程序运行结果为:

```
The string is: hello world!
```

8.5.2 字符数组的定义

用来存放字符串的数组称为字符数组。字符数组类型说明的形式与前面介绍的数值数组相同。例如,“char c[10];”由于字符型和整型通用,也可以定义为“int c[10]”,但这时每个数组元素占4字节的内存单元。

字符数组也可以是二维或多维数组,如“char c[5][10];”即为二维字符数组。

字符数组也允许在类型说明时作初始化赋值。

例如:

```
static char c[10] = {'c',' ','p','r','o','g','r','a','m'};
```

赋值后各元素的值为:

```
c[0] = 'c'
c[1] = ' '
c[2] = 'p'
c[3] = 'r'
c[4] = 'o'
c [5] = 'g'
c[6] = 'r'
c[7] = 'a'
c[8] = 'm'
c[9] = 0
```

其中,c[9]未赋值,由系统自动赋予0值。当对全体元素赋初值时也可以省去长度说明。例如:

```
static char c[] = {'c',' ','p','r','o','g','r','a','m'};
```

这时，C数组的长度自动定为9。

【例8-10】 二维字符数组的定义和使用。

```
#include <stdio.h>
void main()
{
  int i,j;
  char a[][5] = {{'B','A','S','I','C',},{'d','B','A','S','E'}};
  for(i = 0;i <= 1;i++)
  {
    for(j = 0;j <= 4;j++)
    printf("%c",a[i][j]);
    printf("\n");
  }
}
```

本例的二维字符数组由于在初始化时全部元素都赋以初值，因此一维下标的长度可以不加以说明。

字符串在C语言中没有专门的字符串变量，通常用字符数组来存放一个字符串。在前面介绍字符串常量时，已说明字符串总是以'\0'作为串的结束符。因此当把一个字符串存入一个数组时，也把结束符'\0'存入数组，并以此作为该字符串是否结束的标志。有了'\0'标志后，就不必再用字符数组的长度来判断字符串的长度了。

C语言允许用字符串的方式对数组作初始化赋值。

例如：

```
static char c[] = {'c', ' ','p','r','o','g','r','a','m'};
```

可写为：

```
static char c[] = {"C program"};
```

或去掉{}写为：

```
static char c[] = "C program";
```

用字符串方式赋值比用字符逐个赋值要多占一个字节，以用于存放字符串结束标志'\0'。上面的数组c在内存中的实际存放情况为C program\0，'\0'是由C编译系统自动加上的。由于采用了'\0'标志，所以在用字符串赋初值时一般无须指定数组的长度，而由系统自行处理。在采用字符串方式后，字符数组的输入输出将变得简单方便。除了上述用字符串赋初值的办法外，还可用printf函数和scanf函数一次性输出输入一个字符数组中的字符串，而不必使用循环语句逐个地输入输出每个字符，例如下面程序：

【例8-11】 字符串的输出。

```
#include <stdio.h>
void main()
{
  static char s[] = "C program";
```

```
    printf("%s\n",s);
}
```

注意：在本例的printf函数中，使用的格式字符串为%s，表示输出的是一个字符串。而在输出表列中给出数组名即可，不能写为“printf("%s",s[]);”。

【例8-12】 字符串数组的输入与输出。

```
#include <stdio.h>
void main()
{
    char x[20];
    printf("请输入一个字符串：\n");
    scanf("%s",x);
    printf("%s\n",x);
}
```

本例中由于定义数组长度为20，因此输入的字符串长度必须小于20，以留出一个字节用于存放字符串结束标志'\0'。应该说明的是，对一个字符数组，如果没有初始化赋值，则必须说明数组长度。还应该特别注意的是，当用scanf函数输入字符串时，字符串中不能含有空格，否则将以空格作为串的结束符。

运行例8-12中的程序，当输入的字符串中含有空格时运行情况为：

请输入一个字符串：It is a C program.

It

从输出结果可以看出空格以后的字符都未能输出（读者可以自行上机检验一下）。

8.5.3 字符串常用函数

C语言提供了丰富的字符串处理函数，大致可分为字符串的输入、输出、合并、修改、比较、转换、复制、搜索几类。使用这些函数可大大减轻编程的负担。用于输入输出的字符串函数，在使用前应包含头文件stdio.h；使用其他字符串函数则应包含头文件string.h。下面介绍几个最常用的字符串函数。

1. 字符串连接函数strcat

格式：

```
strcat (字符数组名1,字符数组名2)
```

功能：把字符数组2中的字符串连接到字符数组1中字符串的后面，并删去字符串1后的串结束标志"\0"。本函数返回值是字符数组1的首地址。

【例8-13】 strcat函数的使用。

```
#include <stdio.h>
#include <string.h>                    /*注意不能遗忘*/
void main()
{
    static char s1[30] = "it is ";
    int s2[10];
```

```
  gets(s2);                       /* 从键盘输入一个字符串 */
  strcat(s1,s2);                  /* 将 s2 字符串的内容连接到 s1 字符串的后面 */
  puts(s1);
}
```

需要注意的是，第一个字符数组 s1 应定义足够的长度，否则不能全部装入被连接的字符串。

2. 字符串拷贝函数 strcpy

格式：

strcpy (字符数组名 1,字符数组名 2)

功能：把字符数组 2 中的字符串拷贝到字符数组 1 中。串结束标志'\0'也一同拷贝。字符数名 2，也可以是一个字符串常量。这时相当于把一个字符串赋予一个字符数组。

【例 8-14】 strcpy 函数的使用。

```
#include <stdio.h>
#include <string.h>
void main()
{
  static char s1[20],s2[] = "my array";
  strcpy(s1,s2);
  puts(s1);
  printf("\n");
}
```

注意：本程序中要求字符数组 1 应有足够的长度，否则不能全部装入所拷贝的字符串。

3. 字符串比较函数 strcmp

格式：

strcmp(字符数组名 1,字符数组名 2)

功能：按照 ASCII 码顺序比较两个数组中的字符串，并由函数返回值返回比较结果。

- 若字符串 1＝字符串 2，则返回值＝0；
- 若字符串 2＞字符串 2，则返回值＞0；
- 若字符串 1＜字符串 2，则返回值＜0。

本函数也可用于比较两个字符串常量，或比较数组和字符串常量。

【例 8-15】 strcmp 函数的使用。

```
#include <stdio.h>
#include <string.h>
void main()
{
    int x;
    static char s1[20],s2[] = "my array";
    printf("请输入一个字符串:\n");
```

```
    gets(s1);
    x = strcmp(s1,s2);
    if(x == 0) printf("s1 与 s2 相等!\n");
    if(x > 0) printf("s1 大于 s2!\n");
    if(x < 0) printf("s1 小于 s2!\n");
}
```

本程序中把输入的字符串和数组 s2 中的串比较，比较结果返回到 x 中，根据 x 值再输出结果提示串。当输入为 my family 时，由 ASCII 码可知，'a'>'f'，则 x>0，输出结果“s1 大于 s2!”。

4. 测字符串长度函数 strlen

格式：

```
strlen(字符数组名)
```

功能：测字符串的实际长度(不含字符串结束标志'\0')并作为函数返回值。

【例 8-16】 strlen 函数的使用。

```
#include <stdio.h>
#include <string.h>
void main()
{
    int x;
    static char s[] = "It is a C program.";
    x = strlen(s);
    printf("数组的长度为: %d\n",x);
}
```

总结：字符串与整型变量使用对比如表 8-6 所示。

表 8-6 字符串与整型变量使用对比表

字符数组	整型变量
初始化：char name[]="abc";	初始化：int name=100;
赋值：strcpy(name,"abc");	赋值：name=100;
加法：strcat(str1, str2);	加法：int1=int1+int2;
比较大小：strcmp(str1, str2)>0;	比较大小：int1>int2;

注意：

(1) 一个字符串一定是字符数组，但一个字符数组并不一定是一个字符串。字符串是以'\0'为结束标志的字符数组。

例如：

```
char str[5] = {'h', 'e', 'l', 'l', 'o'};
char str[]  = "hello";
char str[6] = {'h', 'e', 'l', 'l', 'o', '\0'};
```

(2) 字符串的输入输出。

① scanf()和 printf()。

例如：

```
char a[20];
scanf("%s", a);                        /* 不是 &a,数组名是数组的首地址 */
printf("%s", a);
```

② gets() 和 puts()。

例如：

```
char  a[20];
gets(a);
puts(a);
```

③ 使用 gets()和 puts()时必须包含头文件：

```
#include <stdio.h>
```

④ 使用 strcpy()、strcmp()、strcat()和 strlen()时必须包含头文件：

```
#include <string.h>
```

8.5.4 字符函数的应用

【例 8-17】 利用 gets 函数和 strcmp 函数设计一个简单密码检测程序。

```
#include  <stdio.h>
#include  <string.h>
void main()
{
    char pass_str[80];                  /* 定义字符数组 pass_str */
    int i = 0;
    /* 检验密码 */
    while(1)
    {
        printf("Please enter the password:\n");
        gets(pass_str);                 /* 输入密码 */
        if( strcmp(pass_str, "password" ) != 0)     /* 口令错 */
            printf("Password is not correct!");
        else
            break;                      /* 输入正确的密码,中止循环 */
        getch();
        i++;
        if(i == 3) exit(0);             /* 输入三次错误的密码,退出程序 */
    }
    /* 输入正确密码所进入的程序段 */
}
```

8.6 数组作为函数参数

第7章,学习了将变量作为函数参数进行传递,显然数组元素作为一种特殊的变量也可以作为函数实参,其用法与变量相同,此外,数组名也可以作为实参和形参,传递的是数组首地址。下面通过实例分别加以介绍。

8.6.1 数组元素作函数实参

当将数组元素作为函数实参传递时,属于"值传递"方式,其对应的形参应该是变量。

【例8-18】 比较大小。

```
#include <stdio.h>
int max(int x,int y)                    /*函数定义*/
{
    return(x>y?x:y);
}
void main()
{
    int c,a[2];
    scanf("%d,%d",&a[0],&a[1]);
    c=max(a[0],a[1]);                   /*将两个数组元素作为函数实参传递给max函数*/
    printf("The max number is %d",c);
}
```

在例8-18中,当在主函数中调用max函数时,将数组元素a[0]和a[1]作为实参传递给形参x和y,可见,其用法与普通变量作为实参的用法没有什么区别。

8.6.2 数组名作函数参数

这种方式是为了将整个数组传递到函数中去而使用。在这种方式下,在实参位置处写出数组名,在形参位置处写出数组名及其定义即可。

【例8-19】 求整个数组的平均值。

```
#include <stdio.h>
float f();
void main()
{
    float avg;
    float x[10]={1.2,3.6,4.5,5.1,6.9,7,8,9,10.5,11.3};
    avg=f(x);                           /*将数组名作为函数实参传递给函数f*/
    printf("The average is %5.2f",avg);
}
float f(float a[10])                    /*形参数组a和实参数组x实际共用一片内存空间*/
{
    int i;
    float sum=0;
```

```
    for (i = 0;i < 10;i++)
      sum = sum + a[i];
    return (sum/10);
}
```

说明：

(1) 实参中的数组必须是已经定义过的，而形参中的数组定义只是说明这个形参是用来接收实参值的，这个实参应是一个已定义过的数组。注意，形参这里并没有产生一个新的数组。

(2) 实参数组与形参数组的类型应一致，如果不一致，则将按形参定义数组的方式来解释实参数组。

(3) 在将数组名作为函数参数传递时，传递的只是实参数组的首地址，并不是将所有的数组元素全部复制到形参数组中。事实上实参数组与形参数组共占同一片内存单元。

当 main 函数开始执行时，x 数组就已经产生，假设其首地址为 1000。当进行 f 函数调用时，只将 x 数组的首地址传递给形参变量 a，此时 a 的值也为地址 1000。同时由于 a 被定义成数组类型，所以在 f 函数中可以将变量 a 看成一个数组名对数组进行操作，如下面情况：

```
x数组 x[0] x[1] x[2] x[3] x[4] x[5] x[6] x[7] x[8] x[9]
数值   1.2  3.6  4.5  5.1  6.9   7    8    9   10.5 11.3
a数组 a[0] a[1] a[2] a[3] a[4] a[5] a[6] a[7] a[8] a[9]
```

此时对 a 数组的操作实际上是对 x 数组的操作。

(4) 由于数组名作函数的参数只是传递的数组的首地址，所以在形参定义时可以不定义数组的大小。这样定义好的函数就可以处理同类型的任何长度的数组了。

【例 8-20】 不定长数组作函数参数。

```
#include < stdio.h >
float f(float a[],int n)  /* 形参数组 a 不必定义大小,因为它与实参 x 或 y 共用一片内存空间 */
{
    int i,f;
    float sum = 0;
    for(i = 0;i < n;i++)
        sum = sum + a[i];
    return(sum/n);
}
void main()
{
    float x[10] = {1.2,3.6,4.5,5.1,6.9,7,8,9,10.5,11.3};
    float y[5] = {7,8,9,10.5,11.3};
    float avg;
    avg = f(x,10);                    /* 这时数组 x 与 a 共用一片内存空间 */
    printf("The array x average is %5.2f\n",avg);
    avg = f(y,5);                     /* 这时数组 y 与 a 共用一片内存空间 */
    printf("The array y average is %5.2f",avg);
}
```

这个程序中的 f 函数中的形参 a 在定义时没有指定其数组的长度，而是通过另一个参数 n 来确定传递来的数组长度。这样这个 f 函数就可以处理所有实型数组的平均值问题。为什么要传一个 n 进来呢？因为在 f 函数中 a 只能确定数组的起始地址，不能表示出这个数组的长度。在这种情况下，在 f 函数中使用这样的表达式(a[100]=0)系统是不会报错的，但这实际上已经超出了实参数组的长度，结果是向一个可能有其他用途的内存单元存放了一个值，结果很容易引起系统“死机”。所以在这种情况下，要加一个参数用来表示实参数组的长度(实际上是通过人工的方式来保证对数组的使用不会越界)。

8.6.3 多维数组作函数参数

多维数组元素做函数的参数和变量做函数参数是一样的。多维数组名做函数的参数和一维数组名做函数的参数类似，也是将实参数组的首地址传递进来。形参只知道这是一个数组的首地址，这个数组是几维的，长度是多少可就不得而知了，只有通过形参的定义才能知道。

已知任何数组在内存中都是按照线性方式存储的，对一个多维的数组只是看待这串数列的方式不同。只要保证在形参数组中操作时，不要超过实参数组的长度即可。还有对形参数组定义时可以指定第一维的大小，也可以不指定(只有第一维是这样的)。

【例 8-21】 输入一个矩阵，找出矩阵中的最大值。

```
#include <stdio.h>
int max();
void main()
{
    int x[3][4] = {{1,2,4,5},{3,6,7,8},{13,26,53,33}};
    printf("The max number is %d", max(x));      /* 函数调用 */
}
int max(int a[][4])
{
    int i,j,m;
    m = a[0][0];  /* 假定第一个元素是最大的,然后将其他数组元素依次与该元素比较,如有比它
                     大的元素,则将其赋给 m */
    for(i = 0;i < 3;i++)
      for(j = 0;j < 4;j++)
      if (a[i][j]> m) m = a[i][j];
    return(m);
}
```

习题 8

1. 选择题

(1) 以下关于数组的描述正确的是(   )。

A. 数组的大小是固定的，但可以有不同类型的数组元素

B. 数组的大小是可变的，但所有数组元素的类型必须相同

C. 数组的大小是固定的，所有数组元素的类型必须相同

D. 数组的大小是可变的，可以有不同的类型的数组元素

(2) 以下对一维整型数组 a 的正确说明是(　　)。

A. int a(10)；

B. int n=10,a[n]；

C. int n；
scanf("%d",&n)；
int a[n]；

D. #define SIZE 10
int a[SIZE]；

(3) 在 C 语言中，引用数组元素时，其数组下标的数据类型允许是(　　)。

A. 整型常量

B. 整型表达式

C. 整型常量或整型表达式

D. 任何类型的表达式

(4) 以下对一维数组 m 进行正确初始化的是(　　)。

A. int m[10]=(0,0,0,0)；

B. int m[10]={ }；

C. int m[ ]={0}；

D. int m[10]={0,0,0,0,0,0,0,0,0,0,0}；

(5) 若有定义“int bb[8];”，则以下表达式中不能代表数组元素 bb[1]的地址的是(　　)。

A. &bb[0]+1　　B. &bb[1]　　C. &bb[0]++　　D. bb+1

(6) 假定 int 类型变量占用两个字节，其有定义“int x[10]={0,2,4};”，则数组 x 在内存中所占字节数是(　　)。

A. 3　　B. 6　　C. 10　　D. 20

(7) 若有以下说明：

```
int a[12] = {1,2,3,4,5,6,7,8,9,10,11,12};
char c = 'a',d,g;
```

则数值为 4 的表达式是(　　)。

A. a[g-c]　　B. a[4]　　C. a['d'-'c']　　D. a['d'-c]

(8) 以下程序段给数组所有的元素输入数据，请选择正确答案填入(　　)。

```
#include <stdio.h>
main()
{
    int a[10],i = 0;
    while(i<10)
    scanf(" % d",________);
}
```

A. a+(i++)　　B. &a[i+1]　　C. a+i　　D. &a[++i]

(9) 执行下面的程序段后，变量 k 中的值为(　　)。

```
int k = 3, s[2];
s[0] = k; k = s[1] * 10;
```

A. 不定值　　B. 33　　C. 30　　D. 10

(10) 若说明“int a[2][3];”则对 a 数组元素的正确引用是(　　)。

A. a(1,2)　B. a[1,3]　C. a[1>2][! 1]　D. a[2][0]

(11) 若有定义“int b[3][4]={0};”则下述正确的是(　)。

A. 此定义语句不正确

B. 没有元素可得初值 0

C. 数组 b 中各元素均为 0

D. 数组 b 中各元素可得初值但值不一定为 0

(12) 若有以下数组定义,其中不正确的是(　)。

A. int　a[2][3];

B. int　b[][3]={0,1,2,3};

C. int　c[100][100]={0};

D. int　d[3][]={{1,2},{1,2,3},{1,2,3,4}};

(13) 若有以下的定义“int t[5][4];”,能正确引用 t 数组元素的表达式是(　)。

A. t[2][4]　B. t[5][0]　C. t[0][0]　D. t[0,0]

(14) 在定义“int m[ ][3]={1,2,3,4,5,6};”后,m[1][0]的值是(　)。

A. 4　B. 1　C. 2　D. 5

(15) 在定义 int n[5][6]后第 10 个元素是(　)。

A. n[2][5]　B. n[2][4]　C. n[1][3]　D. n[1][4]

(16) 若二维数组 c 有 m 列,则计算任一元素 c[i][j]在数组中的位置的公式为(　)。(假设 c[0][0]位于数组的第一个位置)

A. i*m+j　B. j*m+i　C. i*m+j-1　D. i*m+j+1

(17) 若有以下定义语句,则表达式“x[1][1]*x[2][2]”的值是(　)。

```
float x[3][3] = {{1.0,2.0,3.0},{4.0,5.0,6.0}};
```

A. 0.0　B. 4.0　C. 5.0　D. 6.0

(18) 下述对 C 语言字符数组的描述中错误的是(　)。

A. 字符数组可以存放字符串

B. 字符数组中的字符串可以整体输入输出

C. 可以在赋值语句中通过赋值运算符“=”对字符数组整体赋值

D. 不可以用关系运算符对字符数组中的字符串进行比较

(19) 下述对 C 语言字符数组的描述中正确的是(　)。

A. 任何一维数组的名称都是该数组存储单元的开始地址,且其每个元素按照顺序连续占存储空间

B. 一维数组的元素在引用时其下标大小没有限制

C. 任何一个一维数组的元素,可以根据内存的情况按照其先后顺序以连续或非连续的方式占用存储空间

D. 一维数组的第一个元素是其下标为 1 的元素

(20) 不能把字符串“Hello!”赋给数组 b 的语句是(　)。

A. char str[10]= {'H', 'e', 'l', 'l', 'o', '!'};

B. char str[10];str="Hello!";

C. char str[10];strcpy(str,"Hello!");

D. char str[10]="Hello!";

(21) 合法的数组定义是(　　)。

A. int a[]="string";　　B. int a[5]={0,1,2,3,4,5};

C. int s="string";　　D. char a[]={0,1,2,3,4,5};

(22) 下列语句中,不正确的是(　　)。

A. static char a[2]={1,2};

B. static char a[2]={ '1', '2'};

C. static char a[2]={ '1', '2', '3'};

D. static char a[2]={ '1'};

(23) 若给出以下定义:

```
char x[ ] = "abcdefg";
char y[ ] = {'a','b','c','d','e','f','g'};
```

则正确的叙述为(　　)。

A. 数组 x 和数组 y 等价　　B. 数组 x 和数组 y 的长度相同

C. 数组 x 的长度大于数组 y 的长度　D. 数组 x 的长度小于数组 y 的长度

(24) 若有数组定义:char array [ ]="China";,则数组 array 所占的空间为(　　)。

A. 4 字节　　B. 5 字节　　C. 6 字节　　D. 7 字节

(25) 判断两个字符串是否相等,正确的表达方式是(　　)。

A. while(s1==s2)　　B. while(s1=s2)

C. while(strcmp(s1,s2)==0)　　D. while(strcmp(s1,s2)=0)

2. 填空题

(1) C 语言中,数组元素的下标下限为 ________。

(2) C 程序在执行过程中,不检查数组下标是否________。

(3) 在定义时对数组的每一个元素赋值叫数组的________;C 语言规定,只有________存储类型和________存储类型的数组才可定义时赋值。

(4) 下面程序的运行结果是________。

```
#define N 5
main()
{
    int a[N] = {1,2,3,4,5},i,temp;
    for(i = 0;i < N/2;i++)
    {
        temp = a[i]; a[i] = a[N - i - 1]; a[N - i - 1] = temp;
    }
    printf("\n");
    for(i = 0;i < N;i++)
    printf(" %d ", a[i]);
}
```

(5) 以下程序以每一行输出 4 个数据的形式输出 a 数组。

```
#include<stdio.h>
main()
{
    int a[20],i;
    for(i=0;i<20;i++)  scanf("%d",___①___);
    for(i=0;i<20;i++)
    {
        if (___②___) ___③___;
        printf("%3d",a[i]);
    }
    printf("\n");
}
```

(6) 以下程序分别在 a 数组和 b 数组中放入 an＋1 和 bn＋1 个由小到大的有序数，程序把两个数组中的数按由小到大的顺序归并到 c 数组中。

```
#include<stdio.h>
main()
{
  int a[10]={1,2,5,8,9,10}, an=5,b[10]={1,3,4,8,12,18},bn=5;
  int i,j,k,c[20],max=9999;
  a[an+1]=b[bn+1]=max;
  i=j=k=0;
  while((a[i]!=max)||(b[j]!=max))
  if(a[i]<b[j]) {c[k]= ___①___;  k++; ___②___;}
  else          {c[k]= ___③___;  k++; ___④___;}
  for(i=0;i<k;i++) printf("%4d",c[i]); printf("\n");
}
```

(7) 以下程序的功能是：从键盘上输入若干个学生的成绩，计算平均成绩，并输出低于平均分的学生成绩，用输入负数结束输入。请填空。

```
main( )
{
    float x[1000],  sum=0.0,  ave,  a;
    int   n=0, i;
    printf("Enter mark: \n"); scanf("%f",&a);
    while(a>=0.0&& n<1000)
    {
        sum+= ___①___;    x[n]= ___②___;
        n++;               scanf("%f",&a);
    }
    ave= ___③___;
    printf("Output: \n");
    printf("ave=%f\n",ave);
    for (i=0;i<n;i++)
    if ( ___④___ ) printf ("%f\n",x[i]);
}
```

(8) 以下程序把一个整数转换成二进制数，所得二进制数的每一位放在一维数组中，输出此二进制数。注意：二进制数的最低位在数组的第一个元素中。

```
#include< stdio.h>
main()
{
    int b[16],x,k,r,i;
    printf("please input binary  num to x");  scanf("%d",&x);
    printf("%d\n",x);
    k=-1;
do
    {
        r=x% __①__;
        b[++k]=r;
        x/= __②__;
    }
while(x>=1);
for(i=k; __③__;i--)
printf("%d",b[i]); printf("\n");
}
```

3. 写出程序结果

(1) 以下程序运行结果是 ________。

```
#include< stdio.h>
main()
{
    int a[3][3]={1,2,3,4,5,6,7,8,9},i,s1=0,s2=1;
    for(i=0;i<=2;i++)
    {
        s1=s1+ a[i][i];
        s2=s2*a[i][i];
    };
    printf("s1= %d,s2= %d",s1,s2);
}
```

(2) 以下程序的运行结果是________.

```
main()
{
    int i, j,a[3][3];
    for(i=0;i<3;i++)
    {
        for(j=0;j<3;j++)
        {
            if(i==3) a[i][j]=a[i-1][a[i-1][j]]+1;
            else     a[i][j]=j;
            printf("%4d",a[i][j]);
        }
        printf("\t");
    }
}
```

(3) 阅读下列程序：

```
#include<stdio.h>
main()
{
    int i, j, row, column,m;
    static int array[3][3] = {{100,200,300},{28,72, -30},{ -850,2,6}};
    m = array[0][0];
    for (i = 0; i<3; i++)
    for (j = 0; j<3; j++)
      if (array[i][j]< m)
      {
    m = array[i][j]; row = i; column = j;
      }
    printf(" %d, %d, %d\n",m,row,column);
}
```

上述程序的输出结果是 ________。

(4) 以下程序段的输出结果是________。

```
main()
{
    char b[] = "Hello,you";
    b[5] = 0;
    printf(" %s\n", b );
}
```

(5) 若有以下程序段,若先后输入：

```
English↙
Good↙
```

则其运行结果是________。

```
main()
{
    char c1[60],c2[3];
    int i = 0,j = 0;
    scanf(" %s",c1);
    scanf(" %s",c2);
    while(c1[i]! = '\0')  i++;
    while(c2[j]! = '\0')  c1[i++] = c2[j++];
    c1[i] = '\0';
    printf("\n%s",c1);
}
```

4. 编程题

(1) 编写程序实现统计从终端输入的字符中每个大写字母的个数。

(2) 编写程序计算一个字符串中子串出现的次数。

(3) 编写程序实现从键盘输入一行字符,统计其中有多少个单词,单词之间用空格分隔。

指针

指针是C语言中广泛使用的一种数据类型,也是C语言的精华。利用指针变量可以表示各种数据结构;能很方便地使用数组和字符串;并能像汇编语言一样处理内存地址,从而编出精练而高效的程序。指针极大地丰富了C语言的功能。掌握指针的应用,可以使程序简洁、紧凑、高效。学习指针是学习C语言中最重要的一环,能否正确理解和使用指针是我们是否掌握C语言的一个标志。同时,指针也是C语言中最为困难的一部分,在学习中除了要正确理解基本概念,还必须要多编程,上机调试。

9.1 地址和指针的概念

9.1.1 指针的定义

【小故事】

地下工作者阿金接到上级指令,要去寻找打开密电码的密钥,这是一个整数。几经周折,才探知如下线索,密钥藏在一栋三年前就被贴上封条的小楼中。一个风雨交加的夜晚,阿金潜入了小楼,房间很多,不知该进哪一间,正在一筹莫展之际,忽然走廊上的电话铃声响起。艺高人胆大,阿金毫不迟疑,抓起听筒,只听一个陌生人说:"去打开211房间,那里有线索"。阿金疾步上楼,打开211房间,用电筒一照,只见桌上赫然6个大字:地址1000。阿金眼睛一亮,迅速找到1000房间,取出重要数据66,完成了任务。

根据这个故事画出线索图如图9-1所示。

说明:

(1) 数据藏在一个内存地址单元中,地址是1000。

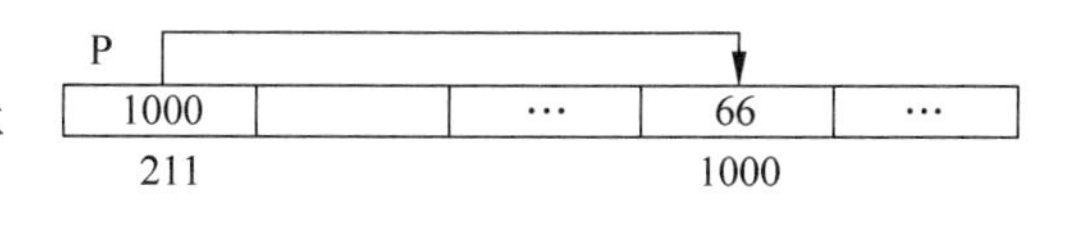

图9-1 阿金寻找密钥线索图

(2) 地址1000又由P单元所指认,P单元的地址为211。

(3) 66的直接地址是1000;66的间接地址是211;211中存的是直接地址1000。

(4) 称P为指针变量,1000是指针变量的值。

那么指针究竟是什么呢?指针其实就是地址。指针变量是一种专门存放其他变量在内存中的地址的特殊变量,它的值是变量的地址(而非变量的值)。C语言用指针可实现对数据的间接存取,即定义指针的目的是为了通过指针去访问内存单元。

既然指针变量的值是一个地址，那么这个地址不仅可以是变量的地址，也可以是其他数据结构的地址。例如，存放的数组或函数的首地址。那么在一个指针变量中存放一个数组或一个函数的首地址有何意义呢？因为数组或函数都是连续存放的。通过访问指针变量取得了数组或函数的首地址，也就找到了该数组或函数。这样一来，凡是出现数组或函数的地方都可以用一个指针变量来表示，只要该指针变量中赋予数组或函数的首地址即可。这样做，将会使程序的概念十分清楚，程序本身也精练，高效。在C语言中，一种数据类型或数据结构往往都占有一组连续的内存单元。用"地址"这个概念并不能很好地描述一种数据类型或数据结构，而"指针"虽然实际上也是一个地址，但它却是一个数据结构的首地址，它是"指向"一个数据结构的，因而概念更为清楚，表示更为明确。这也是引入"指针"概念的一个重要原因。

9.1.2 指针变量的类型说明

对指针变量的类型说明包括三个内容：

(1) 指针类型说明，即定义变量为一个指针变量。

(2) 指针变量名。

(3) 变量值(指针)所指向的变量的数据类型。

其一般形式为：

```
类型说明符 *变量名;
```

其中，* 表示这是一个指针变量，变量名即为定义的指针变量名，类型说明符表示本指针变量所指向的变量的数据类型。

例如，"int *p1;"表示p1是一个指针变量，它的值是某个整型变量的地址，或者说p1指向一个整型变量。至于p1究竟指向哪一个整型变量，应由向p1赋予的地址来决定。

再如：

```
static int *p2;              /*p2是指向静态整型变量的指针变量*/
float *p3;                   /*p3是指向浮点变量的指针变量*/
char *p4;                    /*p4是指向字符变量的指针变量*/
```

应该注意的是，一个指针变量只能指向同类型的变量，如p3只能指向浮点变量，不能时而指向一个浮点变量，时而又指向一个字符变量。

9.1.3 指针变量的引用

在深入学习指针运算之前，有必要对 * 和 & 两个运算符进行理解，这对学习指针有很大的帮助。

1. &运算符

C语言提供了专门的地址运算符 &，以取变量的地址，其优先级与负号同级别，高于算术运算符。其格式为：

```
&变量名
```

该表达式的值就是变量的地址，因此可以这样给指针变量 px 赋初值：

```
px = &a;
```

这种赋值的前提是指针变量 px 与一般变量 a 的类型必须一致！C 语言规定，不能直接将一个常数赋给指针变量（除 0 以外，因为 C 语言规定：指针值为 0 表示该指针是空指针）。

2. * 运算符

“ * ”是指针运算符，是单目运算符，其结合性为自右至左，用来表示指针变量所指的变量，在 * 运算符之后跟的变量必须是指针变量。值得注意的是，当 * 出现在定义语句中，则表示声明其后的变量 px 为指针变量，而不是普通变量；在非定义语句中“ * px”表示指针变量 px 指向的地址单元内的值。可见，“ * px”出现在定义语句和非定义语句中的含义是不一样的，这点初学者要格外注意！

设有定义语句：

```
int a, *px = &a;
```

很显然，*(&a) 与 a 等价，&(*px) 与 px 等价。

【例 9-1】 & 运算符和 * 运算符的使用。

```
#include <stdio.h>
void main()
{
    int akey,b;                  /*定义整型变量*/
    int *p, *q;                  /*定义指针变量*/
    akey = 66;                   /*赋值给变量 akey*/
    p = &akey;                   /*赋值给指针变量 p,让 p 指向变量 akey*/
    q = &b;                      /*赋值给指针变量 q,让 q 指向变量 b*/
    *q = *p;                     /*将 p 所指向的 akey 的值赋给 q 所指向的变量 b*/
    printf("b = %d\n",b);        /*输出 b 的值*/
    printf("*q = %d\n", *q);     /*输出 b 的值*/
}
```

【例 9-2】 输入圆的半径，求它的面积。

程序代码：

```
#include <stdio.h>
void main()
{
    float r, s, *p1, *p2;        /*定义 p1、p2 两个指针变量*/
    p1 = &r;                     /*将 r 的地址赋给 p1*/
    p2 = &s;                     /*将 s 的地址赋给 p2*/
    printf("\n请输入半径:");
    scanf("%f", p1);
    *p2 = 3.14 * (*p1) * (*p1);
    printf("\n圆的面积: %.2f", *p2);      /*输出 p2 指向内存单元的值*/
}
```

9.1.4 指针变量的运算

1. 赋值运算

指针变量的赋值运算有以下几种形式：

(1) 指针变量初始化赋值，前面已作介绍。

(2) 把一个变量的地址赋予指向相同数据类型的指针变量。

例如：

```
int a, * pa;
pa = &a;                    /* 把整型变量 a 的地址赋予整型指针变量 pa */
```

(3) 把一个指针变量的值赋予指向相同类型变量的另一个指针变量。

例如：

```
int a, * pa = &a, * pb;
pb = pa;                    /* 把 a 的地址赋予指针变量 pb */
```

由于 pa、pb 均为指向整型变量的指针变量，因此可以相互赋值。

(4) 把数组的首地址赋予指向数组的指针变量。

例如：

```
int a[5], * pa;
pa = a; (数组名表示数组的首地址，故可赋予指向数组的指针变量 pa)
```

也可写为：

```
pa = &a[0];     /* 数组第一个元素的地址也是整个数组的首地址，也可赋予 pa */
```

当然也可采取初始化赋值的方法：

```
int a[5], * pa = a;
```

【例 9-3】 分析下面程序，看结果有何不同？

```
#include <stdio.h>
void main()
{
    int * p1, * p2, i1, i2;
    scanf("%d, %d", &i1, &i2);
    p1 = &i1; p2 = &i2;
    printf("%d, %d\n", * p1, * p2);
    p2 = p1;
    printf("%d, %d\n", * p1, * p2);
}
```

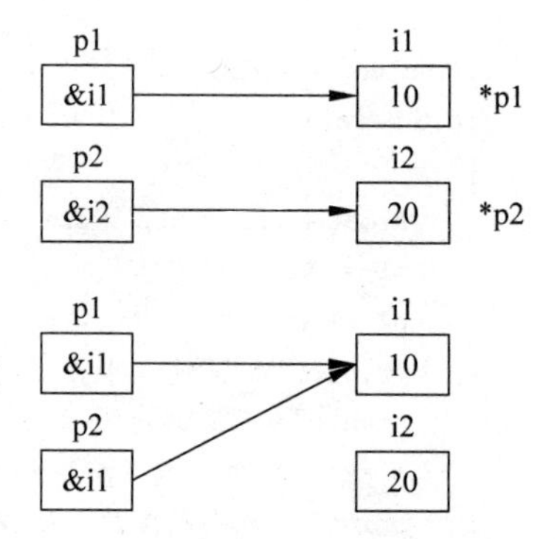

图 9-2 例 9-2 指针指向图

其程序的结果如图 9-2 所示，可见两个变量的值并没有交换过来。

将上述程序代码进行修改，如下所示。

```
#include <stdio.h>
```

```
void main()
{
    int *p1, *p2, *p, i1 = 10, i2 = 20;
    p1 = &i1; p2 = &i2;
    printf("%d, %d\n", *p1, *p2);
    p = p1; p1 = p2; p2 = p;
    printf("%d, %d\n", *p1, *p2);
}
```

其程序的结果如图 9-3 表示，可见两个变量的值已经交换过来。

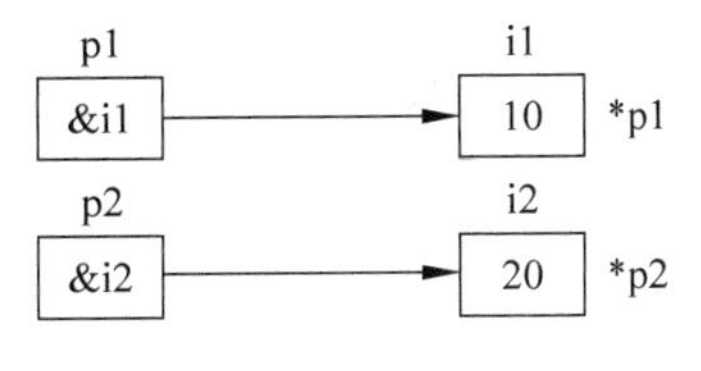

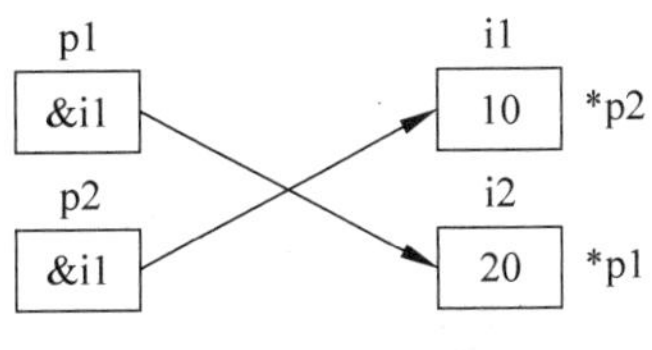

图 9-3 例 9-2 修改代码后的指针指向图

(5) 把字符串的首地址赋予指向字符类型的指针变量。

例如：

```
char *pc;pc = "c language";
```

或用初始化赋值的方法写为：

```
char *pc = "c language";
```

这里应说明的是并不是把整个字符串装入指针变量，而是把存放该字符串的字符数组的首地址装入指针变量。在后面还将详细介绍。

(6) 把函数的入口地址赋予指向函数的指针变量。

例如：

```
int (*pf)();pf = f;              /* f 为函数名 */
```

2. 加减算术运算

对于指向数组的指针变量，可以加上或减去一个整数 n。

设 pa 是指向数组 a 的指针变量，则 pa+n，pa−n，pa++，++pa，pa−−，−−pa 运算都是合法的。指针变量加或减一个整数 n 的意义是把指针指向的当前位置(指向某数组元素)向前或向后移动 n 个位置。

应该注意，指向数组的指针变量向前或向后移动一个位置和地址加 1 或减 1 在概念上是不同的。因为数组可以有不同的类型，各种类型的数组元素所占的字节长度是不同的。如指针变量加 1，即向后移动 1 个位置表示指针变量指向下一个数据元素的首地址。而不是在原地址基础上加 1。

例如：

```
int a[5], *pa;
pa = a;                     /* pa 指向数组 a,也是指向 a[0] */
pa = pa + 2;                /* pa 指向 a[2],即 pa 的值为 &pa[2] */
```

指针变量的加减运算只能对指向数组的指针变量进行，对指向其他类型变量的指针变量作加减运算是毫无意义的。

【例 9-4】 分析下面程序的运行结果。

```
#include <stdio.h>
void main()
{
    int x[6] = {0,1,2,3,4,5},a,b, * p;
    p = &x[0];
    printf(" %d %d %d\n", * p, * (p + 2), * (p + 5));
    a = * p++;                    / * 等价于 * (p++) * /
    p = &x[0];
    b = * ++p;                    / * 等价于 * (++p) * /
    printf(" %d %d\n",a,b);
}
```

程序运行结果为：

```
0 2  5
0 1
```

分析：* p++实际上等价于 *(p++)，表示先取 p 所指元素的值，再把指针变量加 1，即指向当前元素的后一个元素。而 * ++p 等价于 *(++p)，表示先把指针变量加 1，然后再取所指向元素。

3. 两个指针变量之间的运算。

只有指向同一数组的两个指针变量之间才能进行运算，否则运算毫无意义。

(1) 两指针变量相减。

两指针变量相减所得之差是两个指针所指数组元素之间相差的元素个数。实际上是两个指针值(地址)相减之差再除以该数组元素的长度(字节数)。例如 pf1 和 pf2 是指向同一浮点数组的两个指针变量，设 pf1 的值为 2010H，pf2 的值为 2000H，而浮点数组每个元素占 4 个字节，所以 pf1－pf2 的结果为(2000H－2010H)/4＝4，表示 pf1 和 pf2 之间相差 4 个元素。两个指针变量不能进行加法运算。例如，pf1＋pf2 是什么意思呢？毫无实际意义。

(2) 两指针变量进行关系运算。

指向同一数组的两指针变量进行关系运算可表示它们所指数组元素之间的关系。

例如：

pf1＝＝pf2 表示 pf1 和 pf2 指向同一数组元素。

pf1＞pf2 表示 pf1 处于高地址位置。

pf1＜pf2 表示 pf2 处于低地址位置。

此外，指针变量还可以与 0 比较。设 p 为指针变量，则 p＝ ＝0 表明 p 是空指针，它不指向任何变量；p!＝0 表示 p 不是空指针。空指针是由对指针变量赋予 0 值而得到的。例如，"＃define NULL 0 int * p＝NULL;"对指针变量赋 0 值和不赋值是不同的。

指针变量未赋值时，可以是任意值，是不能使用的，否则将造成意外错误。指针变量赋 0 值后，则可以使用，只是它不指向具体的变量而已。

【例 9-5】 通过指针变量求两个整数的最大值。

```
#include <stdio.h>
```

```
void main()
{
    int a,b,c, * pmax, * pmin;
    printf("input three numbers:\n");
    scanf("%d%d%d",&a,&b,&c);
    if(a>b)
    {
        pmax = &a;
        pmin = &b;
    }
    else
    {
        pmax = &b;
        pmin = &a;
    }
  if(c> * pmax) pmax = &c;
  if(c< * pmin) pmin = &c;
  printf("max = %d\nmin = %d\n", * pmax, * pmin);
}
```

读者可上机验证程序,看结果如何?

指针的定义和使用小结,如表 9-1 所示。

表 9-1 指针的使用

操　作	示　例	操　作	示　例
定义指针	例: int * p, * q;	通过指针修改变量的值	例: * p= * p+10;
使指针指向某变量	例: p = &b;	指针间赋值	例: q=p;

9.2 指针与数组

数组各元素是连续存放在一块内存单元中的,而数组名代表这块空间的起始地址。从前面的学习可以知道,指针变量的值也是地址,那么数组名和指针变量是否可以联系起来呢?答案是肯定的。在 C 语言中,指针与数组具有一定的互换性,如果用指针操作数组将有更大的灵活性,因为数组名不能运算,而指针是可以运算的。

9.2.1 指针与数值型一维数组

当用指针引用数组时,人们习惯将数组名赋给指针变量,如下行定义:

```
int a[ ] = { 1, 2, 3, 4, 5 }, * p = a;
```

因为,数组各元素在内存中按地址由小到大的顺序连续存放。所以指针 p 一旦指向了一维数组的首地址,就可以方便地通过指针加减运算,来存取数组的各个元素。

显然定义中的 * p = x 与 * p = &a[0]是等价的。同时,由于指针与数组有一定的互换性,所以 a[i]也可以用 p[i]表示。

注意：

(1) 如果要把 a[i]元素的地址赋给 p，可以写为 p=a+i 或 p=&a[i]。

(2) 数组元素 a[i]的等价表示是 p[i]、*(p+i)、*(a+i)。

【例 9-6】 利用指针输出数组元素的值。

分析下面两个程序，有何不同？

```
#include <stdio.h>
void main()                          /* 相对地址法 */
{
    int a[5] = {1, 3, 5, 7, 9}, i;
    for(i = 0; i < 5; i++)   printf(" %d,", *(a + i) );
}
```

程序的执行过程如图 9-4 所示。

```
#include <stdio.h>
void main()                          /* 绝对地址法 */
{
    int a[5] = {1, 3, 5, 7, 9}, i, *p;
    p = a;                           /* 或 p = &a[0]; */
    for(i = 0; i < 5; i++)
    printf(" %d,", *p++ );
}
```

程序执行结果如图 9-5 所示。

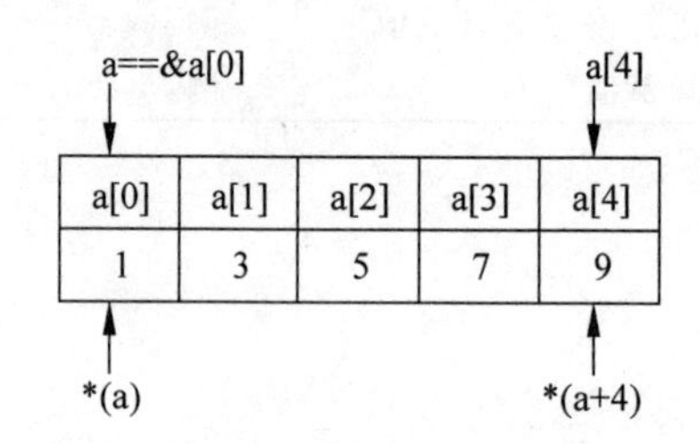

图 9-4 例 9-6 相对地址法执行过程

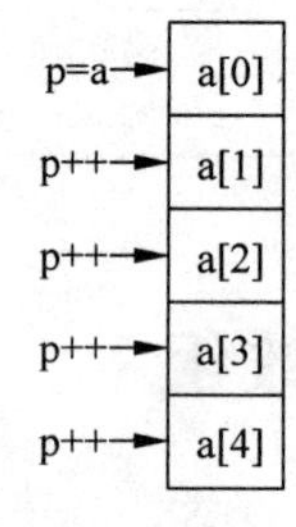

图 9-5 例 9-6 绝对地址法执行过程

可以看出，由于数组元素名称代表数组所在内存的一片连续单元的首地址，C 语言允许采用类似于指针的操作，即 *(a+i)来引用各个数组元素。也可以采用指针的操作，即 *p++来引用各个数组元素，而后一种方法显然更灵活些。

【例 9-7】 输出某一维数组中各元素的内存地址及其值。

分析：输出一维数组常采用两种方法：指针法和下标法。这两种方法既可以通过数组名实现，也可以通过指针实现，共有四种等价引用形式。

```
#include <stdio.h>
void main()
{
    int x[ ] = { 1, 2, 3, 4, 5 }, *p, i;
    p = x;
    for ( i = 0; i < 5; i++ )
```

```
    printf("%x: %d, %d, %d, %d", p+i, x[i], *(x+i), p[i], *(p+i));
    printf("\n");
}
```

其中,printf 函数中 p+i 表示元素地址,它对不同的运行环境可能不同。

9.2.2 指针与字符串

本节将解决两个问题:

(1) 定义字符串有两种方法(字符数组和字符指针),如何使用?

(2) 这两种方法有何区别(使用方法的不同)。

请看下面程序:

【例 9-8】 用指针引导一个字符串。

```
#include <stdio.h>
void main()
{
    char string[] = "hello";
    char *p;
    p = string;
    printf("%s\n", string);
    printf("%s\n", p);
}
```

对上面程序进行修改,代码如下:

```
#include <stdio.h>
void main()
{
    char *p = "hello";
    printf("%s\n", p);
}
```

以上两个程序的功能实际上是相同的,显然第二个程序更简洁、高效。

采用字符数组和字符指针两种方法的区别在于:

(1) 数组名不能用赋值语句,字符指针则可以。

(2) 字符指针在不同时刻可以指向不同的字符。

(3) 字符指针在初始化时才分配空间。

例如:

```
char *str;
str = "the string";            /*允许赋值*/
```

等价于:

```
char *str = "the string";
```

但是:

```
char str[] = "the string";
```

```
str = "hello";                    /* 是错误的! */
```

9.2.3 指针与二维数组

二维数组是由若干行一维数组组成的。怎样用指针表示二维数组每一行的起始地址是正确用指针处理二维数组的关键所在。

以如下定义为例,分析用指针访问二维数组的方法。

```
int s[2][4] = { {1,2,3,4},{5,6,7,8} }, *p = s;
```

x 为二维数组名,此数组有 2 行 4 列,但也可这样来理解:数组 x 由两个元素组成:{1,2,3,4}和{5,6,7,8},这两个元素各为一个一维数组,该一维数组的名字分别为 s[0]和 s[1],这称之为二维数组的一维数组表示。

既然 s[0]和 s[1]是一维数组名,则 s[0]代表第 0 行第 0 列元素的地址 &s[0][0],s[1]代表第 1 行第 0 列元素的地址 &s[1][0]。根据地址运算规则,一般而言,s[i]+j 即代表第 i 行第 j 列元素的地址,即 &s[i][j]。

【例 9-9】 指针与二维数组的关系。

```
#include <stdio.h>
void main()
{
    int a[3][4] = {1,2,3,4,5,6,7,8,9,10,11,12}, i, *p;
    printf("\n");
    for ( i = 0; i < 3; i++ )
    {
        for ( p = a[i]; p < a[i] + 4; p++)
        printf("%d\t", *p);
        printf("\n");
    }
}
```

注意: 二维数组元素 a[i][j]、*(a[i]+j)、(*(a+i))[j]几种表示形式是等价的。

9.3 指针与函数

C 语言中,在函数中使用指针,可分为下面三种情况:

(1) 指针指向函数。

(2) 函数返回指针。

(3) 指针作为函数参数。

9.3.1 指针指向函数

在 C 语言中规定,一个函数总是占用一段连续的内存区,而函数名就是该函数所占内存区的首地址。可以把函数的这个首地址(或称入口地址)赋予一个指针变量,使该指针变量指向该函数。然后通过指针变量就可以找到并调用这个函数。我们把这种指向函数的指针变量称为“函数指针变量”。

函数指针变量定义的一般形式为：

```
类型说明符 (＊指针变量名)();
```

其中，“类型说明符”表示被指函数的返回值的类型。“(＊ 指针变量名)”表示“＊”后面的变量是定义的指针变量。最后的空括号表示指针变量所指的是一个函数。

例如，“int (＊p)();”表示 p 是一个指向函数入口的指针变量，该函数的返回值(函数值)是整型。

【例 9-10】 用指针形式实现对函数调用的方法。

```
#include <stdio.h>
int max(int m,int n)
{
    if(m>n)return m;
    else return n;
}
void main()
{
    int max(int m,int n);
    int(*pmax)();
    int x,y,z;
    pmax=max;
    printf("input two numbers:\n");
    scanf("%d%d",&x,&y);
    z=(*pmax)(x,y);
    printf("maxmum=%d",z);
    printf("\n");
}
```

从上述程序可以得出用函数指针变量形式调用函数的步骤如下：

(1) 先定义函数指针变量，如后一程序中“int (＊pmax)();”定义 pmax 为函数指针变量。

(2) 把被调函数的入口地址(函数名)赋予该函数指针变量，如程序中“pmax=max;”。

(3) 用函数指针变量形式调用函数，如“z=(＊pmax)(x,y);”调用函数的一般形式为：“(＊指针变量名)(实参表)”。使用函数指针变量还应注意以下两点：

① 函数指针变量不能进行算术运算，与数组指针变量不同的。数组指针变量加减一个整数可使指针移动指向后面或前面的数组元素，而函数指针的移动是毫无意义的。

② 函数调用中“(＊指针变量名)”的两边的括号不可少，其中的“＊”不应该理解为求值运算，在此处只是一种表示符号。

9.3.2 函数返回指针

前面我们介绍过，所谓函数类型是指函数返回值的类型。在 C 语言中允许一个函数的返回值是一个指针(即地址)，这种返回指针值的函数称为指针型函数。

定义指针型函数的一般形式为：

```
类型说明符 *函数名(形参表)
{
… /*函数体*/
}
```

其中,函数名之前加了"*"号表明这是一个指针型函数,即返回值是一个指针。类型说明符表示了返回的指针值所指向的数据类型。

【例 9-11】 利用函数将两个整数形参中较大的那个数的地址作为函数值返回。

```
#include<stdio.h>
int *f(int,int);                /*函数声明*/
void main()
{
    int *p,i,j;
    printf("请输入两个数:");
    scanf("%d%d",&i,&j);
    p=f(i,j);                   /*调用函数 f,返回最大数的地址赋予指针变量 p*/
    printf("max=%d",*p);
}
int *f(int x,int y)
{
    int *z;
    if(x>y)z=&x;
    else z=&y;
    return(z);
}
```

运行结果如下:

```
请输入两个数:13  24↙
max=24
```

程序执行过程中,将变量 i、j 的值 13、24 分别传递给形参 x 和 y,在函数 f 中将 x 和 y 中的大数地址 &y 赋给指针变量 z,函数调用完毕,将返回值 z 赋给变量 p,即 p 指向大数 j。

9.3.3 指针作为函数参数

在 C 语言中,函数调用时,系统先为形参分配空间,接着实参向函数的形参传递,用实参初始化形参。在函数计算过程中,函数不能修改实参变量。许多应用要求被调用函数能修改由实参指定的变量。C 语言中的指针形参能实现这种特殊的要求,指针形参能够指向的对象的类型在形参说明时指明。例如,以下函数说明中

```
void fun(int *x,int d);
```

其中,x 是一个指针形参,能指向 int 类型的变量。

当调用有指针形参的函数时,对应指针形参的实参必须是某个变量的指针。指针形参从实参处得到某变量的指针,使指针形参指向一个变量。这样,函数就可用这个指针形参间接访问被调用函数之外的变量,或引用其值,或修改其值。因此,指针类型形参为函数改变调用环境中的变量提供了手段。

【例 9-12】 使用函数调用方式实现交换两个整型变量的值。

```
#include <stdio.h>
void main()
{
    int a=1,b=2;
    void swap(int *,int *);
    printf("调用 swap 函数之前: a=%d\tb=%d\n",a,b);
    swap(&a,&b);
    printf("调用 swap 函数之后: a=%d\tb=%d\n",a,b);
    return 0;
}
void swap(int *p,int *q)
{
    int t;
    t=*p;
    *p=*q;
    *q=t;
}
```

程序运行结果为：

```
调用 swap 函数之前: a=1   b=2
调用 swap 函数之后: a=2   b=1
```

此程序中，在调用函数 swap 时，两个实参分别是变量 a、b 的指针，按照实参向形参单向传递的规则，函数 swap 的形参 p 和 q 分别得到了变量 a 和 b 的指针。函数 swap 利用这两个指针间接引用了变量 a 和 b。显然实参 &a 和 &b，即变量 a 和 b 的指针并没有因为函数调用发生变化，但由于函数 swap 通过对形参的间接引用，使它们所指向的变量 a、变量 b 的内容被读取，并被修改，最终把两个变量的内容做了相互交换。

9.4 指针数组和多级指针

9.4.1 指针数组

当数组的元素类型为某种指针类型时，该数组就是一个指针数组。引入指针数组的目的是便于统一管理同类的指针。

指针数组的定义形式为：

```
类型说明符 *数组名[下标表达式];
```

类型说明符表明数组能指向的对象的类型。数组名之前的“*”是必须的，由于它出现在数组名之前，使得该数组成为指针数组。例如，“int * a[10];”。定义数组 a 的元素类型是 int *，即元素的类型是指针类型。所以，数组 p 是一个有 10 个元素的指针数组。

注意，在指针数组的定义形式中，由于“[]”比“*”的优先级高，使数组名先与“[]”结合，形成数组的定义，然后再与数组名之前的“*”结合，表示此数组的元素是指针类型。特殊强调的是，在“*”与数组名之外不能加上圆括号，否则变成指向数组的指针变量。例如，“int

(＊q)[10];”表示定义指向由10个int型变量组成的数组的指针。

9.4.2 多级指针

在前面已经介绍过，通过指针访问变量称为间接访问，简称间访。由于指针变量直接指向变量，所以称为单级间访。如果通过指向指针的指针变量访问变量则构成了二级或多级间访。在C语言程序中，对间访的级数并未明确限制，但是间访级数太多时不容易理解，也容易出错，因此一般很少超过二级间访。

指向指针的指针变量说明的一般形式为：

```
类型说明符 ** 指针变量名;
```

例如，“int ** pp;”表示pp是一个指针变量，它指向另一个指针变量，而这个指针变量指向一个整型量。下面举一个例子来说明这种关系。

```
#include <stdio.h>
void main()
{
    int x, * p, ** pp;
    x = 10;
    p = &x;
    pp = &p;
    printf("x = %d\n", ** pp);
}
```

上例程序中p是一个指针变量，指向整型量x；pp也是一个指针变量，指向指针变量p。通过pp变量访问x的写法是**pp。程序最后输出x的值为10。

由于指针定义比较繁琐复杂，对指针定义作了简单的总结，如表9-2所示。

表9-2 指针的定义

定义形式	含义
int ＊ p	p为指向整型数据的指针变量
int ＊p[n]	定义指针数组p，包含n个元素，每个元素指向一个整型数据
int ＊p( )	p为带回一个指针的函数，该函数指向整型数据
int ** p	p是一个指针变量，指向一个指向整型数据的指针变量
int (** p)[n]	p是一个指向另一个指针变量的指针变量，被指向的指针变量指向一个含n个整型数据的一维数组
int (＊p)[n]	p为指向含n个整型数据的一维数组的指针变量

习题9

1. 选择题

(1) 若有说明“int a=2, ＊p=&a, ＊q=p;”，则以下非法的赋值语句是(　　)。

A. p=q;　　B. ＊p=＊q;　　C. a=＊q;　　D. q=a;

（2）若定义“int a=511，*b=&a;”，则“printf("%d\n"，*b);”的输出结果为(　　)。

A. 无确定值　　B. a的地址　　C. 512　　D. 511

（3）已有定义“int a=2，*p1=&a，*p2=&a;”下面不能正确执行的赋值语句是(　　)。

A. a=*p1+*p2;　　B. p1=a;

C. p1=p2;　　D. a=*p1*(*p2);

（4）变量的指针，其含义是指该变量的(　　)。

A. 值　　B. 地址　　C. 名　　D. 一个标志

（5）若有说明语句“int a，b，c，*d=&c;”，则能正确从键盘读入3个整数分别赋给变量a、b、c的语句是(　　)。

A. scanf("%d%d%d"，&a，&b，d);

B. scanf("%d%d%d"，a，b，d);

C. scanf("%d%d%d"，&a，&b，&d);

D. scanf("%d%d%d"，a，b，*d);

（6）若已定义“int a=5;”下面对①、②两个语句的正确解释是(　　)。

① int *p=&a;　　② *p=a;

A. 语句①和②中的*p含义相同，都表示给指针变量p赋值

B. ①和②语句的执行结果，都是把变量a的地址值赋给指针变量p

C. ①在对p进行说明的同时进行初始化，使p指向a;
②变量a的值赋给指针变量p

D. ①在对p进行说明的同时进行初始化，使p指向a;
②将变量a的值赋予*p

（7）若有语句“int *p，a=10; p=&a;”下面均代表地址的一组选项是(　　)。

A. a，p，*&a　　B. &*a，&a，*p

C. *&p，*p，&a　　D. &a，&*p，p

（8）若需要建立如图9-6所示的存储结构，且已有说明double *p，x=0.2345;，则正确的赋值语句是(　　)。

p → 0.2345 (x)

图9-6　指向实数x的指针p

A. p=x;　　B. p=&x;　　C. *p=x;　　D. *p=&x;

（9）若有说明“int *p，a=1，b;”，以下正确的程序段是(　　)。

A. p=&b;
scanf("%d"，&p);

B. scanf("%d"，&b);
*p=b;

C. p=&b;
scanf("%d"，*p);

D. p=&b;
*p=a;

（10）有如下语句“int m=6，n=9，*p，*q; p=&m; q=&n;”如图9-7所示，若要实现下图所示的存储结构，可选用的赋值语句是(　　)。

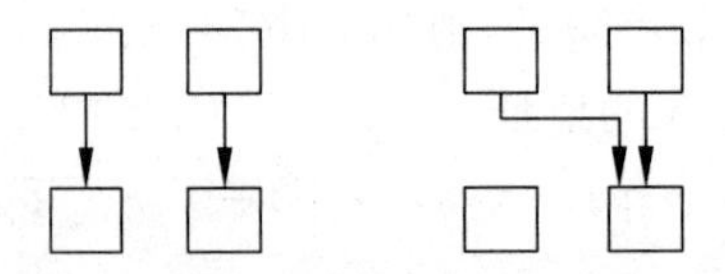

图 9-7 指针指向变化图

A. ＊p=＊q; B. p=＊q; C. p=q; D. ＊p=q;

(11) 以下程序中调用 scanf 函数给变量 a 输入数值的方法是错误的，其错误原因是(　　)。

```
#include <stdio.h>
main()
{
    int *p, *q, a, b;
    p = &a;
    printf("input a:");
    scanf("%d", *p);
    …
}
```

A. ＊p 表示的是指针变量 p 的地址

B. ＊p 表示的是变量 a 的值，而不是变量 a 的地址

C. ＊p 表示的是指针变量 p 的值

D. ＊p 只能用来说明 p 是一个指针变量

(12) 下面判断正确的是(　　)。

A. char ＊s="girl"; 等价于 char ＊s; ＊s="girl";

B. char s[10]={"girl"}; 等价于 char s[10]; s[10]={"girl"};

C. char ＊s="girl"; 等价于 char ＊s; s="girl";

D. char s[4]= "boy", t[4]= "boy"; 等价于 char s[4]=t[4]= "boy"

(13) 设"char ＊s="\ta\017bc";"，则指针变量 s 指向的字符串所占的字节数是(　　)。

A. 9 B. 5 C. 6 D. 7

(14) 下面程序段中，for 循环的执行次数是(　　)。

```
char *s = "\ta\018bc";
for (; *s! = '\0'; s++) printf("*");
```

A. 9 B. 5 C. 6 D. 7

(15) 以下不能正确进行字符串赋初值的语句是(　　)。

A. char str[5]= "good!";

B. char ＊str="good!";

C. char str[]="good!";

D. char str[5]={'g', 'o','o', 'd'};

(16) 若指针 p 已正确定义，要使 p 指向两个连续的整型动态存储单元，不正确的语句是(　　)。

A. p=2＊(int ＊)malloc(sizeof(int));

B. p=(int *)malloc(2*sizeof(int));

C. p=(int *)malloc(2*2);

D. p=(int*)calloc(2, sizeof(int));

(17) 下面程序段的运行结果是(　　)。

```
char * s = "abcde";
s += 2;
printf(" %d", s);
```

A. cde　　　　B. 字符'c'

C. 字符'c'的地址　　　　D. 无确定的输出结果

(18) 设有如下的程序段“char s[]="girl", *t;　t=s;”,则下列叙述正确的是(　　)。

A. s 和 t 完全相同

B. 数组 s 中的内容和指针变量 t 中的内容相等

C. s 数组长度和 t 所指向的字符串长度相等

D. *t 与 s[0]相等

(19) 以下正确的程序段是(　　)。

A. char s[20];
   scanf("%s", &s);

B. char *s;
   scanf("%s", s);

C. char s[20];
   scanf("%s", &s[2]);

D. char s[20], *t=s;
   scanf("%s", t[2]);

(20) 以下与库函数 strcpy(char *p, char *q)功能不相等的程序段是(　　)。

A.
```
strcpy1(char *p, char *q)
{
    while ((*p++ = *q++)! = '\0');
}
```

B.
```
strcpy2( char *p, char *q)
{
    while((*p = *q)! = '\0')
    {
        p++;    q++;
    }
}
```

C.
```
strcpy3(char *p, char *q)
{
    while (*p++ = *q++);
}
```

D.
```
strcpy4( char *p, char *q)
{
    while( *p)
     *p++ = *q++;
}
```

(21) 以下正确的程序段是(　　)。

A. char s[]="12345", t[]="6543d21";　strcpy(s,t);

B. char s[20], *t="12345";　strcat(s,t);

C. char s[20]=" ", *t="12345"; strcat(s, t);

D. char *s="12345", *t="54321"; strcat (s,t);

(22) 以下与库函数 strcmp(char *s, chat *t)的功能相等的程序段是(　　)。

A.
```
strcmp1( char *s, chat *t)
{
    for ( ; *s++ == *t++ ; )
    if ( *s == '\0') return 0;
    return ( *s - *t);
}
```

B.
```
strcmp2( char *s, char *t)
{
    for ( ; *s++ == *t++ ; )
    if (! *s) return 0;
    return ( *s - *t);
}
```

C.
```
strcmp3( char *s, char *t)
{
    for ( ; *t == *s ; )
    {
        if (! *t) return 0;
        t++;
        s++;
    }
    return ( *s - *t);
}
```

D.
```
strcmp4( char *s, char *t)
{
    for( ; *s == *t; s++,t++)
    if (! *s) return 0;
    return ( *t - *s);
}
```

(23) 若有以下定义和语句：

```
int s[4][5], ( *ps)[5];
ps = s;
```

则对 s 数组元素的正确引用形式是(　　)。

A. ps+1　　B. *(ps+3)　　C. ps[0][2]　　D. *(ps+1)+3

(24) 不合法的 main 函数命令行参数表示形式是(　　)。

A. main(int a, char *c[])　　B. main(int argc, char *argv)

C. main(int arc, char ** arv)　　D. main(int argv, char * argc[])

(25) 若有说明语句“char s[]="it is a example.", *t="it is a example.";”则以下不正确的叙述(　　)。

A. s 表示的是第一个字符 i 的地址,s+1 表示的是第二个字符 t 的地址

B. t 指向另外的字符串时,字符串的长度不受限制

C. t 变量中存放的地址值可以改变

D. s 中只能存放 16 个字符

2. 填空题

(1) 下面程序的功能是将字符串 s 的所有字符传送到字符串 t 中,要求每传递三个字符后再存放一个空格。例如,字符串 s 为"abcdefg",则字符串 t 为"abc def g"。请选择填空。

```
#include "stdio.h"
#include "string.h"
main()
{
    int j, k = 0;
    char s[60], t[100], * p;
    p = s;
    gets(p);
    while( * p)
    {
        for (j = 1; j <= 3 && * p; ____①____ ) t[k] = * p;
        if ( ____②____ )
        {
            t[k] = ' '; k++;
        }
    }
    t[k] = '\0';
    puts(t);
}
```

① A. p++　　B. p++,k++　　C. p++, k++, j++　　D. k++, j++

② A. j==4　　B. * p=='\0'　　C. ! * p　　D. j!=4

(2) 下面程序的功能是将八进制正整数字符串转换为十进制整数。请选择填空。

```
#include "stdio.h"
#include "string.h"
main()
{
    char * t, s[8];
    int n;
    t = s;
    gets(t);
```

```
n = ___①___;
while (___②___ != '\0') n = n * 8 + *t - '0';
printf("%d\n", n);
}
```

① A. 0　　B. *t　　C. *t-'0'　　D. *t+'0'

② A. *t　　B. *t++　　C. *(++t)　　D. t

(3) 下面程序的功能是在字符串 s 中找出最大的字符并放在第一个位置上，并将该字符前的原字符往后顺序移动，如 boy&girl 变成 ybo&girl。请选择填空。

```
#include "stdio.h"
#include "string.h"
main()
{
    char s[80], *t, max, *w;
    t = s;
    gets(t);
    max = *(t++);
    while (*t != '\0')
    {
        if (max < *t)
        {
            max = *t; w = t;
        }
        t++;
    }
    t = w;
    while (___①___)
        {
            *t = *(t-1);
            ___②___;
        }
    *t = max;
    puts(t);
}
```

① A. t>s　　B. t>=s　　C. *t>s[0]　　D. *t>=s[0]

② A. t++　　B. s--　　C. t--　　D. w--

(4) 以下程序的功能是删除字符串 s 中的所有空格(包括 TAB 符、回车符)，请填空。

```
#include "stdio.h"
#include "string.h"
#include "ctype.h"
main()
{
    char s[80];
    gets(s);
    delspace(s);
    puts(s);
}
```

```
delspace(char * t)
{
    int m, n;
    char c[80];
    for(m = 0, n = 0; ___①___ ; m++)
        if (!isspace( ___②___ ))        /* C语言提供的库函数,用以判断字符是否为空格 */
    {
        c[n] = t[m];
        n++;
    }
    c[n] = '\0';
    strcpy(t, c);
}
```

① A. t[m]　　B. ! t[m]　　C. t[m]='\0'　　D. t[m]=='\0'

② A. t+m　　B. * c[m]　　C. * (t+m)　　D. * (c+m)

(5) 下面程序的功能是统计字串 sub 在母串 s 中出现的次数。请选择填空。

```
#include "stdio.h"
#include "string.h"
main()
{
    char s[80], sub[80];
    int n;
    gets(s);
    gets(sub);
    printf("%d\n", count(s,sub));
}
int count( char * p, char * q)
{
    int m, n, k, num = 0;
    for (m = 0; p[m]; m++)
        for ( ___①___ , k = 0; q[k] == p[n]; k++, n++)
            if(q[ ___②___ ] == '\0')
            {
                num++; break;
            }
    return (num);
}
```

① A. n=m+1　　B. n=m　　C. n=0　　D. n=1

② A. k　　B. k++　　C. k+1　　D. ++k

3. 写出程序的输出结果

(1) 下列程序的输出结果是(　　)。

```
#include "stdio.h"
main()
{
    int a[] = {1,2,3,4,5,6,7,8,9,0}, * p;
```

```
    p = a;
    printf(" %d\n", *p + 9);
}
```

(2) 以下程序的输出结果是(　　)。

```
#include "stdio.h"
char cchar(char ch)
{
    if (ch >= 'A' && ch <= 'Z')
    ch = ch - 'A' + 'a';
    return ch;
}
main()
{
    char s[] = "ABC + abc = defDEF", *p = s;
    while(*p)
    {
        *p = cchar(*p);
        p++;
    }
    printf(" %s\n", s);
}
```

(3) 以下程序的输出结果是(　　)。

```
#include "stdio.h"
#include "string.h"
main()
{
    char b1[8] = "abcdefg", b2[8], *pb = b1 + 3;
    while( --pb >= b1) strcpy(b2, pb);
    printf(" %d\n", strlen(b2));
}
```

A. 8　　B. 3　　C. 1　　D. 7

(4) 有以下程序

```
#include "string.h"
#include "stdio.h"
main()
{
    char *p = "abcde\0fghjik\0";
    printf(" %d\n", strlen(p));
}
```

程序运行后的输出结果是(　　)。

A. 12　　B. 15　　C. 6　　D. 5

(5) 有以下程序

```
void ss( char *s, char t)
{
```

```
    while ( * s)
    {
        if ( * s == t) * s = t - 'a' + 'A';
            s++;
    }
}
main()
{
    char str[100] = "abcddfefdbd", c = 'd';
    ss(str, c);
    printf(" % s\n", str1);
}
```

程序运行后的输出结果是(　　)。

4. 编程题

(1) 写一个函数,将一个 3×3 的整型矩阵转置。

(2) 用指针编写删除字符串中重复字符的函数。

(3) 在主函数中输入 10 个等长的字符串,用另一个函数对它们进行排序,然后在主函数输出排好序的字符串。

(4) 用指针数组处理上一个题目,字符串不等长。

第10章 编译预处理和动态存储分配

10.1 编译预处理

前面学过的以“#”开头的命令都是编译预处理命令，如#include，#define等。这些命令不是由编译程序来处理，而是在一个源文件进行编译之前，由编译预处理程序对这些命令进行处理，预处理之后变成相应的源程序中的一部分代码，然后再进行编译，因而把这种命令称为编译预处理命令。

编译预处理命令的功能主要有3种：文件包含、宏定义和条件编译。本书主要介绍前面两种：文件包含命令#include和宏定义命令#define。

编译预处理命令的作用就是使整个程序模块化，增加程序的易读性，使读者更容易理解一个程序的结构。

使用编译预处理命令时在格式上应注意以下两点：

(1) 编译预处理命令以“#”开头。

(2) 编译预处理命令不是C语言的语句，因而不能在命令的末尾加“;”。

10.1.1 文件包含

在程序设计时，可以把一些常用的常量、函数或某种数据结构的定义放在一个文件中，这样在其他的源程序里如果要用这些常量、函数或数据结构的定义时就不用再进行定义了，只需要将这些常量、函数或数据结构的定义所在的文件包含进来就可以了。这样做的目的是为了实现程序设计的模块化，增加程序的易读性，同时也减少重复开发。

文件包含是指在一个源文件中把其他文件的全部内容包含进来，从而使用其中的资源，其命令格式如下：

```
#include  <文件名>
```

或

```
#include "文件名"
```

如经常使用的“#include <stdio.h>”。stdio.h是标准的输入输出函数头文件，各种C语言的编译器都支持这个头文件，常用的scanf、printf、gets、puts、getchar、putchar等输入输出函数都是定义在这个头文件中，因此在程序当中加入这个头文件就可以使用这些函数了。

如果文件名用尖括号括起来，系统将直接按照系统指定的标准方式到有关目录（在Visual C++ 6.0的编译环境中，这个目录位于工具菜单的选择对话框中，在选择对话框中选择目录选项卡，在“显示目录为”下拉列表框中选择Include files，此时在“路径”里显示的就是include命令中文件所在的默认路径，用户可以把自己定义的头文件放在这些路径中；同时，用户也可以自己添加一个新的默认路径去存储自己定义的头文件）中去寻找该文件，如果用双引号括起来，系统先在源程序所在的目录内查找该文件，如果找不到，再按照系统指定的标准方式到有关目录中去寻找。

当然，用户也可以在“文件名”当中将文件所在的完整路径包含进来，其中文件可以是任意类型的文件，如扩展名为h的头文件，扩展名为c的源文件，扩展名为txt的文本文件等。

例如，在一个程序里输入如下代码：

```
#include <stdio.h>
#include <c:\\a.txt>
void main()
{
    printf("%d",lcm(20,15));
}
```

在C盘的根目录下建立一个名为a.txt的文本文件，在其中添加两个函数，分别用来求两个整数的最大公约数和最小公倍数，代码如下：

```
int gcd(int m,int n)            //求m、n的最大公约数
{
    int r=m%n;                  //求余数
    while(r)                    //用辗转相除法，除到余数为0时，除数即为最大公约数
    {
        m=n; n=r;r=m%n;
    }
    return n;
}
int lcm(int m,int n)            //求m、n的最小公倍数
{
    return((m*n)/gcd(m,n));     //lcm调用gcd函数
}
```

该程序在执行时会输出60，这是因为在执行lcm函数时程序会在a.txt的文本文件中找到该函数，该函数又调用这个文本文件中的gcd函数（这两个函数的存储类型默认都为extern类，因此可以被其他文件调用。若将这两个函数的存储类型都定义为static，则其他的文件就看不到这个文本文件中的这两函数，就不能调用它们），因此计算出结果60。

这里建议将源文件和用户自定义的包含文件放在一个文件夹中，便于用户管理。

在使用include命令时需要注意以下几点：

(1) 一个include命令只能指定一个被包含的文件，该文件可以是任意类型的文本文件。如果要包含n个文件，就要用n个include命令。

(2) 在一个被包含的文件中可以包含另一个被包含的文件，即文件包含可以是嵌套的。

(3) 被包含的文件在预编译之后会将其展开，然后与源文件合并成为了一个文件（而不

是两个)，再去执行编译程序。

10.1.2 宏定义

以"#define"开头的命令叫做宏定义命令，包括不带参数的宏定义命令和带参数的宏定义命令两种。

1. 不带参数的宏定义

不带参数的宏定义的命令格式如下：

```
#define 宏名 字符串
```

在 define、宏名和字符串之间用空格分隔。这种定义方式和变量定义方式类似，因此在C语言的标准里把这种宏定义方式叫类对象的宏定义。

其中，宏名必须是一个合法的标识符，一般用大写(可以用小写，用大写是一种约定俗成，用来在程序中表示这是一个宏定义，而不是一个变量)，同时不能与程序中的其他标识符重名。

例如，

```
#define  PI  3.14159
```

这里用标识符 PI 来代替字符串 3.14159，在预编译时对程序中所有遇到的 PI 都替换成 3.14159，这个过程叫做"宏替换"或"宏展开"。在预编译阶段只需对宏进行展开即可，此时是不进行计算的，计算是在程序运行期间执行的。

宏定义只能按照定义格式进行展开，不能重新赋值，因此 PI 相当于是一个常量。

在宏定义中可以出现已经出现过的宏定义，即宏定义可以嵌套使用。

例如：

```
#define  X  10
#define  Y  20
#define  Z  X*Y
```

在定义宏名 Z 时用到了前边定义过的两个宏名 X、Y，这叫做宏定义的嵌套。

在宏定义的嵌套使用中，一定要注意调用的层次。

例如：

```
#define  A  3
#define  B  (A+1)
#define  C  B*B
#include <stdio.h>
void main()
{
    printf("C=%d\n",C);
}
```

在主函数中将 C 进行宏替换后变成：

```
printf("C=%d\n",B*B);
```

然后调用B的宏定义变成：

```
printf("C= %d\n",(A+1)*(A+1));
```

然后调用A的宏定义变成：

```
printf("C= %d\n",(3+1)*(3+1));
```

所以程序在执行时输出的结果为“C=16”。

在该宏嵌套调用中，一定是C调用B，B调用A。

若将上述例子中第二个宏定义改为：

```
#define B A+1
```

程序的其他部分不变，请思考：此时的输出结果是什么？

2. 带参数的宏定义

带参数的宏定义的命令格式如下：

```
#define 宏名(形式参数表) 字符串
```

其中，宏名和“(”之间不能有空格，多个形参之间用逗号分隔。带参数的宏定义和带参数的函数定义形式相似，因此在C语言的标准里把带参数的宏定义叫做类函数宏定义。

例如：

```
#define S(a,b) (a*b)
```

在宏定义时宏名后面接的参数叫形式参数，简称形参，如定义S时的参数a和b；在宏调用时宏名后面的参数是实在参数，简称实参。例如，在主函数中调用上面宏定义S：

```
area=S(4,5);
```

则其中4和5是实参，用它们去替换形参的a、b。

宏展开时，要用实参代替形参去进行运算，如上述宏展开之后S(4,5)=(4*5)=20。

带参数的宏定义类似于带参数的函数的定义，但两者其实是不同的：

(1) 宏定义中的参数没有类型要求，在宏调用时，实参可以是任意类型的，如上述宏调用中若使用“area=S(4.0,5.0);”、“area=S(4.0,5);”、“area=S(4,5.0);”都是可以的。因为，带参数的宏定义只需要按照后面定义的字符串的形式展开即可，是什么形式就展开成什么形式。在执行时，再将实参带入进行运算，这时实参是什么类型就按什么类型进行计算。因此，宏定义里的参数不用要求类型。

对于函数来说，使用之前就定义好的，包括函数参数类型、函数返回值类型等。在使用该函数时，只能对该类型的参数进行运算，或实参的类型与形参的类型赋值相容，否则编译程序认为这种调用是错误使用了函数。

例如，在math.h的头文件中有两个取绝对值的函数原型：一个是“int abs(int);”；另一个是“double fabs(double);”。

上边的是对整数求绝对值，下边的是对实数求绝对值，在使用这两个函数时就要注意形参与实参之间的数据相容性，否则会出现错误或得不到正确的结果。

(2) 函数调用时对形参分配临时的内存单元,在函数调用结束时释放这些临时的内存单元;而宏展开时只是用实参的值去替换形参,不用为形参开辟内存单元,不存在“值传递”的问题,也没有“返回值”。

(3) 宏替换是在编译预处理时执行的,因此它不占用程序的执行时间;函数调用是在程序运行过程中执行的,因此它占用程序的运行时间。

在使用宏定义时,要坚持以下两条原则:

(1) 先替换,再计算。这是在两个不同的阶段进行的工作,替换是在编译预处理阶段进行的,而计算是在程序执行期间执行的。

例如,对上面的S(a,b)的宏定义进行如下调用:

```
area = S(2 + 2,2 + 3);
```

虽然看起来和“area=S(4,5);”相同,但实际上其替换过程是不一样的:

```
area = S(2 + 2,2 + 3) = (2 + 2 * 2 + 3) = 9
```

先用实参的值替换形参,代入之后在程序执行时再根据表达式的具体形式进行计算。

如果先将实参的值2+2和2+3的值计算出来等于4和5,再代入展开,则答案错误。这一点和函数是不同的,函数在调用时要先计算实参表达式的值,然后将该表达式的值代入形参,用形参去执行函数体。

(2) 原样照赋。如果将上述宏定义改成:

```
#define S(a,b) (a) * (b)
```

则在调用S(2+2,2+3)时其替换和计算的过程如下:

替换时:

```
area = S(2 + 2,2 + 3) = (2 + 2) * (2 + 3)
```

运算时得到4×5 = 20,此时一定要注意括号所在的位置,因为括号的优先级要高于算术运算符。

在使用宏定义时,还要注意以下一些问题:

(1) 当宏定义在一行中写不下,需要在两行中书写时,此时要在第一行的末尾加上一个反斜线“\”,然后第二行要从第一列开始书写。

例如:

```
#define LEAP_YEAR(year) ((year % 4 == 0 && year % 100 != 0)\
||( year % 400 == 0))
```

如果在第一行末尾的“\”前边或第二行“||”运算符前边有若干空格的话,则在宏展开时需要连同这些空格一起代入。

(2) 宏定义不能替换字符串中与宏名相同的部分。如对于前边的宏定义PI,若有语句:

```
printf("%s","PI");
```

此时输出PI,而不是输出3.14159。

3. 终止宏定义

宏定义从定义的位置开始起作用，一直持续到源文件结束。如果想提前终止该宏定义，可以用#undef命令，其格式是：

```
#undef 宏名
```

命令的末尾一定不能加分号，该宏名到此处就被终止了，不再起作用。

例如：

```
#define PI 3.14159
#include "stdio.h"
void main()
{
    printf("%lf\n",PI);
    #undef PI
    printf("%lf\n",PI);
}
```

此时程序的最后一行会报错，因为经过#undef PI句后，PI被终止了，下边再使用PI就变成了一个没有定义的标识符了，因此出错。

10.2　动态存储分配

前面学过对数组的定义，如“int a[100];”定义了一个数组a，并为其分配连续的400字节的内存空间。在a的生命周期内一直占用这400字节的内存空间，而不论是否真正用到了这100个整型变量。把这种内存分配方式叫做“静态存储分配”。

在这个例子当中，可能只用到其中的5个变量a[0]～a[4]，也就是说只用到其中的20字节，其他的380字节就被白白浪费了，为了改变这种情况，引入“动态存储分配”的概念。动态存储分配就是根据使用需要动态地开辟或释放内存单元，从而保证对内存资源的有效利用。

在C语言的库函数中一共有4个函数用来进行动态存储分配，它们是malloc、calloc、realloc和free，这些函数定义在stdlib.h的头文件中，因此在使用这些函数时一定要在程序首部把该头文件包含进来。本节只介绍malloc、calloc和free这3个函数。

1. malloc函数

malloc函数原型如下：

```
void *malloc(unsigned size);
```

其作用是分配size个字节的存储空间，函数形参是一个无符号整数，返回值是一个空指针，但是空指针不指向内存中的任何实际地址单元，因此在使用该命令时，会根据需要将该函数强制转换成所要分配的数据类型的指针类型。

例如：

```
int *p,a=3;
p=&a;
p=(int *)malloc(sizeof(int));
```

其中，整型指针 p 原来指向整型变量 a 的首地址，但是经过第二次赋值之后，p 指向新开辟的长度为 4 的内存单元的首地址，不再指向变量 a。

2. calloc 函数

calloc 函数原型如下：

```
void *calloc(unsigned n,unsigned size);
```

该函数的作用是分配 n 个长度为 size 个字节的连续的存储空间，相当于开辟了一个一维数组，共有 n 个单元，每个单元长度为 size，所以总长度为 n×size 个字节。

例如：

```
int *q;
q=(int *)calloc(10,sizeof(int));
```

此时指针 q 引导了一个长度为 10 的一维整型数组(共 40 个字节)，它指向 a[0]。

3. free 函数

前面两个函数是动态地分配存储单元，如果这些存储单元从某时刻开始不再使用，可以把这些单元释放掉以便重新分配给其他变量使用，这时用 free 函数进行释放。

free 函数的原型是：

```
void free(void *p);
```

其中 p 是前面讲的指向动态分配的存储单元的指针，该指针类型可以根据实际需要进行强制类型转换。

对于上面例子，若有

```
free(p);
```

则 p 不再指向上次开辟的 4 字节单元的首地址，这 4 个字节可以重新分配。

在链表(参见 11.2.6 节)的操作当中有对链表进行插入和删除元素的操作，此时链表中的元素在不断发生变化，因此要对链表中的元素进行动态存储分配。

习题 10

1. 填空题

(1) 已有定义“double *p;”，请利用 malloc 函数使 p 指向一个双精度型的动态存储单元。

____。

(2) 以下程序运行后的输出结果是________。

```
#include <stdio.h>
#define S(x) 4 * x * x + 1
void main()
{
    int i = 6, j = 8;
    printf(" % d\n", S(i + j));
}
```

(3) 以下程序的输出结果是________。

```
#include <stdio.h>
#define PR(ar) printf("ar = % d ", ar)
void main()
{
    int j, a[] = {1,3,5,7,9,11,13,15}, * p = a + 5;
    for(j = 3; j; j -- )
    {
        switch(j)
        {
            case 1:
            case 2: PR( * p++ ); break;
            case 3: PR( * ( -- p));
        }
    }
}
```

2. 选择题

(1) 以下叙述中正确的是(　　)。

A. 预处理命令行必须位于源文件的开头
B. 在源文件的一行上可以有多条预处理命令
C. 宏名必须用大写字母表示
D. 宏替换不占用程序的运行时间

(2) 下列宏定义中 NUM 展开后的值是(　　)。

A. 5　　B. 6　　C. 8　　D. 9

```
#define N 2
#define M N + 1
#define NUM (M + 1) * M/2
```

(3) 以下程序的输出结果是(　　)。

```
#include <stdio.h>
#define MIN(x,y) (x)<(y)?(x):(y)
void main()
{
    int i,j,k;
    i = 10; j = 15; k = 10 * MIN(i,j);
    printf(" % d\n",k);
}
```

A. 15　　B. 100　　C. 10　　D. 150

(4) 以下程序运行后的输出结果是(　　)。

```
#include <stdio.h>
#define f(x) (x * x)
void main()
{
    int i1,i2;
    i1 = f(8)/f(4); i2 = f(4 + 4)/f(2 + 2);
    printf(" % d, % d\n",i1,i2);
}
```

A. 64,28　　B. 4,4　　C. 4,3　　D. 64,64

(5) 以下程序的输出结果是(　　)。

A. 11.10　　B. 12.00　　C. 21.00　　D. 1.10

```
#include <stdio.h>
#include <stdlib.h>
void fun(double * p1,double * p2,double * s)
{
    s = (double * )calloc(1,sizeof(double));
    * s = * p1 + * p2++;
}
void main()
{
    double a[2] = {1.1,2.2},b[2] = {10.0,20.0}, * s = a;
    fun(a,b,s);
    printf(" % 5.2lf\n", * s);
}
```

(6) 以下程序的输出结果是(　　)。

```
#include <stdio.h>
#define SUB(a) (a) - (a)
main()
{
    int a = 2,b = 3,c = 5,d;
    d = SUB(a + b) * c;
    printf(" % d\n",d);
}
```

A. 0　　B. －12　　C. －20　　D. 10

3. 编程题

(1) 请编写一个宏定义 ALPHA(C),用来判断 C 是否是字母,若是结果为 1；不是结果为 0。

(2) 定义一个宏定义 MAX(x,y,z),用来判断三个数 x、y、z 的最大值。

(3) 在一个文件中编写一个函数 void yanghui(int n),用来定义并输出一个 n 行的杨辉三角形,然后在另一个文件中调用该函数。

第11章 结构体和共用体

C 语言的数据类型如图 11-1 所示。

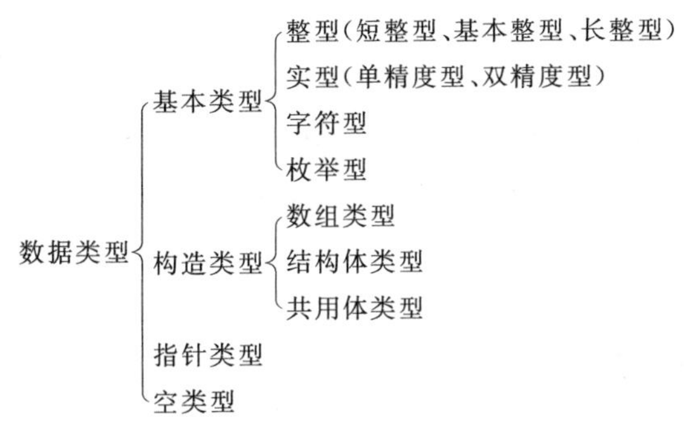

图 11-1　C 语言的数据类型

空类型即 void 类型,用来定义函数的返回值、函数形式参数或者定义一个空指针。

(1) 当一个函数不需要向调用函数返回一个确定的值时,可以将该函数返回值类型定义为 void 类型。

(2) 当一个函数定义当中不需要形式参数时,可以将其形参表定义为 void(也可以不写)。例如,"void printstar(void);"或"void printstar();",此时函数不需要参数,也不需要向调用函数返回值。

(3) void * 表示无类型指针(通常说的空指针),是一种不代表任何具体数据类型的指针,在实际使用过程当中可以将其强制转换成某种具体类型的指针来使用,即 void * 兼容其他类型的指针。这就是所谓的"无中生有",而反过来其他类型的指针却不能转换成 void * 。

例如,有如下两组定义:

```
//1                    //2
int a = 4;             int a = 4;
int * p = &a;          int * p = &a;
void * q;              void * q;
q = p;                 p = q;
```

第一组定义使用正常,可以将 p 赋予 q; 第二组则不能实现。

在本章中还会继续讨论结构体类型和共用体类型,其他的数据类型在前面已经讨论。

11.1 用 typedef 声明数据类型

可以用 typedef 来声明一个已经存在过的数据类型，为这个数据类型声明一个别名，以后就可以用这个别名来代替这种数据类型。typedef 声明的使用方法如下：

```
typedef 已有类型 标识符;
```

以后可以用这个“标识符”代替这个“已有类型”。

例如：

```
typedef double DL;
DL x,y,z;
```

这个定义和“double x,y,z;”是等价的。

typedef 并不是定义一个新的数据类型，而是对已有的某种数据类型给出一个别名。这样在面对一些比较复杂的数据类型定义时，可以通过这种方式来为这种复杂的数据类型定义一个比较简单而且容易理解的类型名称，可以增强程序的可移植性和可维护性。

11.2 结构体类型

对于基本类型，每个变量是由一个该类型的数据构成的。对于构造类型，每个变量可以由多个某种类型的数据构成，如果这些数据的类型相同就定义成数组类型，如果这些数据的类型存在着不同就要定义为结构体类型。

例如，对于一个教师的工资情况，可以用教师编号、姓名、性别、所属院系、基本工资、绩效工资等表示，这时不能用数组来表示该信息，因为教师工资信息中不同内容对应的数据类型并不相同，如编号是一个整型数据，姓名是个字符串，性别可以用字符类型来表示，所属院系也是一个字符串，基本工资和绩效工资是实数，对于这样的信息就要用结构体类型来表示。

结构体类型也是一种构造数据类型，和数组的不同之处在于，结构体类型中的数据可以是不同类型的数据；而数组中的数据必须是相同类型的数据。

11.2.1 结构体类型说明

由于结构体是由不同类型数据组成的集合体，因此在使用之前要先对结构体中所包含的数据元素及其类型进行描述，把这种描述称为结构体类型说明，其格式如下：

```
struct 结构体名
{
    结构体成员表;
};
```

struct 是关键字，表示结构体。结构体名是用户自己定义的结构体类型名称，必须是合法的用户标识符。结构体成员表包括结构体中的成员及其类型说明，其中结构体成员又叫做结构体的分量或结构体的域。结构体中的成员名可以和结构体以外的变量同名，因为它们的作用域是不同的。在结构体说明的最后一定要以“;”号作为结束标志。例如，定义一个教师工资的结构体类型说明：

```
struct TeacherSalary                //教师工资
{
    int number;                     //教师编号
    char name[8];                   //姓名
    char sex;                       //性别
    char dept[20];                  //所属院系
    double salary1,salary2;         //基本工资、绩效工资
};
```

这里定义了一个叫 struct TeacherSalary 的结构体类型，它由教师编号、姓名、性别、所属院系、基本工资和绩效工资构成。需要注意的是，struct TeacherSalary 是一种数据类型，而 TeacherSalary 不是一种数据类型。

结构体类型说明当中的类型也可以是结构体类型，把这种定义方法叫做结构体的嵌套。例如，在 struct TeacherSalary 的定义中增加一个名为 struct date 的结构体类型：

```
struct date                         //日期结构体类型
{
    int year,month,day;             //包括三个分量年、月、日
};
```

现在在 struct TeacherSalary 中增加一个 struct date 类型的分量 birthday：

```
struct TeacherSalary
{
    int number;
    char name[8];
    char sex;
    char dept[20];
    double salary1,salary2;
    struct date birthday            //日期结构体类型变量 birthday
};
```

这样在 struct TeacherSalary 类型中就嵌套了一个 struct date 类型的分量 birthday。该 struct date 的结构体类型说明也可以定义在 struct TeacherSalary 的内部：

```
struct TeacherSalary
{
    int number;
    char name[8];
    char sex;
    char dept[20];
    double salary1,salary2;
    struct date birthday            //日期结构体类型
    {
        int year,month,day;         //包括三个分量年、月、日
    }
```

```
    birthday;                   //日期类型变量 birthday
};
```

struct TeacherSalary 是一种数据类型，系统并不为该类型分配存储空间，只能为该类型的变量分配存储空间。

11.2.2 结构体类型变量、数组和指针的定义

在结构体类型说明之后就可以定义结构体类型的变量、数组和指针了，有以下 4 种定义方式。

1. 在结构体说明之后马上定义结构体变量

例如：

```
struct TeacherSalary
{
    int number;
    char name[8];
    char sex;
    char dept[20];
    double salary1,salary2;
}
t1,t[10], * pt;
```

这里定义了一个 struct TeacherSalary 类型的变量 t1、一个长度为 10 的基类型为 struct TeacherSalary 的数组 t 和一个指向 struct TeacherSalary 类型变量的指针 pt。需要注意的是，pt 本身是一个指针变量，指向一个 struct TeacherSalary 类型变量的首地址。

2. 在一个无名结构体说明之后定义结构体变量

例如：

```
struct
{
    int number;
    char name[8];
    char sex;
    char dept[20];
    double salary1,salary2;
}
t1,t[10], * pt;
```

这是一种无结构体名称的变量定义方式，用在临时使用该类型结构体变量的情况，若以后还想使用该类型的结构体变量，则该结构体说明必须重新定义。

3. 先说明结构体类型，然后再定义结构体变量

例如：

```
struct TeacherSalary
```

```
{
    int number;
    char name[8];
    char sex;
    char dept[20];
    double salary1,salary2;
};
struct TeacherSalary t1,t[10], * pt;
```

需要注意的是,struct TeacherSalary 是一个完整的类型,不能用 TeacherSalary 来说明后面变量的类型,如“TeacherSalary t1,t[10], * pt;”是错误的。

4. 用结构体类型的别名定义结构体变量

例如:

```
struct TeacherSalary
{
    int number;
    char name[8];
    char sex;
    char dept[20];
    double salary1,salary2;
};
typedef struct TeacherSalary TS;
TS t1,t[10], * pt;
```

这里先进行了结构体类型的说明,然后给该类型定义了一个别名 TS,这样在以后的结构体变量定义中就可以用 TS 作为该类型名了。

本书推荐将结构体类型说明和结构体变量定义分开,将结构体类型说明定义在一个文件当中,然后在其他的文件中可以引用该结构体类型说明,只需将该说明所在的文件包含进来即可,可以避免重复定义。

在定义了结构体变量之后,系统就会为该变量分配存储空间。结构体变量是由各个域组成的,因此结构体变量的长度就等于各个域的长度之和。但是不同的编译器对于特定类型的数据所分配的存储空间并不相同,这里采用 Visual C++ 6.0 编译环境下数据类型的长度,即 char 类型占 1 字节,short 类型占 2 字节,int 类型、float 类型和 long 类型占 4 字节,double 类型占 8 字节来计算结构体变量所占用的存储空间。故 t1 的长度 $=4+8\times1+1+20\times1+8+8=49$ 个字节,如图 11-2 所示。

number	name	sex	dept	salary1	salary2
4 字节	8 字节	1 字节	20 字节	8 字节	8 字节

图 11-2 t1 结构体变量的空间存储分配

对于定义“TS t[10], * pt;”若给指针变量 pt 赋值“pt=t;”,则执行“pt++;”时,pt 实际上是向跳过了一个结构体变量 t[0],跳到下一个结构体变量 t[1]的首地址。

对于一个结构体变量的定义,在求其存储长度时可以按照上面的方法来求解,但是在不同的编译环境下实际分配给变量的内存单元数还要考虑结构体变量单元的对齐问题，这时实际的内存单元长度可以通过 sizeof 函数求出，如使用 sizeof(struct TeacherSalary)或 sizeof(TS)或 sizeof(t1)来求解上述定义的结构体变量的内存单元数，其结果是根据结构体变量单元的对齐数来实际分配的，详情请读者查阅“内存对齐”。

11.2.3 为结构体变量赋值

1. 在定义时赋初值

结构体变量可以在定义时直接赋初值，这叫做初始化，如对 11.2.2 节中定义的变量 t1 初始化：

```
TS t1 = {1,"张三",'m',"信息学院",2500,1000};
```

此时结构体变量的值要定义在一个大括号里，在赋初值时必须对结构体变量成员按照从前到后的顺序赋值，不允许前边的成员没有赋值就直接给后面的成员变量赋值，但是可以对后面的若干元素不赋初值，这时系统会为其自动补零(根据元素的实际类型)。

对结构体数组赋值的方法同前面讲的对数组赋值的方法相同，只是结构体数组元素是结构体变量。例如：

```
TS t[10] = {{1,"张三"},{2,"李四"}};
```

定义了一个结构体数组 t，共有 10 个元素，在对数组赋初值时只对前两个元素的前 2 个域赋了值，其他省略。在对结构体数组变量赋值时，要把数组的每个元素用大括号分开。

2. 在程序使用过程赋值或输入

结构体变量也可以在程序使用过程中根据实际情况进行赋值或输入，此时不能对结构体变量整体赋值，只能对结构体变量的单元赋值。例如，如果对 t1 进行如下方式赋值：

```
TS t1;
t1 = {1,"张三",'m',"信息学院",2500,1000};
```

此时，编译程序会提示赋值错误，只能按如下方式赋值(结构体变量成员的引用方式请参见 11.2.4)：

```
TS t1;
t1.number = 1;
gets(t1.name);
t1.sex = 'm';
gets(t1.dept);
t1.salary1 = 2500;
t1.salary2 = 1000;
```

其中，t1.name 和 t1.dept 是字符数组名，代表该字符数组的首地址，因此不能直接对其进行赋值(但可以为该数组输入数据)，如果赋值：

```
t1.name = "张三";
```

则程序提示错误。

3. 结构体变量之间整体赋值

相同类型结构体变量之间可以整体赋值。如若有以下定义：

```
TS t1 = {1,"张三",'m',"信息学院",2500,1000};
TS t2;
t2 = t1;
```

则此时将 t1 的信息备份到 t2 中。

11.2.4 对结构体变量成员的引用

(1) 引用结构体变量的成员有以下 3 种方式：

①“结构体变量名.成员名”。

②“指针变量名－＞成员名”(箭头由减号和大于号构成)。

③“(* 指针变量名).成员名”。

其中，点是结构体成员运算符，直接用来引用结构体成员。箭头是指针指向运算符，用来指向结构体中的某成员。第 3 种表示方法中“ * 指针变量名”即表示指针所指单元，也就是结构体变量，因此它的作用与第 1 种表示法相同。

如对 11.2.3 中定义的 t1，若再定义“TS * tp＝&t1;”，则若引用 t1 的 number 域则有以下三种方式(以输出为例)：

```
printf("%d%d%d",t1.number,tp->number,( * tp).number);
```

如果按以下方式定义 t1：

```
struct TeacherSalary
{
    int number;
    char name[8];
    char sex;
    char dept[20];
    double salary1,salary2;
    struct date                    //增加日期结构体类型
    {
        int year,month,day;        //包括三个分量年、月、日
    }
    birthday;                      //日期结构体类型变量 birthday
};
typedef struct TeacherSalary TS;
    TS t1 = {1,"张三",'m',"信息学院",2500,1000,1995,12,10};
TS  * tp = &t1;
```

则引用 t1 的 year 域有以下方式：

```
printf("%d%d%d",t1.birthday.year,tp->birthday.year,( * tp).birthday.year);
```

此时 birthday 和 year 之间要用点连接，因为 birthday 是一个结构体类型分量。

(2) 因为结构体变量的成员都是某种特定类型的数据，所以在对这些成员进行操作时只要满足对该种数据类型的运算即可。例如，在对 t1 的 name 域进行输入输出时可以有以下几种方式：

```
gets(t1.name);
puts(t1.name);
scanf("%s",t1.name);
printf("%s",t1.name);
strcpy(t1.name,"LiMing");
//strcpy 函数包含在 string.h 头文件中，要使用该函数，必须将该头文件包含进来
```

这里可以用 tp－＞name 和(*tp).name 来代替 t1.name。

若对 t1 的 sex 域进行输入输出时可以有以下几种方式：

```
t1.sex = getchar();
putchar(t1.sex);
scanf("%c",&t1.sex);
printf("%c",t1.sex);
t1.sex = 'm';
```

其中，t1.sex 又等价于 tp－＞sex 和(*tp).sex。

(3) 当使用指针变量来引用结构体成员并与＋＋、－－运算符构成表达式时，要根据这些运算符的优先级来确定表达式的结果。例如，设有以下定义：

```
TS t[10] = {{1,"张三",'m',"信息学院",2500,1000},{2,"李四",'m',"信息学院",3500,
2000},{3,"王五",'m',"信息学院",4500,3000}};
TS *tp = t;
```

则分别独立执行以下语句的输出结果分别是 2500、2501、2500 和 3500。

```
printf("%.0lf\n",tp->salary1++);
printf("%.0lf\n",++tp->salary1);
printf("%.0lf\n",(tp++)->salary1);
printf("%.0lf\n",(++tp)->salary1);
```

执行第一个语句时，－＞的优先级比＋＋运算符高，因此第一个表达式 tp－＞salary1＋＋相当于(tp－＞salary1)＋＋，又 tp 指向 t[0]，故表达式结果为 2500，然后 tp－＞salary1 自加变成 2501。

执行第二个语句时，输出＋＋(tp－＞salary1)的值是 2501，然后 tp－＞salary1 也变成了 2501。

执行第三个语句时，由于括号的优先级比箭头高，所以第三个表达式(tp＋＋)－＞salary 的结果等于 tp－＞salary，然后 tp 自加，指向 t[1]。

执行第四个语句时，tp 先自加指向 t[1]，然后再输出 t1.salary1，结果为 3500。

如果初始条件不变，顺序执行上述四个语句，则输出结果分别是 2500、2502、2502 和 4500，中间的执行过程请读者自己分析。

【例 11-1】 有 5 个 TS 类型的记录，求出工资(基本工资＋绩效工资)最高的教师的记录输出。

程序如下：

```
#include<stdio.h>
#include<string.h>
void main()
{
    struct TeacherSalary              //教师工资
    {
        int number;
        char name[8];
        char sex;
        char dept[20];
        double salary1,salary2;
    };
    typedef struct TeacherSalary TS;
    TS t[5]={{1,"张三",'m',"信息学院",2500,1000},{2,"李四",'m',"信息学院",3500,2000},
    {3,"王五",'m',"信息学院",4500,2000},{4,"赵六",'f',"信息学院",3500,3000},
    {5,"孙七",'f',"信息学院",3500,1500}};
    double max=0;
    int i;
    for (i=0;i<5;i++)                 //找出工资的最大值
    {
        double sum=0;
        sum=sum+t[i].salary1+t[i].salary2;
        if (max<sum) max=sum;
    }
    for (i=0;i<5;i++)                 //找出工资等于最大值的记录并输出
    {
        if(t[i].salary1+t[i].salary2==max)
        {
            printf("number=%d\n",t[i].number);
            printf("name=%s\n",t[i].name);
            printf("sex=%c\n",t[i].sex);
            printf("dept=%s\n",t[i].dept);
            printf("\n");
        }
    }
}
```

该程序的输出结果为：

```
number=3
name=王五
sex=m
dept=信息学院

number=4
name=赵六
sex=f
dept=信息学院
```

在本程序当中首先初始化了5个教师工资的信息，然后找出工资的最大值，最后输出工资等于最大值的教师记录。

11.2.5 结构体变量作函数参数

结构体类型变量可以作为函数的参数来使用,包括3种情况:结构体变量成员作参数、结构体变量作参数、结构体指针作参数。

结构体变量成员都是某种类型的变量,因此结构体变量成员作函数参数就是变量作函数参数。如果该成员是简单数据类型变量,此时实参与形参之间的数据传递关系请参见7.4节;如果该成员是地址类型数据(数组和指针),此时实参与形参之间的数据传递关系请参见9.4节。

结构体类型变量作参数时与简单变量作参数一样,仍然是实参结构体变量传递给形参结构体变量(单向传递),然后在函数中用形参结构体变量进行运算,只不过结构体实参在向形参传递数据时是把实参变量的对应域依次赋值给形参变量的对应域而已。

如果用一个结构体指针变量作函数的形参,此时形参和实参之间的数据传递请参见9.4节,这时形参指针指向一个实参结构体变量的首地址。

【例11-2】 定义两个函数,分别用来输入和输出教师工资信息。

程序如下:

```
#include<stdio.h>
struct TeacherSalary                    //教师工资
{
    int number;                         //教师编号
    char name[8];                       //姓名
    char sex;                           //性别
    char dept[20];                      //所属院系
    double salary1,salary2;             //基本工资、绩效工资
};
typedef struct TeacherSalary TS;
void input (TS *t)                      //指针变量作函数参数,该形参指向实参t1,用来输入t1的值
{
    printf("请输入教师工资信息,包括职工号、姓名、性别、所属部门、基本工资和绩效工资,用空格分开:\n");
    scanf("%d %s %c %s %lf %lf",&(t->number),t->name,&(t->sex),t->dept,&(t->salary1),&(t->salary2));
}
void output (TS t)                  //结构体变量作函数参数,用来输出实参t1的副本t的各个域
{
    printf("教师的工资信息如下:\n");
    printf("教师编号: %d\n",t.number);
    printf("教师姓名: %s\n",t.name);
    if(t.sex == 'm')printf("教师性别: 男\n");
    else if(t.sex == 'f')printf("教师性别: 女\n");
    else printf("性别输入有误\n");
    printf("教师所属联系: %s\n",t.dept);
    printf("教师基本工资、绩效工资: %.2lf %.2lf\n",t.salary1,t.salary2);
}
void main()
```

```
{
    TS t1;
    input(&t1);                    //输入 t1 的值
    output(t1);                    //输出 t1 的值
}
```

程序的执行结果为：

```
请输入教师工资信息,包括职工号、姓名、性别、所属部门、基本工资和绩效工资,用空格分开:
1 张三 m 信息学院 2501.45 1236.74
教师的工资信息如下:
教师编号: 1
教师姓名: 张三
教师性别: 男
教师所属联系: 信息学院
教师基本工资、绩效工资: 2501.45 1236.74
Press any key to continue
```

这里定义了实参 t1,执行 input 函数时将 t1 的地址传递给形参 t,t 是一个指针,指向实参 t1,因此对于形参 t->域的操作实际就是对实参 t1->域的操作。执行 output 函数时实参 t1 赋值给形参 t,此时在 output 里进行的操作是对形参 t 进行的,output 函数结束之后形参 t 也随之消失。请读者画出这两个函数执行时实参与形参之间的传递关系。

如果用结构体数组作函数参数,此时传递的是结构体数组的首地址,同结构体指针作函数参数传递过程相同。

【例 11-3】 读入 5 个人的姓名和电话号码,按他们姓名的字典顺序排列,然后输出排序以后的人的姓名和电话号码。

程序如下：

```
#include <stdio.h>
#include <string.h>
#define N 5
struct pertel
{
    char name[8];
    char telephone[14];
};
typedef struct pertel PT;
void input(PT pt[N])                //输入 5 个人的姓名及电话号码
{
    int i;
    printf("输入姓名和电话: \n");
    for(i = 0;i < N;i++)
    {
        scanf("%s%s",pt[i].name,pt[i].telephone);
    }
}
void sort(PT pt[N])                 //对这 5 个人按姓名字典顺序排序
{
    int i,j,k;
```

```
    PT temp;
    for(i = 0;i < N - 1;i++)
    {
        k = i;
        for(j = i + 1;j < N;j++)
            if (strcmp(pt[k].name,pt[j].name)> 0) k = j;
        temp = pt[k];pt[k] = pt[i];pt[i] = temp;
    }
}
void print(PT pt[N])                //输出排序后的人名及电话号码
{
    int i;
    printf("排序之后的结果:\n");
    for(i = 0;i < N;i++)
    {
        printf(" % s, % s\n",pt[i].name,pt[i].telephone);
    }
}
void main()
{
    PT p[N];
    input(p);
    sort(p);
    print(p);
}
```

程序执行过程为：

```
输入姓名和电话:
zhao 0431 - 12345678
qian 0431 - 12345677
sun 0431 - 12345676
li 0431 - 12345675
zhou 0431 - 12345674
排序之后的结果:
li,0431 - 12345675
qian,0431 - 12345677
sun,0431 - 12345676
zhao,0431 - 12345678
zhou,0431 - 12345674
Press any key to continue
```

在程序当中，形参是一个结构体数组，但是实际上它只是一个指向实参数组的指针而已，此时系统只分配了一个指向结构体变量的指针，该指针指向实参数组的首地址。在函数中，pt[i]实际上是 *(pt+i)，就是实参中的 p[i]，所以对形参 pt[i]的操作实际上就是对实参 p[i]的操作。

函数返回值类型也可以是结构体类型，这时通过 return 语句把一个结构体变量返回给主函数中的某个结构体变量，把这样的函数称为结构体类型的函数。

11.2.6 链表

在使用数组时,如果数组中的元素个数是确定的,那么这时候对数组采用顺序存储是比较方便的。但是如果数组中的元素是不确定的,那么往往要开辟一个相对于问题来说稍大一些的数组,以便用来容纳这个数组里可能用到的最多元素,这时候对数组采用顺序存储就不太方便。

此外,对于顺序存储的数组,在进行插入元素或删除元素操作的时候需要进行大量的移动操作(执行插入操作的时候要把插入位置后面的元素从后向前顺序后移,执行删除操作时要把待删除元素后面的元素从前向后顺序前移),如果一个数组当中要频繁地进行插入或删除操作的话,那么这时执行插入或删除操作的开销就比较大。

对于以上两种情况,可以对数组换一种存储方式,即用链式存储来解决上面遇到的问题。在链式存储结构当中,每个数组元素后面要加上一个指针,用来指示该元素后面一个元素在内存当中的物理位置,这样我们就可以通过这些指针来找到数组当中的各个元素。

例如,将 10、20、30 这三个值连接起来构成一个链表,其存储结构如图 11-3 所示。

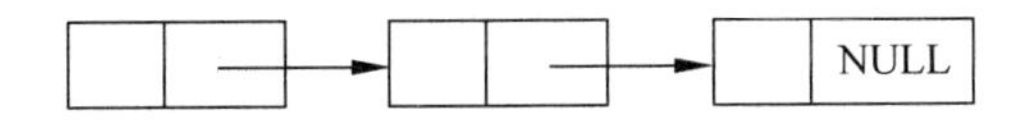

图 11-3 由 3 个元素构成的链式存储结构

这里,每一个整型变量的后面都加一个指针变量,把这个整型变量加上指针变量放在一起叫做一个结点,该整型变量叫做该结点的数据域,该指针变量叫做该结点的指针域,用来指向下一个结点。

把这种链式存储结构叫做链表,链表中的每个单元叫做链表的结点,每个结点由两部分组成,一部分是数据域(可以是简单数据类型的变量,也可以是一个构造数据类型,如结构体类型);另一部分是指向下一个结点的指针域,用来存储下一个结点的地址。可以把这些结点的指针域看作是一个连接到下一个结点的链,所以把这种存储结构形象地称为链表。由于链表中的结点所包含的各个域的数据类型可以不同,因此要将链表中的结点定义为结构体数据类型。

如果链表当中的结点个数是固定的,那么把这种链表称为静态链表;如果链表当中的结点个数随着实际需要而变化,那么就把这种链表称为动态链表。

【例 11-4】 将数组“int a[3]={10,20,30};”存储为一个静态链表。

程序如下:

```
#include <stdio.h>
void main()
{
    struct listnode                    //定义一个结构体类型 struct listnode
    {
        int data;                      //该类型包括一个数据域 data,是整型变量
        struct listnode * next;        //和一个指向下一个结点的指针域
    }
    x,y,z, * p;                        //定义三个结构体变量 x、y、z 和一个结构体指针 p
    int a[3] = {10,20,30};
```

```
        x.data = a[0]; y.data = a[1]; z.data = a[2];
        x.next = &y;y.next = &z;z.next = NULL;      //通过指针域将三个结点连接起来
        p = &x;
        while(p)
        {
            printf(" %d ",p->data);
            p = p->next;
        }
}
```

在该程序当中首先定义了一个结构体类型 struct listnode，它包括两个域，一个是整型的数据域；另一个是指向下一个结点的指针域。然后定义了 3 个 struct listnode 类型的变量 x、y、z，用来建立链表。通过直接为 x、y、z 的数据域和指针域赋值，建立了一个如图 11-3 所示的静态链表。需要注意的是，链表中最后一个结点的指针域一定要设置为空，它代表链表到此结束，不再去访问其他的结点了。

单纯建立一个静态链表并没有实际意义（此时结点个数是固定的，完全可以用数组来处理），在使用过程中一般是要建立一个动态链表。动态链表就是根据实际需要来动态地插入或删除结点的一种链表。对于需要的数据，可以动态地插入到链表中；对于不需要的数据，可以动态地进行删除。

动态链表根据指针域的指向以及是否构成循环可以分为单向链表、单向循环链表、双向链表和双向循环链表。

单向链表如图 11-4(a)所示。在单向链表中，如果最后一个结点的指针域指向第一个结点，就变成了单向循环链表，如图 11-4(b)所示。

如果结点当中除了数据域以外，还包括两个指针域，一个指针（尾指针）指向后一个结点；另一个指针（头指针）指向前一个结点，这样的链表就叫做双向链表，如图 11-4(c)所示。如果在双向链表中，最后一个结点的尾指针又指向第一个结点，而第一个结点的头指针又指向了最后一个结点，这样的链表就叫做双向循环链表，如图 11-4(d)所示。

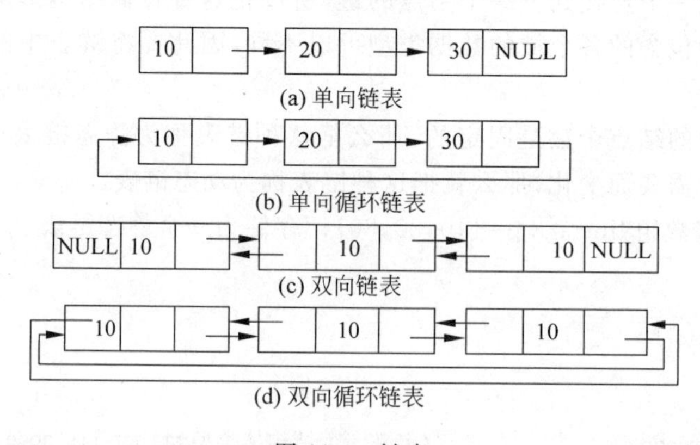

图 11-4 链表

本书中着重讨论单向链表。单向链表可以分为带头结点的单向链表和不带头结点的单向链表两种情况。图 11-5(a)所示是带头结点的单向链表，这里的头结点并不是链表中使用的结点，而是一个额外的结点，可以用来存放链表的一些相关信息（如链表中结点的个数），然后用一个指针去指向该头结点，称该指针为头指针。这样如果找到了头指针，就可以去访问整个链表里的数据了。如果去掉头结点，那么该单向链表就变成了不带头结点的单向链表，如图 11-5(b)所示。

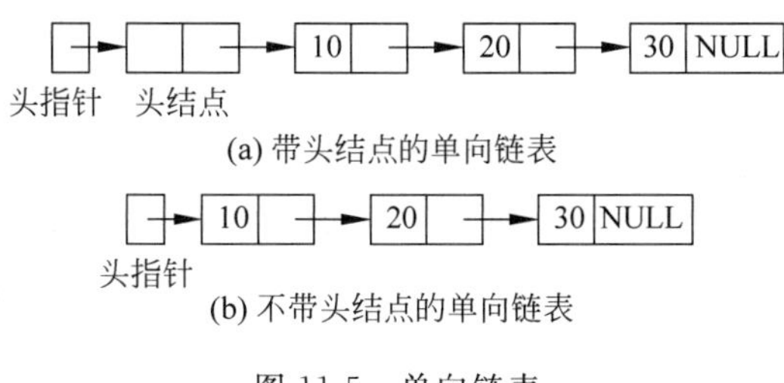

图 11-5　单向链表

本书只讨论带头结点的单向链表，后面示例中所说的链表都是指带头结点的单向链表。

链表的操作主要包括链表的建立、输出、插入和删除等。在下面的例子当中，建立一个简单的单向链表，该链表的结点只包括一个整型的数据域(假设该数据是 0～100 之间的整数，如作为学生的成绩)和一个指针域。然后，输出链表中的数据，也可以在链表中插入或删除结点。如果链表结点的数据域包括比较多的数据，那么可以设计一个结构体类型的变量作为链表结点的数据域，然后分别对该数据域中的分量进行相应的操作即可。

【例 11-5】 建立 4 个函数分别用来建立链表、输出链表结点的值、在链表中插入新结点、删除链表中的某结点，在主函数中对这 4 个函数进行测试。

分析：先定义结点的类型为 SLIST，具体定义见下面的程序。

(1) 建立一个函数 SLIST * creat_list()来建立链表。在建立链表时，先建立一个头结点，这个结点并不装载链表中的有效数据，它是一个附加结点，而此时头结点也是尾结点。以后每读入一个数据就把它添加到当前链表的表尾，成为新的尾结点，直到读入的数据不在 0～100 之间时就结束建立链表的过程。在函数 creat_list 中使用了三个指针，分别是头指针 h、尾指针 r 和用来指向新开辟的结点的工作指针 s。h 指向头结点，用来确定链表的起始位置。r 用来指向链表中最后一个结点，最后一次 r 的 next 域为 NULL，表示链表到此结束。每次通过 malloc 函数为新增加的结点开辟存储空间，然后用指针 s 来指向该结点，并将它连接到链尾，最后将 r 指向它。若第一次读入的数据就不在 0～100 之间，则没有向链表插入任何结点，此时头结点就是尾结点，把这种链表叫做空链表，如图 11-6 所示。最后将头指针 h 返回即可，通过该指针就可以访问整个链表了。

(2) 建立一个输出链表结点数据的函数 void print_list (SLIST * head)。在该函数中，形式参数 head 是链表的头指针，再定义一个 SLIST 类型的指针 p，用来作为访问结点的工作指针，通过该指针输出各个结点的数据域，直到链尾。若链表为空，则不输出任何数据。

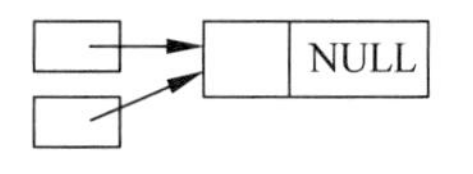

图 11-6　空链表

(3) 建立一个向链表中插入结点的函数 void insert_node(SLIST * head,int x,int y)，在该函数中，head 是头指针。在插入结点时，数据域为 y 的结点可以插入到链表中某结点的前面，称为“前插”操作，也可以插入到链表中某结点的后面，称为“后插”操作，这里以“前插”操作为例，让数据域为 y 的结点插入到数据域为 x 的结点前面。

这里使用 3 个工作指针 s、p、q，其中 s 用来指向要插入的数据域为 y 的结点，p 用来寻找数据域为 x 的结点，q 用来指向 p 所指结点的前驱结点。在链表中插入结点的过程如

图 11-7 所示。在插入结点时有 3 种可能的情况：第 1 种情况是链表为空，这时直接将数据域为 y 的结点插在头结点的后面，成为链尾结点，此时不用考虑数据域为 x 的结点，如图 11-7 (a)所示；第 2 种情况是链表不为空，但是并没有找到数据域为 x 的结点，此时只需将数据域为 y 的结点连接到链尾即可，如图 11-7(b)所示；第 3 种情况是链表不为空，并且找到了数据域为 x 的结点，此时指针 p 指向该结点，指针 q 指向 p 所指结点的前驱结点，指针 s 指向新开辟的结点，在插入新结点时，让 s->next 指向 p，再让 q->next 指向 s，这样就把新结点插入到数据域为 x 的结点之前了，如图 11-7 (c)所示。

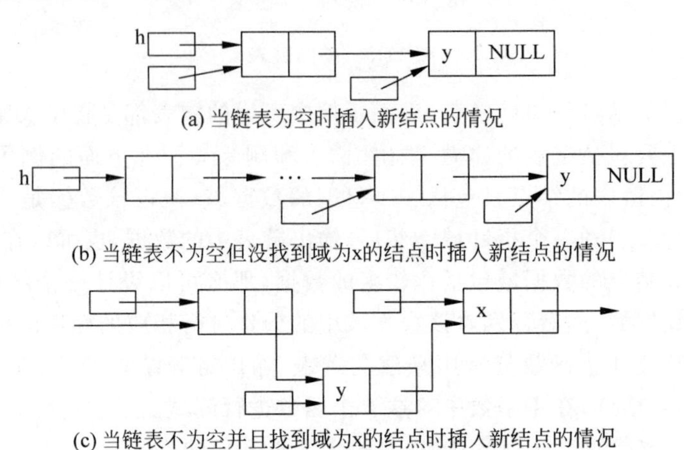

图 11-7　在链表中插入结点

在函数当中，while 语句的条件是((p!=NULL)&&(p->data!=x))，这两个条件的顺序不能调换，因为当 p 为空时，第二个条件就不用再判断了；如果交换顺序，会先判断 p->data 域是否为 x，如果链表为空表，则此时访问 p->data 会出现访问虚拟地址的运行时错误。

(4) 建立一个删除链表结点的函数 void delete_node(SLIST *head,int x)。在该函数中，head 是头指针，x 是待删结点的数据域。定义一个 SLIST 类型的指针 p 用来查找 x 所在的结点，q 用来指向 p 所指结点的前驱。在查找数据 x 所在的结点时有两种情况，一种是没找到，此时直接输出提示信息；另一种情况是找到 x 所在的结点，此时 p 指向该结点，q 指向该结点的前驱结点，此时只需执行“q->next=p->next;”，就可以将 p 所指结点从链表中摘除，如图 11-8 所示。再执行 free(p)就释放掉 p 所指结点的空间，由系统回收重新利用。

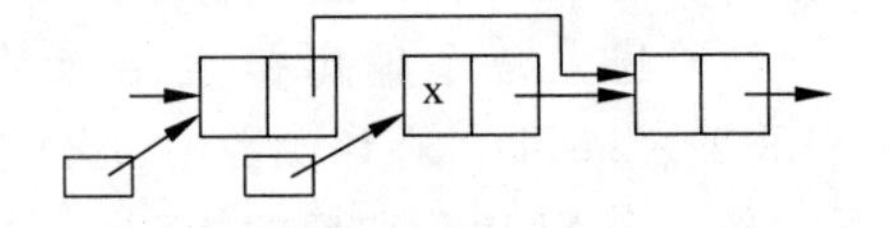

图 11-8　从链表中删除数据域为 x 的结点

完整的程序如下：

```
#include <stdio.h>
#include <stdlib.h>                    //malloc 函数和 free 函数所在的头文件
struct listnode                        //定义一个链表结点的结构体类型
{
    int data;
    struct listnode *next;
};
typedef struct listnode SLIST;         //给链表结点类型起别名为 SLIST
```

```
SLIST * creat_list()                //创建一个带头结点的单向链表
{
    int c;
    SLIST * h, * s, * r;
    h = (SLIST * ) malloc (sizeof(SLIST)); //开辟头结点,用头指针 h 指向头结点
    r = h;                          //链尾指针 r 先指向头结点
    printf("请输入 0~100 之间的整数:");
    scanf(" %d",&c);                //读入第一个结点的数据
    while(c >= 0 && c <= 100)       //数据范围在 0~100 之间
    {
        s = (SLIST * )malloc(sizeof(SLIST));    //开辟新结点,并用工作指针 s 指向它
        s -> data = c;              //为新结点数据域赋值
        r -> next = s;              //将新结点连接到链尾
        r = s;                      //将链尾指针 r 指向新加入的结点
        scanf(" %d",&c);            //读入下一个结点的数据
    }
    r -> next = NULL;               //创建链表结束,链尾结点的指针域置空
    return h;                       //返回头指针
}

void print_list(SLIST * head)       //输出链表中的数据
{
    if(head == NULL) {printf("链表为空\n");
    }
    else
    {
        SLIST * p;
        p = head -> next;           //工作指针 p 指向头结点的后继结点
        if(p == NULL) printf("链表为空!\n");    //若链表为空输出提示信息
        else                        //若不为空则输出链表中的数据
        {
            printf("链表是: ");
            do
            {
                printf(" %d ",p -> data);
                p = p -> next;
            }
            while(p!= NULL);
            printf("\n");
        }
    }
}

//在数据域为 x 的结点前插入一个数据域为 y 的新结点
void insert_node(SLIST * head, int x, int y)
{
    if (head == NULL) {printf("链表为空,不能插入结点\n");
    }
    else
    {
```

```
        SLIST *s, *p, *q;
        s=(SLIST *)malloc(sizeof(SLIST));          //为新结点开辟存储空间
        s->data=y;
        q=head;
        p=head->next;
        /*以下循环用来寻找x所在的位置,此时有三种可能的情况: ①链表为空;
        ②链表不为空,但x并不在链表结点中; ③链表不为空,x在链表结点中*/
        while((p!=NULL)&&(p->data!=x))
        {
            q=p;
            p=p->next;
        }
        s->next=p;                  //对于以上3种情况,都将数据域为y的结点插入到链表中
        q->next=s;
    }
}

void delete_node(SLIST *head,int x)    //删除链表中的数据域为x的结点
{
    if(head==NULL) {printf("链表为空,没有结点可以删除\n");      //链表为空
    }
    else                                //链表不为空
    {
        SLIST *p, *q;
        q=head;
        p=head->next;
        /*以下循环用来寻找要删除结点,此时有两种情况: ①找到数据域为x的结点;
        ②没有找到数据域为x的结点*/
        while((p!=NULL)&&(p->data!=x))
        {
            q=p;
            p=p->next;
        }
        if (p==NULL) {printf("链表中没有数据域为%d的结点\n",x);       //情况②
        }
        else                        //情况①,找到数据域为x的结点并删除
        {
            q->next=p->next;free(p);
        }
    }
}

void main()
{
    SLIST *head=NULL;
    int x,y;
    int select;
    do
    {
        //输出将要进行的操作的提示信息
        printf("请选择要进行的操作: \n");
```

```
        printf("1、建立链表 2、输出链表数据 ");
        printf("3、在链表中插入新结点 4、删除链表中的结点\n");
        scanf("%d",&select);            //输入一个操作标识
        switch(select)
        {
            case 1:head=creat_list();   //创建链表
                break;
            case 2:print_list(head);    //输出此时链表中的值
                break;
            case 3:printf("请输入两个整数 x 和 y:");
                scanf("%d%d",&x,&y);
                insert_node(head,x,y);  //在链表中插入新结点
                break;
            case 4:printf("请输入要删除结点的数据 x:");
                scanf("%d",&x);
                delete_node(head,x);    //删除链表中的结点
                break;
            default:printf("没有选择操作,程序结束\n");
        }
    }
    while(select>=1 && select<=4);      //可以循环进行上述 4 种操作
}
```

从上面的例子可以看出,在链表中查找数据只能从前向后挨个结点去进行查找,但是插入或删除数据时却不需要移动数据元素,而在数组中插入或删除数据时需要进行大量的数据移动,因此要根据实际问题的需要来对数据采用顺序存储或链式存储。

11.3 共用体类型

共用体也是一种构造数据类型,即共用体也是由若干元素组成的一种数据类型,而且这些元素本身的数据类型可以各不相同,这一点和结构体相似,但是共用体和结构体实际上是不同的类型,因为结构体中的成员在内存中各自占用自己的存储空间,而共用体中的成员在内存中占用一段相同的存储空间。

11.3.1 共用体类型说明和共用体变量定义

共用体类型说明的格式如下:

```
union 共用体名
{
    共用体成员表;
};
```

其中,union 是关键字,表示共用体类型。共用体名必须符合用户自定义标识符的命名规则。共用体成员表包括共用体成员的名称和所属的类型。共用体说明的最后一定要以“;”作为结束标志。

例如:

```
union type
{
    char a;
    int b;
    double c;
};
```

这里定义了一个名为type的共用体类型，包括3个不同数据类型的成员a、b、c。这里只是说明了一个共用体类型union type，但是并不为该类型分配存储空间，只有定义为union type类型的变量或数组才被分配存储空间。

定义共用体类型的变量和定义结构体类型的变量相似，都有4种形式，这里不再赘述。

例如：

```
union type x,y[10], *p;
```

这里定义了一个union type类型的变量x、一个长度为10基类型为union type的数组y和一个基类型为union type类型的指针变量p。

11.3.2 共用体成员的引用

共用体成员的引用方法也和结构体成员的引用方法一样，可以有以下3种形式：

(1)“共用体变量名.成员名”。

(2)“指针变量名－＞成员名”。

(3)“(＊指针变量名).成员名”。

如对定义“union type x,y[10],＊p;”当中的p若有定义“p＝&x;”则引用x的成员a就可以有3种方法：x. a或p->a或(＊p).a。

变量x的成员a、b、c的数据类型都不一样，而a、b、c却要占用一段相同的存储空间，所以共用体变量要以其最长成员所占字节数来开辟存储空间，因而x的长度等于8。x的长度也可以通过sizeof(x)或sizeof(union type)求得。

x中成员的地址分配情况如图11-9所示。其中x的总长度为8字节，3个单元x.a、x.b和x.c的起始地址相同，差别是x.a只使用一个字节，x.b使用4字节，而x.c则使用全部8字节。

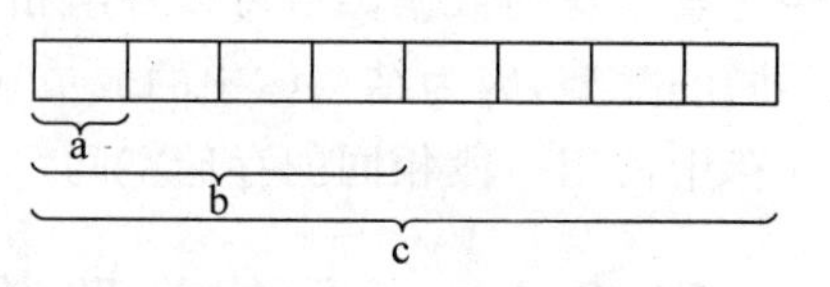

图11-9 union type类型变量x的成员所占内存分配情况

因为结构体变量中的成员使用相同的存储空间，因而对其中某成员的修改会影响到其他成员的值，共用体变量中的值总是最后一次修改后的值。

【例11-6】 共用体中单元的赋值。

```
#include <stdio.h>
void main()
{
    union type
    {
        char a;
        int b;
```

```
    }
    x;
    x. b = 257;
    printf(" %d %d\n",x.a,x.b);
    x. a = 0;
    printf(" %d %d\n",x.a,x.b);
}
```

程序输出结果是：

```
1 257
0 256
```

当 x. b＝257 时，x 中存储的数据如图 11-10 所示，所以 x. a＝1，x. b＝257。

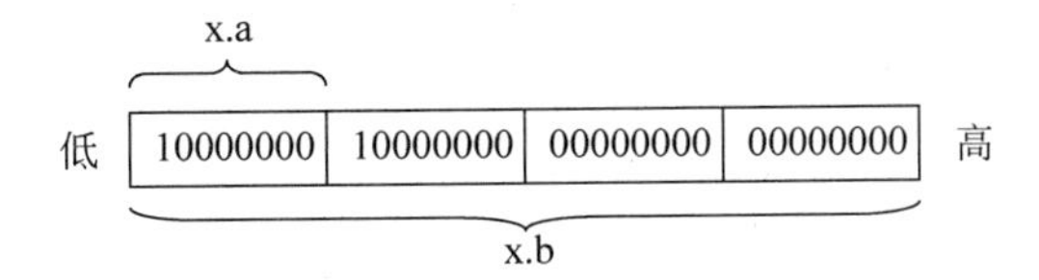

图 11-10　共用体变量 x 中成员的地址分配情况

若将 x. a 设置为 0，则 x. b 也相应变化为 256。

共用体类型的变量允许整体赋值，此时是把共用体变量的值进行整体复制，如例 11-6 中，若再定义“union type y;”，则可以进行“y＝x;”的操作。

共用体变量也可以做函数参数，包括共用体变量成员作参数、共用体变量作参数、共用体指针作参数，函数返回值类型也可以是共用体类型，这和结构体中的讨论完全一致，这里不再赘述。

习题 11

1. 选择题

(1) 以下对结构体类型变量 td 的定义中错误的是(　　)。

A. typedef struct aa
{int n; float m;}AA;
AA td;

B. struct
{int n; float m;}aa;
struct aa td;

C. struct aa
{int n; float m;}td;

D. struct
{int n; float m;}td;

(2) 设有如下说明：

```
typedef struct
{
    int n; char c; double x;
}
STD;
```

则以下选项中，能正确定义结构体数组并赋初值的语句是(　　)。

A. STD tt[2]={{1,'A',62},{2,'B',75}};

B. STD tt[2]={a,"A",62,2,"",75}

C. struct tt[2]={{1,'A'},{2,'B'}};

D. struct tt[2]={{1,"A",62.5},{2,"B",75.0}};

(3) 以下程序运行后的输出结果是(　　)。

```
#include <stdio.h>
struct s
{ int x,y;} data[2] = {10,100,20,200};
void main()
{
  struct s *p = data;
  printf("%d\n",++(p->x));
}
```

A. 10　　B. 11　　C. 20　　D. 21

(4) 以下程序的输出结果是(　　)。

```
#include <stdio.h>
struct STU
{char name[10]; int num; float score;};
void f(struct STU *p)
{
  struct STU s[2] = {{"SunDan",20044,550},{"PengHua",20045,537}}, *q = s;++p; ++q; *p = *q;
}
void main()
{
  struct STU s[2] = {{"YangSan",20041,703},{"LiSiGuo",20042,580}};
  f(s);
  printf("%s %d %3.0f\n",s[1].name,s[1].num,s[1].score);
}
```

A. SunDan 20044 550　　B. PengHua 20045 537

C. LiSiGuo 20042 580　　D. YangSan 20041 703

(5) 有以下结构体说明和变量定义，如图 11-11 所示，指针 p、q、r 分别指向一个链表中的三个连续结点。

```
struct node
{
  int data;
  struct node *next;
} *p, *q, *r;
```

图 11-11　p、q、r 指针指向图

现要将 q 和 r 所指结点的先后位置交换，同时要保持链表的连续，以下错误的程序段是(　　)。

A. r->next=q; q->next=r->next; p->next=r;

B. q->next=r->next; p->next=r; r->next=q;

C. p－＞next＝r; q－＞next＝r－＞next; r－＞next＝q;

D. q－＞next＝r－＞next; r－＞next＝q; p－＞next＝r;

(6) 上题中,要将 q 所指结点从链表中删除,同时要保持链表的连续,以下不能完成指定操作的语句是(　　)。

A. p－＞next＝q－＞next;　　　　B. p－＞next＝p－＞next－＞next;

C. p－＞next＝r;　　　　D. p＝q－＞next;

(7) 若有以下说明和定义

```
union dt
{
    int a; char b; double c;
}
data;
```

则以下叙述中错误的是(　　)。

A. data 的每个成员起始地址都相同

B. 变量 data 所占内存字节数与成员 c 所占字节数相等

C. 程序段 data.a＝5;printf("%f\n",data.c);的输出结果为 5.000000

D. data 可以作为函数的实参

(8) 以下程序执行后的输出结果是(　　)。

```
#include <stdio.h>
void main()
{
  union
{
    unsigned int n;
    unsigned char c;
}
u1;
u1.c = 'A';
printf(" % c\n",u1.n);
}
```

A. 产生语法错误　　　　B. 随机值

C. A　　　　D. 65

2. 填空题

(1) C 语言的数据类型分为________、________、________和________。

(2) 构造数据类型分为________、________和________。

(3) 数组中的元素必须是________类型的数据,结构体变量中的元素和共用体变量中的元素可以是________类型的数据。

(4) 引用结构体变量成员有以下 3 种方式:________、________和________。

(5) 链表中的每个单元叫做链表的结点,结点一般由两个域构成,一个是________,另一个________。

(6) 链表根据其结点个数是否固定可以分为________和________；根据其指针的指向可以分为________和________等。

(7) 结构体类型变量的长度等于其各元素长度的________，共用体类型变量的长度等于其各元素长度的________。

(8) 有结构体和共用体的变量定义如下：

```
struct aa{ int a; char c; float x;}b1;
union bb{ int a; char c; float x;}b2;
```

则 b1 和 b2 所占的字节数分别为________和________。

(9) 已有定义如下：

```
struct node
{
    int data;
    struct node * next;
}
 * p;
```

下面语句调用 malloc 函数，使指针 p 指向一个具有 struct node 类型的动态存储空间，请填空。p=(struct node *)malloc ________。

(10) 以下程序的运行结果是________。

```
#include <stdio.h>
#include <string.h>
typedef struct student
{
    char name[10];
    long sno;
}
STU;
void main()
{
    STU a = {"zhangsan",2001},b = {"lisi",2002},c = {"wangwu",2003},d, * p = &d;
    d = a;
    if(strcmp(a.name,b.name)> 0) d = b;
    if(strcmp(c.name,d.name)> 0) d = c;
    printf(" %ld%s\n",d.sno,p->name);
}
```

3. 编程题

(1) 学生记录由学号和成绩两项组成，N 名学生的数据在主函数中输入。编写一个函数，把高于平均分的学生记录输出，并把高于平均分的学生人数在主函数中输出。

(2) 建立上题中学生记录的链表，在链表中成绩为 60 的学生记录前面插入一个成绩为 85 的学生记录，然后删除成绩为 60 的学生记录。

第12章 文件

12.1 文件概述

在程序设计当中,文件是一个非常重要的概念。所谓"文件"一般是指存储在外部设备上的数据的集合,比如说用C语言编写的扩展名为c的源文件,它就是C语言指令的一个集合。操作系统是以文件为单位对数据进行管理的,也就是说,如果想将数据输出到存储介质上,必须先为该输出数据建立一个输出文件;若想从存储设备上读入数据,必须先找到这些数据所在的文件,然后才能读取。

文件的分类方法有很多,下面简单介绍两种分类方法。

从用户使用的角度来看,文件可分为普通文件和设备文件两种。普通文件是指驻留在磁盘或其他外部介质上的一个有序的数据集合,如我们常用的C语言的源文件(扩展名是c)、文本文件(扩展名为txt)、word文档(扩展名为docx)等。设备文件是指与主机相联的各种外部设备,如显示器、打印机、键盘等。操作系统把这些都作为文件来进行管理。

根据文件的数据组织形式(存储方式),文件可以分为文本文件(也叫ASCII码文件)和二进制文件两种。例如,同样存储一个整数256,若用二进制方式存储,则需要存储256所对应的二进制数据,该值是00000000 00000000 00000001 00000000,它占用4字节(在Visual C++ 6.0的编译环境下);若用文本文件方式进行存储,则先把256分成三个字符'2'、'5'、'6',然后依次存储这三个字符的ASCII码,该值是00110010 00110101 00110110(字符'2'、字符'5'和字符'6'的ASCII码分别是50、53和54),它占用3字节。

在C语言中,处理文件时有两种方法,一种是"缓冲文件系统";另一种是"非缓冲文件系统"。"缓冲文件系统"是指处理文件时系统自动为这类文件分配固定大小的内存缓冲区,在读入数据时,先从外部存储介质读入数据到内存缓冲区,当缓冲区填满后再一次性读入到内存数据区,输出时也一样,先填满内存缓冲区,再一次性输出到外部存储介质,这样可以提高输入输出的效率。"非缓冲文件系统"是指处理文件时系统不自动开辟确定大小的缓冲区,而是由程序为每个文件设定一个缓冲区。目前ANSI C不提倡使用"非缓冲文件系统",因此本书后面的讨论都是针对"缓冲文件系统"进行的。

对文件的输入输出方式也称"存取方式",在C语言中有两种文件存取方式:顺序存取和直接存取。顺序存取时,必须从文件头到文件尾逐个字节进行存取,即若想读出第n个字节,必须先读出前面的n-1个字节才能读到第n个字节,写入时也一样。直接存取也叫随机存取,它可以直接定位到想要读写的位置,如若想读取第n个字节,可以通过C语言的库函数直接定位到第 n 个字节，而不必先读取前面的 n－1 个字节。

12.2 文件指针

在对文件进行处理时，总是通过一个称为"文件指针"的变量来引用文件中的数据。文件指针的定义形式如下：

```
FILE *文件指针变量名;
```

例如，

```
FILE *fp;
```

这里定义了一个文件指针 fp，但是事实上 fp 并不指向一个具体的文件，而是指向一个 FILE 类型的结构体变量，该结构体变量中存储了一个文件的诸如文件描述符、文件中当前读写位置、文件缓冲区大小等信息，通过对这些信息就可以实现对该文件的操作。用户在使用文件指针时可以不用考虑这些信息，如在使用 fp 的时候可以认为 fp 就指向了正在操作的文件。

结构体 FILE 定义在 stdio.h 的头文件中，如在 Turbo C 里的定义形式如下：

```
typedef struct
{
    short           level;              /*缓冲区满或空的程序*/
    unsigned        flags;              /*文件状态标志*/
    char            fd;                 /*文件描述符*/
    unsigned char   hold;               /*如无缓冲区则不读取字符*/
    short           bsize;              /*缓冲区的大小*/
    unsigned char   *buffer;            /*数据缓冲区的位置*/
    unsigned char   *curp;              /*当前活动的指针*/
    unsigned        istemp;             /*临时文件指示器*/
    short           token;              /*用于有效性检查*/
}
FILE;
```

在不同的编译环境下，该 FILE 类型的定义也各不相同，可以到该编译环境的 stdio.h 的文件里去查询。

每当运行一个 C 程序时，C 语言会自动打开 3 个标准文件，即标准输入文件、标准输出文件和标准出错文件。C 语言中用 3 个文件指针常量来指向这些文件，分别是 stdin(标准输入文件指针，一般对应键盘)、stdout(标准输出文件指针，一般对应显示器)和 stderr(标准出错文件指针，一般对应显示器)。这 3 个文件指针是常量，因此不能重新赋值。

12.3 文件的打开与关闭

对文件的操作一般分为 3 个步骤：

(1) 打开文件。

(2) 对文件进行读写。

(3) 关闭文件。

打开文件是为文件的读写作准备,读写之后一定要关闭文件,以防止其他的操作对该文件进行的破坏。

在对一个文件中的内容进行操作之前必须先打开该文件,用 fopen 函数来打开一个文件,fopen 函数的原型是:

```
FILE * fopen(char * filename, char * mode);
```

fopen 函数包含在 stdio. h 头文件中。在该函数当中有两个形参,其中 filename 是要打开的文件名,它是一个字符串;mode 是打开该文件之后的使用方式,也是一个字符串。函数的返回值类型是 FILE 类型的指针,指向一个结构体变量的首地址,通过这个文件指针可以对该文件进行读写等操作。

例如:

```
FILE * fp;
fp = fopen("c:\\a.txt","r");
```

这里定义了一个文件指针 fp,用它来打开 C 盘根目录下的名为 a. txt 的文本文件,然后读取文件中的内容。注意,这里路径的分隔符为"\\",因为在 C 语言中用"\\"来表示字符"\"。如果不加路径,则表示要打开当前工作路径下的文件。

为了保证在程序中能正确打开一个文件,一般用以下程序段:

```
if((fp = fopen("c:\\a.txt","r")) == NULL)
{
    printf("Can't open the file\n");
    exit(0);
}
```

此时如果不能打开 a. txt 文件时,系统会输出 Can't open the file,并且正常退出程序。exit 是 stdlib. h 里的一个库函数,当其参数为 0 时表示正常退出程序,如果参数是非 0 时表示遇到了错误从而导致退出程序。

函数 fopen 的第二个形式参数表示打开文件之后对文件的使用方式,它可能的值及作用如表 12-1 所示。

表 12-1 fopen 函数的 mode 参数的值及其作用

参 数 值	作 用
r	为读而打开一个文本文件。此时只能对要打开的文件进行读操作,若指定的文件不存在或者企图去读一个不允许读的文件都会出错
w	为写而打开一个文本文件。此时如果要打开的文件不存在,则系统建立一个该名称的文件用来写;如果要打开的文件已存在,则将原有文件内容全部删除之后再向该文件中写入新数据
a	为在文件后面追加数据而打开一个文本文件。此时如果要打开的文件不存在,则建立一个该名称的文件然后向其中写入数据;如果要打开的文件已存在,则在原来文件的结尾添加新的数据而并不删除原文件内容

续表

参 数 值	作 用
r+	为读和写而打开一个文本文件，该文件必须存在。无论读和写都是从文件的起始位置开始的，在写入新数据时会覆盖掉原有的老数据，若写完以后后面还有老数据则保留后面这些老数据
w+	为写和读而打开一个文本文件。其作用和 w 相同，只是写完之后还可以从头开始读该文件
a+	为追加和读而打开一个文本文件。其作用和 a 相同，只是添加新数据之后还可以从头开始读该文件
rb，wb，ab，rb+，wb+，ab+	这些参数的作用同上面对应的参数作用一致，只是要打开的是二进制文件而不是文本文件

在对文件进行相关操作之后一定要对该文件进行关闭，关闭文件用函数 fclose 来实现，也包含在 stdio.h 头文件中。它的原型如下：

```
int fclose(FILE * fp);
```

该函数的作用是关闭文件指针 fp 所指的文件，其返回值是一个整数，若正常关闭文件则返回 0，否则返回 EOF(−1)。

如关闭上面已打开的文件：

```
fclose (fp);
```

每次打开一个文件以后一定要在程序结束之前关闭这个文件，这是因为，对于缓冲文件系统，在输入输出时数据要经过缓冲区，如在输出时，要输出的数据先放在缓冲区中，等缓冲区填满后再一次性输出。若缓冲区还未填满而此时程序结束了(未使用 fclose 关闭文件)，则缓冲区中的数据就丢失了。因此，在程序结束之前一定要把打开的文件关闭。fclose 函数会把缓冲区未输出的数据全部输出到要输出的文件中去，然后再让 fp 指针脱离该文件，这样会保证文件的安全。

12.4 文件的读写

在打开文件之后就可以对文件进行读写操作了，常用的读写函数包括 fputc、fgetc、fputs、fgets、fscanf、fprintf、fread、fwrite 等。

12.4.1 fputc(或 putc)函数和 fgetc(或 getc)函数

1. fputc 函数的原型

fputc 函数的原型是：

```
int fputc(char ch, FILE * fp);
```

该函数的作用是把字符 ch 输出到 fp 所指文件中，若成功返回该字符，不成功返回 EOF。

【例 12-1】 把从键盘输入的文本输出到C盘根目录下名为a.txt的文本文件中，用字符 * 作为键盘输入结束标志。

程序如下：

```
#include <stdio.h>
#include <stdlib.h>
void main()
{
    FILE *fp;
    char ch;
    if((fp=fopen("C:\\a.txt","w"))==NULL)       //判断能否打开文件进行写操作
    {
        printf("Can't open the file\n");
        exit(0);
    }
    while((ch=getchar())!='*')                  //若打开则向文件输出字符
        putc(ch,fp);
    fclose (fp);                                //关闭打开的文件
}
```

在程序中首先将文件指针fp指向要写入的文件C:\a.txt，然后逐个读入字符ch并将ch写入到C:\a.txt中，直到读入的字符是'*'为止，最后关闭该文件。

此时若从键盘输入abcdefg*，则打开C盘根目录下的a.txt文件时会发现文件中被写入了abcdefg。

2. fgetc函数的原型

fgetc函数的原型是：

```
int fgetc(FILE *fp);
```

该函数的作用是从fp所指文件中读出一个字符，若成功则返回该字符，若不成功，返回EOF。

【例 12-2】 读出上述a.txt文件中的每个字符并输出到屏幕上。

程序如下：

```
#include <stdio.h>
#include <stdlib.h>
void main()
{
    FILE *fp;
    char ch;
    if((fp=fopen("C:\\a.txt","r"))==NULL)       //判断能否打开文件进行读操作
    {
        printf("Can't open the file\n");
        exit(0);
    }
    while((ch=fgetc(fp))!=EOF)                  //打开后从文件中逐个读出字符
        putchar(ch);
```

```
    fclose (fp);                                //关闭打开的文件
}
```

在程序中还是建立一个文件指针 fp，让它指向 a.txt，然后从中逐个读出字符并输出到屏幕，直到文件读取结束，最后还是要关闭打开的文件。

12.4.2 fputs 函数和 fgets 函数

1. fputs 函数的原型

fputs 函数的原型是：

```
int fputs(char *str, FILE *fp);
```

该函数的功能是把字符串 str 输出到 fp 所指文件中，若成功，返回 0，不成功返回 EOF。

2. fgets 函数的原型

fgets 函数的原型是：

```
char *fgets(char *buf, int n, FILE *fp);
```

该函数的作用是从 fp 所指文件中读取一个长度为 n－1 的字符串并把它存入到首地址为 buf 的存储空间中，若成功返回地址 buf，不成功返回 NULL。若还未读到第 n－1 个字符时就读到了一个换行符，则结束本次操作，不再往下读取，但换行符也会作为合法字符读入到字符串中。若还未读到第 n－1 个字符时就读到了一个文件结束符，则结束本次操作，不再往下读取。因此使用 gets 函数时最多能读取 n－1 个字符，然后系统自动在最后添加字符'\0'。

【例 12-3】 输入字符串"hello\nworld!"到 C 盘根目录下 a.txt 文件中，然后读出其中长度为 9 的字符串。

程序如下：

```
#include <stdio.h>
#include <stdlib.h>
void main()
{
    FILE *fp;
    char str[10];
    if((fp=fopen("C:\\a.txt","w"))==NULL)       //打开文件准备向其中写入字符串
    {
        printf("Can't open the file\n");
        exit(0);
    }
    fputs("hello\nworld!",fp);                   //向文件中输出字符串
    fclose (fp);                                 //关闭打开的文件

    if((fp=fopen("C:\\a.txt","r"))==NULL)       //打开文件准备读出其中的数据
    {
        printf("Can't open the file\n");
        exit(0);
```

```
    }
    fgets(str,10,fp);                           //读出文件中长度为 9 的字符串
    puts(str);                                  //在屏幕上输出该字符串
    fclose (fp);                                //关闭打开的文件
}
```

程序在执行时先打开 a. txt 并向其中写入两行数据，第一行是“hello”，第二行是“world”，然后关闭文件。之后再打开该文件并准备读出其中长度为 9 的字符串，但是当读到第 6 个字符时遇到了'\n'，因此 fgets 函数到此就结束了，但是'\n'会作为一个合法的字符读出到 str 的字符串中，最后在屏幕上输出的是“hello”及一个换行。

若将语句“fputs("hello\nworld!",fp);”改为“fputs("hello",fp);”，则最后屏幕的输出结果是“hello”，而没有换行，具体过程请读者进行分析。

12.4.3 fscanf 函数和 fprintf 函数

1. fscanf 函数的原型

fscanf 函数用来从文件中读入数据到内存当中，它的原型是：

```
int fscanf(FILE * fp, char * format, args);
```

其中，fp 指向某一个文件；format 是一个字符串，表示数据输入的格式；args 是一组地址值，表示输入数据存储的地址；fscanf 的作用是从 fp 所指文件中按照 format 的格式读出若干数据然后存储到 args 所指的内存单元中。文件的返回值是从文件中读出的数据个数，若从文件读时遇到文件结束或者出错了则返回 0。

例如，若 fp 指向上述文件 a. txt，则执行“fscanf(fp,"%c%c",&c,&d);”是要从 a. txt 中读出两个字符然后存储到变量 c、d 当中。

这里对于“fscanf(stdin,"%c%c",&c,&d);”就等价于“scanf("%c%c",&c,&d);”，因为 stdin 对应于键盘。

2. fprintf 函数的原型

fprintf 函数的作用是将某些数据项输出到某文件中去，它的原型是：

```
int fprintf(FILE * fp, char * format, args);
```

这里的 args 不是地址值，而是一些变量。fprintf 的作用是把变量 args 按照 format 的格式输出到 fp 所指向的文件中去，函数的返回值是输出到文件中的变量个数。

例如，若 fp 指向上述文件 a. txt，则执行“fprintf(fp,"%c%c",'c','d');”是要把字符'c'和字符'd'输出到 fp 所指向的文件中去。

这时有“fprintf(stdout,"%c%c",c,d);”就等价于“printf("%c%c",c,d);”，因为 stdout 对应于显示器。

【例 12-4】 fscanf 函数和 fprintf 函数的使用。

```
#include <stdio.h>
#include <stdlib.h>
void main()
```

```
{
    FILE *fp;
    char ch1,ch2;
    if((fp=fopen("C:\\a.txt","w"))==NULL)       //打开文件准备向其中写入数据
    {
        printf("Can't open the file\n");
        exit(0);
    }
    fprintf(fp,"%c%d",'A','A');                  //向文件中输出数据
    fclose (fp);                                 //关闭打开的文件

    if((fp=fopen("C:\\a.txt","r"))==NULL)       //打开文件准备读出其中的数据
    {
        printf("Can't open the file\n");
        exit(0);
    }
    fscanf(fp,"%c%c",&ch1,&ch2);                 //从文件中读出两个字符
    putchar(ch1);                                //在屏幕上输出第一个字符
    putchar(ch2);                                //在屏幕上输出第二个字符
    fclose (fp);                                 //关闭打开的文件
}
```

输出结果是“A6”这两个字符，这是因为“fprintf(fp,"%c%d",'A','A');”的执行结果是向 a.txt 文件中输出了“A65”的值，而 a.txt 是文本文件，因此其中存储的都是字符，再次打开之后读取前两个字符，因此是“A6”。

12.4.4 fread 函数和 fwrite 函数

fread 函数和 fwrite 函数用来读写一个二进制数据块。

1. fread 函数的原型

fread 函数的原型是：

```
int fread(char *pt, unsigned size, unsigned n, FILE *fp);
```

它的作用是从 fp 所指文件中读出 n 个长度为 size 的数据块并把这些数据存到首地址为 pt 的 n×size 个连续的存储单元中。其中 size 表示要读取的单个数据块的长度，n 为要读取的数据块的个数，fp 指向一个文件，pt 用来指向 n×size 大小的数据块的首地址。它的返回值是读取的数据块个数 n。

2. fwrite 函数的原型

fwrite 函数的原型是：

```
int fwrite(char *pt, unsigned size, unsigned n, FILE *fp);
```

它的作用是把 pt 所指向的 n×size 个字节的数据输出到 fp 所指文件中，它的返回值也是输出数据块的个数 n。

【例 12-5】 定义一个学生类型的结构体，包括学号和年龄，然后从键盘读入若干个学

生的信息并把它们存到C盘根目录下名为a.txt的文件中，最后再从这个文件中读出每个学生的信息并输出到屏幕。

程序如下：

```
#include <stdio.h>
#include <stdlib.h>
#define N 2
struct student                                //定义学生类型结构体，包括学号和年龄
{
    char num[8];
    int age;
};
void main()
{
    FILE *fp;
    struct student stu[N],stud[N];
    int i;
    if((fp=fopen("C:\\a.txt","wb"))==NULL)    //打开文件
    {
        printf("Can't open the file\n");
        exit(0);
    }
    for(i=0;i<N;i++)                          //从键盘输入学生数据
        scanf("%s%d",stu[i].num,&stu[i].age);
    fwrite(stu,sizeof(struct student),2,fp);  //将数据写入文件a.txt中
    fclose(fp);                               //关闭文件

    if((fp=fopen("C:\\a.txt","rb"))==NULL)    //打开文件
    {
        printf("Can't open the file\n");
        exit(0);
    }
    fread(stud,sizeof(struct student),2,fp);  //从该文件中读出数据存入stud中
    for(i=0;i<N;i++)
        //将stud中数据输出到屏幕
       printf("name:%s age:%d\n",stud[i].num,stud[i].age);
    fclose(fp);                               //关闭文件
}
```

程序的一次执行结果如下：

```
001 19
002 20
name:001 age:19
name:002 age:20
Press any key to continue
```

该程序先向stu数组中输入数据，然后将该数据输出到文件a.txt中，再从a.txt中读出数据赋值给数组stud。

12.5 文件状态检查函数

常用的文件状态检查函数包括 feof、ferror、clearerr 等，这里只介绍 feof 函数。

前面在读写文件时是通过 EOF 来判断一个文件是否已经结束，这种情况只适用于文本文件，这是因为 EOF 的值等于－1，而文本文件中存储的都是字符的 ASCII 码，ASCII 码的范围是 0～255，所以文本文件中不能出现值为－1 的值，因此可以用 EOF 来表示文本文件结束。

但是在二进制文件中可能出现－1，因此就不能再用 EOF 来判断二进制文件是否结束，所以在 stdio. h 中用 feof 函数来判断文件是否结束。它不仅可以用来判断二进制文件，也可以用来判断文本文件，它的原型是：

```
int feof(FILE * fp);
```

其中，fp 指向一个文件，若文件没有结束则返回 0；若文件已结束返回非 0 值。

例如，若 fp 指向 a. txt，则可以通过以下语句输出其中的全部字符：

```
while(!feof(fp))
  printf("%c",fgetc(fp));
```

12.6 文件定位函数

这里先介绍文件位置指针的概念。文件位置指针和文件指针不是同一个概念，文件指针是一个 FILE 类型的指针，指向一个 FILE 类型的结构体变量，通过该结构体变量对一个文件进行操作；文件位置指针是 FILE 中的一个指针，指向文件当前的读写位置。例如，对于文本文件 a. txt，每次读出一个字符之后，文件位置指针会自动指向下一个字符。

12.6.1 fseek 函数

fseek 函数的原型是：

```
int fseek(FILE * fp, long offset, int base);
```

fseek 用来对文件进行随机读取，它会将文件位置指针直接置于 fp 所指文件中的以 base 所指地址为基准、以 offset 为偏移量的位置。

其中 base 的取值有 3 种，每种又对应一个标识符，其值及其作用如表 12-2 所示。

表 12-2 fseek 函数中 base 参数的取值及其含义

base 可取值	对应的标识符	代表的位置
0	SEEK_SET	文件开始
1	SEEK_CUR	文件当前位置
2	SEEK_END	文件结束

当 base 为 0 时,文件位置指针指向文件的第一个字节;当 base 为 1 时,文件位置指针指向当前正在读写的位置;当 base 为 2 时,文件位置指针指向文件中有效数据的下一个字节。

offset 表示对 base 的偏移量,是一个长整型数据。如果 offset 大于或等于 0,表示文件位置指针从 base 开始向文件尾的方向移动 offset 个字节;如果 offset 小于 0,表示文件位置指针从 base 开始向文件头的方向移动－offset 个字节。

当函数成功运行时返回 0,否则返回非 0 值。

下面举几个例子说明 fseek 调用时文件位置指针的运动情况:

```
fseek(fp,10L,0);      //文件位置指针从文件头开始向文件尾方向移动 10 个字节
fseek(fp,10L,1);      //文件位置指针从当前读写位置向文件尾方向移动 10 个字节
fseek(fp,-10L,2);     //文件位置指针从文件尾开始向文件头方向移动 10 个字节
```

12.6.2 rewind 函数

rewind 函数的原型是:

```
void rewind(FILE *fp);
```

它的作用是不管当前文件位置指针在哪里,一律将它重新指向文件的起始位置。

12.6.3 ftell 函数

ftell 函数的原型是:

```
long ftell(FILE *fp);
```

它的作用是返回 fp 所指文件中的当前读写位置,其返回值是文件位置指针所指位置在整个文件中的字节序号。因此可以通过下面的程序段求当前文件的长度:

```
fseek(fp,0,2);
printf("%d",ftell(fp));
```

习题 12

1. 选择题

(1) 以下与函数 fseek(fp,0L,SEEK_SET)有相同作用的是(　　)。

A. feof(fp)　　B. ftell(fp)　　C. fgetc(fp)　　D. rewind(fp)

(2) 以下叙述中正确的是(　　)。

A. C 语言中的文件是流文件,因此只能顺序存储数据

B. 打开一个已经存在的文件进行了写操作后,原有文件中的全部数据必定被覆盖

C. 当对文件进行了写操作后,必须先关闭该文件再打开,才能读到第 1 个数据

D. 当对文件读(写)操作完成后必须关闭它,否则可能导致数据丢失

(3) 下列关于C语言文件正确的是(　　)。

A. 文件由一系列数据依次排列组成,只能构成二进制文件
B. 文件由结构序列组成,可以构成二进制文件或文本文件
C. 文件由数据序列组成,可以构成二进制文件或文本文件
D. 文件由字符序列组成,其类型只能是文本文件

(4) 对以下程序:

```
#include <stdio.h>
void main()
{
    FILE *f;
    f = fopen("filea.txt","w");
    fprintf(f,"abc");
    fclose(f);
}
```

若文本文件 filea.txt 中原有内容为 hello,则运行以上程序后,文件 filea.txt 中的内容为(　　)。

A. helloabc　　B. abclo　　C. abc　　D. abchello

(5) 以下程序企图把从终端输入的字符输出到名为 abc.txt 的文件中,直到从终端读入字符#时结束输入和输出操作,但程序有错,出错的原因是(　　)。

```
#include <stdio.h>
#include <stdlib.h>
void main()
{
    FILE *fout; char ch;
    fout = fopen('b.txt','w');
    ch = fgetc(stdin);
    while(ch! = '#')
{
    fputc(ch,fout); ch = fgetc(stdin);
}
    fclose(fout);
}
```

A. 函数 fopen 调用形式有误　　B. 输入文件没有关闭
C. 函数 fgetc 调用形式有误　　D. 文件指针 stdin 没有定义

(6) 以下程序的输出结果是(　　)。

```
#include <stdio.h>
void main()
{
    FILE *fp; int i,a[4] = {1,2,3,4},b;
    fp = fopen("data.dat","wb");
    for(i = 0;i < 4;i++) fwrite(&a[i],sizeof(int),1,fp);
    fclose(fp);
    fp = fopen("data.dat","rb");
```

```
    fseek(fp, -2L*sizeof(int),SEEK_END);
    fread(&b,sizeof(int),1,fp);
    fclose(fp);
    printf("%d\n",b);
}
```

A. 2　　B. 1　　C. 4　　D. 3

(7) 以下程序运行后的输出结果是(　　)。

A. abc　　B. 28c

C. abc28　　D. 因类型不一致而出错

```
#include <stdio.h>
void main()
{
    FILE *fp;
    char str[10];
    fp=fopen("myfile.dat","w");
    fputs("abc",fp);fclose(fp);
    fp=fopen("myfile.dat","a+");
    fprintf(fp,"%d",28);
    rewind(fp);
    fscanf(fp,"%s",str);puts(str);fclose(fp);
}
```

2. 填空题

(1) 从用户使用的角度来看,文件可分为________和________两种;根据文件的数据组织形式,文件可以分为________(也叫 ASCII 码文件)和________两种。

(2) C 语言中有两种文件存取方式分别是________和________。

(3) “FILE *fp;”定义了一个文件指针 fp,这里 fp 并不指向一个具体的文件,而是指向一个________变量。

(4) 每当运行一个 C 程序时,C 语言会自动打开 3 个标准文件,分别是________、________和________。

(5) 每次打开一个文件以后一定要在程序结束之前________这个文件。

(6) feof 的作用是用来________,它不仅适用于________文件,也适用于________文件,若已读到文件末尾则 feof 函数返回________值。

(7)

```
#include <stdio.h>
void main()
{
    ________ *fp;
    char a[5]={'1','2','3','4','5'},i;
    fp=fopen("f.txt","w");
    for(i=0;i<5;i++) fputc(a[i],fp);
    fclose(fp);
}
```

（8）已有文本文件 test. txt，其中的内容为：hello，everyone!。以下程序中，文件 test. txt 已经为“读”操作而打开，并且由文件指针 fr 指向它，则程序的输出结果是________。

```
#include < stdio. h >
void main()
{
    FILE * fr; char str[40];
    …
    fgets(str,5,fr);
    printf("%s\n",str);
    fclose(fp);
}
```

3. 编程题

（1）在 C 盘根目录下有两个文本文件 a. txt 和 b. txt 分别存放了一行字母，现要求把 b. txt 中的字母读出再填加到 a. txt 已有字母后。

（2）制作一个学生信息管理系统，可以添加、修改、删除学生数据，然后将这些数据备份到硬盘的某个文件中去。

附录A 标准ASCII码表

美国信息交换标准代码(American Standard Code for Information Interchange，ASCII)是由美国国家标准学会(ANSI)制定的标准的单字节字符编码方案，用于基于文本的数据。该标准起始于20世纪50年代后期，在1967年定案。它最初是美国国家标准，供不同计算机在相互通信时用作共同遵守的西文字符编码标准，后来被国际标准化组织(ISO)定为国际标准，称为ISO646标准。

ASCII码使用指定的7位或8位二进制数组合来表示128或256种可能的字符。标准ASCII码也叫基础ASCII码，使用7位二进制数来表示所有的大写和小写字母、数字0～9、标点符号以及在美式英语中使用的特殊控制字符(这里需要特别注意，ASCII码与标准ASCII码的位数上的区分，标准ASCII码是7位二进制表示)。

表A-1列出了标准ASCII码表(7位)中128个整数和相应字符的对应关系，其中第一列和第一行都使用十六进制数，由行数和列数放在一起表示一个整数，该整数对应一个字符，如41对应字母A，61对应字母a等。

表A-1 ASCII码表中128整数和相关字符的对应关系

	0	1	2	3	4	5	6	7	8	9	A	B	C	D	E	F
0	NUL	SOH	STX	ETX	EOT	ENQ	ACK	BEL	BS	HT	LF	VT	FF	CR	SO	SI
1	DLE	DC1	DC2	DC3	DC4	NAK	SYN	ETB	CAN	EM	SUB	ESC	FS	GS	RS	US
2	SP	!	"	#	$	%	&	'	(	)	*	+	,	-	.	/
3	0	1	2	3	4	5	6	7	8	9	:	;	<	=	>	?
4	@	A	B	C	D	E	F	G	H	I	J	K	L	M	N	O
5	P	Q	R	S	T	U	V	W	X	Y	Z	[	\	]	^	_
6	`	a	b	c	d	e	f	g	h	i	j	k	l	m	n	o
7	p	q	r	s	t	u	v	w	x	y	z	{	|	}	~	DEL

C语言常用库函数

1. 数学函数

调用数学函数时，要求在源文件中包含以下头文件：

```
#include <math.h>
```

数学函数及其说明如表 B-1 所示。

表 B-1　数学函数及说明

函数原型说明	功　　能	返回值	说　　明
int abs(int x)	求整数 x 的绝对值	计算结果	
double fabs(double x)	求双精度实数 x 的绝对值	计算结果	
double acos(double x)	计算 cos－1(x)的值	计算结果	x 在－1～1 范围内
double asin(double x)	计算 sin－1(x)的值	计算结果	x 在－1～1 范围内
double atan(double x)	计算 tan－1(x)的值	计算结果	
double atan2(double x)	计算 tan－1(x/y)的值	计算结果	
double cos(double x)	计算 cos(x)的值	计算结果	x 的单位为弧度
double cosh(double x)	计算双曲余弦 cosh(x)的值	计算结果	
double exp(double x)	求 ex 的值	计算结果	
double fabs(double x)	求双精度实数 x 的绝对值	计算结果	
double floor(double x)	求不大于双精度实数 x 的最大整数	计算结果	
double fmod(double x,double y)	求 x/y 整除后的双精度余数	计算结果	
double frexp(double val,int * exp)	把双精度 val 分解尾数和以 2 为底的指数 n，即 val＝x * 2n，n 存放在 exp 所指的变量中	返回位数 x 0.5≤x＜1	
double log(double x)	求 lnx	计算结果	x＞0
double log10(double x)	求 log10x	计算结果	x＞0
double modf(double val, double * ip)	把双精度 val 分解成整数部分和小数部分，整数部分存放在 ip 所指的变量中	返回小数部分	
double pow(double x,double y)	计算 xy 的值	计算结果	

续表

函数原型说明	功　能	返回值	说　明
double sin(double x)	计算 sin(x)的值	计算结果	x 的单位为弧度
double sinh(double x)	计算 x 的双曲正弦函数 sinh(x)的值	计算结果	
double sqrt(double x)	计算 x 的开方	计算结果	x≥0
double tan(double x)	计算 tan(x)	计算结果	
double tanh(double x)	计算 x 的双曲正切函数 tanh(x)的值	计算结果	

2. 字符函数

调用字符函数时，要求在源文件中包含以下头文件：

```
#include <ctype.h>
```

字符函数及其说明如表 B-2 所示。

表 B-2　字符函数及其说明

函数原型说明	功　能	返　回　值
int isalnum(int ch)	检查 ch 是否为字母或数字	是返回 1；否则返回 0
int isalpha(int ch)	检查 ch 是否为字母	是返回 1；否则返回 0
int iscntrl(int ch)	检查 ch 是否为控制字符	是返回 1；否则返回 0
int isdigit(int ch)	检查 ch 是否为数字	是返回 1；否则返回 0
int isgraph(int ch)	检查 ch 是否为 ASCII 码值在 ox21 到 ox7e 的可打印字符(即不包含空格字符)	是返回 1；否则返回 0
int islower(int ch)	检查 ch 是否为小写字母	是返回 1；否则返回 0
int isprint(int ch)	检查 ch 是否为包含空格符在内的可打印字符	是返回 1；否则返回 0
int ispunct(int ch)	检查 ch 是否为除了空格、字母、数字之外的可打印字符	是返回 1；否则返回 0
int isspace(int ch)	检查 ch 是否为空格、制表或换行符	是返回 1；否则返回 0
int isupper(int ch)	检查 ch 是否为大写字母	是返回 1；否则返回 0
int isxdigit(int ch)	检查 ch 是否为 16 进制数	是返回 1；否则返回 0
int tolower(int ch)	把 ch 中的字母转换成小写字母	返回对应的小写字母
int toupper(int ch)	把 ch 中的字母转换成大写字母	返回对应的大写字母

3. 字符串函数

调用字符函数时，要求在源文件中包含以下命令行：

```
#include <string.h>
```

字符串函数及其说明如表 B-3 所示。

表 B-3 字符串函数及其说明

函数原型说明	功 能	返 回 值
char * strcat(char * s1,char * s2)	把字符串 s2 接到 s1 后面	s1 所指地址
char * strchr(char * s,int ch)	在 s 所指字符串中,找出第一次出现字符 ch 的位置	返回找到的字符的地址,找不到返回 NULL
int strcmp(char * s1,char * s2)	对 s1 和 s2 所指字符串进行比较	s1<s2,返回负数; s1==s2,返回 0; s1>s2,返回正数
char * strcpy(char * s1,char * s2)	把 s2 指向的串复制到 s1 指向的空间	s1 所指地址
unsigned strlen(char * s)	求字符串 s 的长度	返回串中字符(不计最后的'\0')个数
char * strstr(char * s1,char * s2)	在 s1 所指字符串中,找出字符串 s2 第一次出现的位置	返回找到的字符串的地址,找不到返回 NULL

4. 输入输出函数

调用字符函数时,要求在源文件中包含以下头文件:

```
#include <stdio.h>
```

输入输出函数及其说明如表 B-4 所示。

表 B-4 输入输出函数及其说明

函数原型说明	功 能	返 回 值
void clearer(FILE * fp)	清除与文件指针 fp 有关的所有出错信息	无
int fclose(FILE * fp)	关闭 fp 所指的文件,释放文件缓冲区	出错返回非 0,否则返回 0
int feof (FILE * fp)	检查文件是否结束	遇文件结束返回非 0,否则返回 0
int fgetc (FILE * fp)	从 fp 所指的文件中取得下一个字符	出错返回 EOF,否则返回所读字符
char * fgets (char * buf, int n, FILE * fp)	从 fp 所指的文件中读取一个长度为 n−1 的字符串,将其存入 buf 所指存储区	返回 buf 所指地址,若遇文件结束或出错返回 NULL
FILE * fopen(char * filename,char * mode)	以 mode 指定的方式打开名为 filename 的文件	成功,返回文件指针(文件信息区的起始地址),否则返回 NULL
int fprintf (FILE * fp, char * format, args,…)	把 args,…的值以 format 指定的格式输出到 fp 指定的文件中	实际输出的字符数
int fputc(char ch, FILE * fp)	把 ch 中字符输出到 fp 指定的文件中	成功返回该字符,否则返回 EOF
int fputs(char * str, FILE * fp)	把 str 所指字符串输出到 fp 所指文件	成功返回非负整数,否则返回−1(EOF)

续表

函数原型说明	功 能	返 回 值
int fread(char * pt, unsigned size, unsigned n, FILE * fp)	从 fp 所指文件中读取长度 size 为 n 个数据项存到 pt 所指文件	读取的数据项个数
int fscanf (FILE * fp, char * format, args, …)	从 fp 所指的文件中按 format 指定的格式把输入数据存入到 args, … 所指的内存中	已输入的数据个数，遇文件结束或出错返回 0
int fseek (FILE * fp, long offer, int base)	移动 fp 所指文件的位置指针	成功返回当前位置，否则返回非 0
long ftell (FILE * fp)	求出 fp 所指文件当前的读写位置	读写位置，出错返回 −1L
int fwrite(char * pt, unsigned size, unsigned n, FILE * fp)	把 pt 所指向的 n * size 个字节输入到 fp 所指文件	输出的数据项个数
int getc (FILE * fp)	从 fp 所指文件中读取一个字符	返回所读字符，若出错或文件结束返回 EOF
int getchar(void)	从标准输入设备读取下一个字符	返回所读字符，若出错或文件结束返回 −1
char * gets(char * s)	从标准设备读取一行字符串放入 s 所指存储区，用'\0'替换读入的换行符	返回 s，出错返回 NULL
int printf(char * format, args, …)	把 args, …的值以 format 指定的格式输出到标准输出设备	输出字符的个数
int putc (int ch, FILE * fp)	同 fputc	同 fputc
int putchar(char ch)	把 ch 输出到标准输出设备	返回输出的字符，若出错则返回 EOF
int puts(char * str)	把 str 所指字符串输出到标准设备，将'\0'转成回车换行符	返回换行符，若出错，返回 EOF
int rename(char * oldname, char * newname)	把 oldname 所指文件名改为 newname 所指文件名	成功返回 0，出错返回 −1
void rewind(FILE * fp)	将文件位置指针置于文件开头	无
int scanf(char * format, args, …)	从标准输入设备按 format 指定的格式把输入数据存入到 args, …所指的内存中	已输入的数据的个数

5. 动态分配函数和随机函数

调用字符函数时，要求在源文件中包含以下头文件：

```
#include <stdlib.h>
```

动态分配函数和随机函数及其功能说明如表 B-5 所示。

表 B-5　动态分配函数和随机函数及其说明

函数原型说明	功　能	返　回　值
void * calloc(unsigned n, unsigned size)	分配 n 个数据项的内存空间，每个数据项的大小为 size 个字节	分配内存单元的起始地址；如不成功，返回 0
void * free(void * p)	释放 p 所指的内存区	无
void * malloc(unsigned size)	分配 size 个字节的存储空间	分配内存空间的地址；如不成功，返回 0
void * realloc(void * p, unsigned size)	把 p 所指内存区的大小改为 size 个字节	新分配内存空间的地址；如不成功，返回 0
int rand(void)	产生 0～32767 的随机整数	返回一个随机整数
void exit(int state)	程序终止执行，返回调用过程，state 为 0 正常终止，非 0 非正常终止	无

参 考 文 献

[1] 王敬华. C 语言程序设计教程. 第 2 版. 北京：清华大学出版社，2012.

[2] 谭浩强. C 程序设计. 第 4 版. 北京：清华大学出版社，2010.

[3] 朱家义，黄勇. C 语言程序设计实例教程. 北京：清华大学出版社，2010.

[4] 王承忠. C 语言程序设计——国家二级计算机等级考试教程. 长春：吉林科学技术出版社，2008.

[5] 夏宽理，赵子正. C 语言程序设计. 北京：中国铁道出版社，2006.

[6] Herber Schildt. C 语言大全. 第 4 版. 王子恢译. 北京：电子工业出版社，2001.

[7] Deitle H M，Deitel P J. C 程序设计教程. 薛万鹏译. 北京：机械工业出版社，2000.